Marek Kalinowski

Rownania relatywitycznej teorii kwantowej w klasie dystrybucjii

Marek Kalinowski

Rownania relatywitycznej teorii kwantowej w klasie dystrybucjii

Zagadnienie Cauchy regularne w sensie Hadamara

Wydawnictwo Bezkresy Wiedzy

Impressum / Imprint
Bibliografische Information der Deutschen Nationalbibliothek: Die Deutsche Nationalbibliothek verzeichnet diese Publikation in der Deutschen Nationalbibliografie; detaillierte bibliografische Daten sind im Internet über http://dnb.d-nb.de abrufbar.

Informacja bibliograficzna Niemieckiej Biblioteki Narodowej: Niemiecka Biblioteka Narodowa rejestruje tę publikację w Niemieckiej Bibliografii Narodowej; szczegółowe informacje bibliograficzne dostępne są w Internecie na stronie http://dnb.d-nb.de.

Coverbild / Okładka: www.ingimage.com

Verlag / Wydawnictwo:
Wydawnictwo Bezkresy Wiedzy
ist ein Imprint der / jest znakiem handlowym
OmniScriptum GmbH & Co. KG
Bahnhofstraße 28, 66111 Saarbrücken, Deutschland / Niemcy
Email: info@omniscriptum.com

Herstellung: siehe letzte Seite /
Druk: patrz ostatnia strona
ISBN: 978-3-639-89133-1

Spis treści

1. Wstęp 1
2. Równanie Kleina–Gordona i jego zagadnienia początkowe 4
3. Zagadnienia początkowe w klasie S' dla innych równań relatywistycznej mechaniki kwantowej 19
 3a. Równania Diraca, Proca i Weyla 19
 3b. Równania Maxwella 31
 3c. Równanie Rarity–Schwingera, równanie liniowej teorii grawitacji i równanie falowe dla cząstki o spinie 5/2 43
 3d. Równania Diraca–Fierza 59
 3e. Równania Maxwella w cechowaniu Coulomba i równanie dla masywnego grawitonu 67
 3f. Równania dla uogólnionych pól Maxwella i hamiltonowska postać równania Kleina–Gordona 72
 3g. Równania Duffina–Kemmera, Kählera–Królikowskiego i Duffina–Kemmera–Petiau 80
4. Klasyczne zagadnienie Cauchy'ego dla równania Kleina–Gordona i innych równań relatywistycznej mechaniki kwantowej 100
 4a. Równania Kleina–Gordona, Diraca, Proca i Weyla 100
 4b. Równania Maxwella 107
 4c. Równania Rarity–Schwingera, równanie liniowej teorii grawitacji i równanie falowe dla cząstki o spinie 5/2 111
 4d. Równania Diraca–Fierza 118
 4e. Równania Maxwella w cechowaniu Coulomba i równanie dla masywnego grawitonu 123
 4f. Równania dla uogólnionych pól Maxwella i hamiltonowska postać równania Kleina–Gordona 126
 4g. Równania Duffina–Kemmera, Kählera–Królikowskiego i Duffina–Kemmera–Petiau 131
5. Podsumowanie 137
6. Dodatek A 138
7. Dodatek B 146
8. Dodatek C 152
9. Dodatek D 158
10. Podziękowania 169
11. Literatura 170

1. Wstęp

W pracy rozpatrujemy zagadnienie Cauchy'ego dla równania Kleina-Gordona w klasie dystrybucji temperowanych i dystrybucji Schwartza używając pojęcia przecięcia dystrybucji z hiperpłaszczyzną. Dowodzimy jednoznaczności rozwiązania i regularności względem warunków początkowych i prawych stron w klasie dystrybucji temperowanych, dla warunku początkowego i prawej strony równania należących do klasy dystrybucji temperowanych i dystrybucji Schwartza ([1–7]), tj. dowodzimy regularności w sensie Hadamarda.

Rozpatrujemy również inne równania pochodne od równania Kleina–Gordona tj. równanie Proca i równanie Diraca. Dowodzimy dla nich podobnie jak dla równania Kleina–Gordona istnienie oraz jednoznaczność warunku początkowego Cauchy'ego w klasie dystrybucji temperowanych. W Dodatku D zamieszczony jest dowód jednoznaczności postawionego zagadnienia dla równania Kleina–Gordona. W tym miejscu chcielibyśmy przedstawić motywację szukania rozwiązań w $S'(R^4)$ a nie np. w klasie wszystkich dystrybucji Schwartza lub nawet hiperfunkcji. Jest to podyktowane względami fizycznych zastosowań. Wymienione tu równania odgrywają podstawową rolę w mechanice kwantowej i kwantowej teorii pola. Ich rozwiązania są elementami przestrzeni stanów zawierających jako podzbiór gęsty przestrzeń Hilberta $L^2(R^4)$. Okazuje się, że $S'(R^4)$ jest najszerszą przestrzenią funkcji uogólnionych dopuszczającą obustronne (tj. w obie strony) wykonanie transformacji Fouriera tak, że jest ono transformacją unitarną na $L^2(R^4)$. Mamy więc $S(R^4) \subset L^2(R^4) \subset S'(R^4)$. W pracy identyfikujemy R^n i E^n.

Transformacja Fouriera odgrywa ogromną rolę w mechanice kwantowej i kwantowej teorii pola. Dzięki niej przechodzimy od reprezentacji pędowej do położeniowej i odwrotnie. Dlatego też postawienie dystrybucyjnego zagadnienia Cauchy'ego dla powyższych równań, oraz udowodnienie jego regularności w sensie Hadamarda wydaje się ważne i interesujące. Praca porządkuje również pewne wiadomości dotyczące znanych, uogólnionych rozwiązań równań Kleina–Gordona, Diraca, Proca, a także równań Maxwella (jednorodnych i niejednorodnych), Rarity–Schwingera, równania liniowej teorii grawitacji i równania falowego dla cząstki o spinie 5/2, oraz równania Diraca–Fierza, równań dla uogólnionych pól Maxwella, równania Duffina–Kemmera, Duffina–Kemmera–Petiau i równania Kählera–Królikowskiego.

W pracy tej będziemy używać następujących oznaczeń:

β — wielowskaźnik, $\beta = (\beta_1, \beta_2, \ldots, \beta_n)$ $\beta_i \in N_0$, $\beta \in N_0^n$

D_x — operator różniczkowania, $D_x = D_{x1} D_{x2} \ldots D_{xn}$, $|\beta| = \beta_1 + \beta_2 + \ldots \beta_n$

$\mathcal{D}(\Omega)$ — przestrzeń funkcji o nośniku organiczonym, zawartym w Ω klasy C^∞, (C_0^∞), $\Omega \subset E^n$

$\mathcal{D}'(\Omega)$ — przestrzeń sprzężona do $\mathcal{D}(\Omega)$, czyli przestrzeń dystrybucji Schwartza.
$S(E^n)$ — przestrzeń funkcji szybko malejących określonych na E^n
$S'(E^n)$ — przestrzeń sprzężona do $S(E^n)$ czyli przestrzeń dystrybucji temperowanych.

Będziemy również używać następującego pojęcia $S'(E^n, K)$. Jest to przestrzeń dystrybucji temperowanych o wartościach w K. Znaczy to, że funkcjonały $S'(E^n, K)$ mają wartości w zbiorze K. Zbiór $K = E^m$, $\mathbb{C}^n$ itp. Może być nim nawet zbiór operatorów Mikusińskiego. Dla przykładu w kwantowej teorii pola używamy tzw. dystrybucji o wartościach operatorowych tj. takich, które jako funkcjonały określone na $\mathcal{D}(R^4)$ przyjmują wartości w zbiorze operatorów liniowych działających w przestrzeni Hilberta.

Transformatą Fouriera $u \in S(E^n)$, jest $v = Fu = (2\pi)^{-n/2} \int_{E^n} e^{-ix\xi} u(x)\, dx$, $\xi \in E^n$, $x\xi = \sum_{i=1}^{n} x_i \xi_i$

Określamy przekształcenie Fouriera na $S'(E^n)$ w sposób następujący: $Fu[\varphi] = u[F\varphi]$ dla wszystkich $\varphi \in S(E^n)$.

W tym miejscu chcielibyśmy wprowadzić pewne rozróżnienie notacji. Mianowicie symbol $u_{|t=t_0}$ oznacza ustalenie zmiennej w funkcji $u_{||t=t_0}$ ustalenie zmiennej w dystrybucji w sposób zwykły, $u_{|||t=t_0}$ ustalenie zmiennej w dystrybucji w sposób temperowany.

Symbol „$*$" oznacza splot funkcji lub dystrybucji. Ścisłe definicje wprowadzonych pojęć wraz z ich własnościami można znaleźć w przystępnie napisanej monografii Z. Szmydt ([6]). Odsyłamy tam Czytelnika po wszystkie definicje i twierdzenia. W szczególności po definicje ustalenia zmiennych w dystrybucji w sposób zwykły i temperowany (zaproponowany przez Łojasiewicza [1, 2, 3]), funkcji dystrybucyjnej i jej zastosowanie w konstrukcji rozwiązania zagadnienia Cauchy'ego tam rozpatrywanego. Poza tym należy się zapoznać z definicją i własnościami splotu funkcji i dystrybucji w związku z transformacją Fouriera oraz warunkami, kiedy splot istnieje. Istotną sprawą będzie również zapoznanie się z kryteriami kiedy dystrybucja Schwartza jest dystrybucją temperowaną. W powyższej monografii Czytelnik znajdzie również własności przecięcia (ustalenia zmiennych w dystrybucji) dystrybucji z hiperpłaszczyzną dla dystrybucji generowanej przez funkcji dystrybucyjną. Pewne elementy wspomnianej tu teorii z pracy [6] przedstawimy w Dodatku A. Pracę [6] cytujemy zgodnie z polskim wydaniem. W pracy rozpatrujemy również klasyczne zagadnienie Cauchy'ego dla wszystkich wymienionych tu równań otrzymane z rozpatrzonych dystrybucyjnych zagadnień Cauchego.

Praca zorganizowana jest następująco. W rozdziale 2 zajmujemy się dystrybucyjnym zagadnieniem Cauchy'ego dla równania Kleina–Gordona w przypadku jednorodnym i niejednorodnym. W rozdziale 3 rozpatrujemy dystrybucyjne zagadnienie Cauchy'ego dla równania Diraca, Proca, Weyla, Rarity–Schwingera, równania liniowej teorii grawitacji, równań Maxwella, równania falowego dla cząstki o spinie 5/2, oraz równania Diraca–Fierza. Rozpatrujemy również równania dla uogólnionych pól Maxwella, w przypadku bezmasowym lub masowym. W tym ostatnim przypadku odpowiadają one uogólnionym polom Proca. Przypadki tych pól zostały rozpatrzone dla $n = 2, 3$. Podano również ich interpretacje fizyczne i możliwe zastosowania. Zbadano także problem Cauchy'ego dla hamiltonowskiej postaci równania Kleina–Gordona oraz dla równania Duffina–Kemmera, Duffina–Kemmera–Petiau i Kählera–Królikowskiego. Rozpatrujemy przypadek jednorodny i niejednorodny. Podajemy również interpretacje rozwiązań w klasie S'. W rozdziale 4 rozpatrujemy klasyczne zagadnienie Cauchy'ego dla wszystkich rozpatrzonych tu równań, kotrzystając z wyników otrzymanych w poprzednich rozdziałach. W przypadku uogólnionym (S' i $\mathcal{D}'$) oraz w przypadku klasycznym dowodzimy istnienia i jednoznaczności rozwiązania zadania Cauchy'ego. Praca zawiera również Podsumowanie. W Dodatku A przedstawiamy pewne podstawowe definicje tyczące ustalania zmiennych w dystrybucji, funkcji dystrybucyjnych, własności splotu i transformaty Fouriera w klasie S' oraz układów równań kwazyliniowych. Dodatek B zawiera podstawowe wiadomości na temat funkcji Bessela używanych do konstrukcji rozwiązania podstawowego równania Kleina–Gordona. W Dodatku C przedstawiamy dowód jednoznaczności postawionego zagadnienia dla równania Kleina–Gordona. W Dodatku D przedstawiamy prezentowane w pracy podejście na szerszym tle badań w dziedzinie uogólnionych rozwiązań równań różniczkowych cząstkowych.

2. Równanie Kleina–Gordona i jego zagadnienia początkowe

W rozdziale tym zajmiemy się równaniem Kleina–Gordona i jego zagadnieniem początkowym.

Definicja 2.1. *Równaniem Gordona–Kleina będziemy nazywać równanie postaci:*

$$(\Box_3 + \kappa^2)u = f, \quad \Box_3 = D_t^2 - \Delta_3 = \frac{\partial^2}{\partial t^2} - \left(\frac{\partial^2}{\partial x^2} + \frac{\partial^2}{\partial y^2} + \frac{\partial^2}{\partial z^2}\right),$$

$$\kappa > 0, \quad u(t,x,y,z), f(x,y,z,t) \in E \text{ lub } \mathbb{C}. \tag{2.1}$$

W przypadku, gdy $f \not\equiv 0$ równanie nazywamy niejednorodnym, zaś gdy $f \equiv 0$ jednorodnym.

W dalszym ciągu będziemy zajmowali się tym równaniem i dla niego sformułujemy dystrybucyjne zagadnienie Cauchy'ego w dystrybucjach Schwartza i w dystrybucjach temperowanych. Zadanie to będziemy rozwiązywać przy pomocy przekształcenia Fouriera i teorii splotu. W mechanice kwantowej i teorii pola κ ma interpretację masy spoczynkowej cząstki opisywanej przez odpowiednie równanie w taki sposób, że $\kappa = \frac{m_0 c}{\hbar}$, gdzie m_0 jest masą spoczynkową, c – prędkością światła, $\hbar = \frac{h}{2\pi}$, h – stała Plancka. Przyjmując, że $\hbar$ i c są różne od jedności (przechodząc do zwykłego systemu jednostek) musimy również przeskalować czas $t \to ct$.

Postawmy teraz zagadnienie Cauchy'ego w klasie $S'(E^4)$. Niech $h_i \in S'(E^3)$, $i = 1,2$.

$$u_{|||t=0} = h_0, \quad D_t u_{|||t=0} = h_1 \quad \text{oraz} \quad (\Box_3 + \kappa^2)u = 0\,. \tag{2.2}$$

W oparciu o pracę [5] i [6], rozpatrzymy inny problem początkowy. Poszukujemy teraz funkcji dystrybucyjnej klasy C^2, $E^1 \in t \to u^{\{t\}} \in \mathcal{D}'(E^3)$ spełniającej równanie

$$\frac{\partial^2 u^{\{t\}}}{\partial t^2} - \Delta_3 u^{\{t\}} + \kappa^2 u = 0 \tag{2.3}$$

i warunki początkowe

$$u^{\{0\}} = h_0, \quad \left(\frac{\partial v^{\{t\}}}{\partial t}\right)_{|t=0} = h_1\,, \tag{2.4}$$

zakładając, że $h_i \in S'(E^3)$, $i = 0,1$. Możemy rozwiązać ten problem przy pomocy transformacji Fouriera i sprowadzić go do postaci

$$\frac{\partial^2 v^{\{t\}}}{\partial t^2} + x^2 v^{\{t\}} + \kappa^2 v^{\{t\}} = 0\,, \tag{2.5}$$

gdzie

$$x^2 = x_1^2 + x_2^2 + x_3^2 = x_1^2 + y^2 + z^2 \tag{2.6}$$

$$v^{\{t\}} = F_x u^{\{t\}}, \quad v^{\{0\}} = F_x h_0, \quad \left(\frac{\partial v^{\{t\}}}{\partial t}\right)_{|t=0} = F_x h_1 . \tag{2.7}$$

Poszukiwanie $u^{\{t\}}$ lub $v^{\{t\}}$ jest równoważne z uwagi na własności przekształcenia Fouriera podane w [6]. F_x oznacza transformację Fouriera w zmiennych przestrzennych. Możemy teraz sformułować twierdzenie.

TWIERDZENIE 2.1. *Niech będą dane dystrybucje $h_0, h_1 \in S'(E^3)$. Załóżmy, że $v^{\{t\}}$ jest funkcją dystrybucyjną klasy K^2 spełniającą związek (2.5).*

Przy tych założeniach $u^{\{t\}}$ jest klasy K^2 i klasy C^∞ względem t. Związek:

$$u[\chi] = \int_{-\infty}^{+\infty} u^{\{t\}}[\chi(t,\cdot)]\,dt\,, \tag{2.8}$$

dla każdej funkcji $\chi \in S(E^4)$ określa dystrybucją $u \in S'(E^4)$ spełniającą równanie Kleina–Gordona przy warunkach początkowych h_0, h_1.

W dalszym ciągu udowodnimy, że u jest dystrybucją temperowaną z $S'(E^4)$. W tym celu rozpatrzymy problem początkowy następującego typu:

$$h_i \in S'(E^3), \quad i = 0, 1. \tag{2.9}$$

$$u_{|||t=0} = h_0, \quad D_t u_{|||t=0} = h_1 \tag{2.10}$$

Udowodnimy istnienie rozwiązania dla tak postawionego problemu. Zauważmy, że tak postawione zagadnienie Cauchy'ego jest rozwiązaniem poprzedniego, ale nie odwrotnie. Rozpatrzymy teraz pewien szczególny problem początkowy. Niech $h_0 = 0$, $h_1 = \delta$, $\delta \in S'(E^3)$ jest dystrybucją Diraca (tj. $\delta[\varphi] = \varphi(0)$, $\varphi \in S(E^3)$, $\varphi(0) = \varphi(0,0,0)$). Zatem związek (2.5) przy tych warunkach początkowych $F_x h_0 = 0$, $F_x h_1 = (2\pi)^{-3/2}$ ma rozwiązanie

$$\frac{\partial^2 v^{\{t\}}}{\partial t^2} + x^2 v^{\{t\}} + \kappa^2 v^{\{t\}} = 0, \tag{2.11}$$

$$v^{\{0\}} = 0, \quad \left(\frac{\partial v^{\{t\}}}{\partial t}\right)_{|t=0} = (2\pi)^{-3/2} . \tag{2.12}$$

Mamy po rozwiązaniu:

$$v^{\{t\}} = (2\pi)^{-3/2} \frac{\sin(\sqrt{x^2 + \kappa^2} \cdot t)}{\sqrt{\kappa^2 + x^2}} . \tag{2.13}$$

Łatwo zauważyć, że $v^{\{t\}} \in S'(E^3)$ dla każdego t i jest klasy C^2.

$$u^{\{t\}} = F_x^{-1} v^{\{t\}} \tag{2.14}$$

(F_x^{-1} oznacza odwrotną transformację Fouriera ([6])), czyli:

$$u^{\{t\}}[\sigma] = \int_{E^3}\int_{E^3} \frac{\sin(\sqrt{x^2+\kappa^2}\cdot t)}{\sqrt{\kappa^2+x^2}} e^{ix\xi}\sigma(\xi)\,dx\,d\xi . \tag{2.15}$$

Wyrażenia na $u^{\{t\}}[\sigma]$ zapisujemy w sposób następujący (wprowadzając współrzędne sferyczne i całkując po współrzędnych kątowych)

$$u^{\{t\}}[\sigma] = \frac{1}{4\pi}\lim_{R\to\infty}\int_0^R \frac{r\sin(\sqrt{r^2+\kappa^2}\cdot t)}{\sqrt{r^2+\kappa^2}}\cdot\left(\int_0^\infty \rho\sin r\rho g^{(\rho)}[\sigma]\,d\rho\right)dr , \tag{2.16}$$

gdzie

$$g^{(\rho)}[\sigma] = \int_{S^2}\sigma(\rho y)\,dy, \quad \rho\in R. \tag{2.17}$$

W celu obliczenia występujących tu całek dodajemy i odejmujemy od funkcji

$$\frac{r^2\sin(\sqrt{r^2+\kappa^2}\cdot t)}{\sqrt{r^2+\kappa^2}}, \tag{2.18}$$

wyrażenie $r\sin rt$. Zatem mamy

$$u^{\{t\}}[\sigma] = \overset{\{t\}}{J}_1[\sigma] + \overset{\{t\}}{J}_2[\sigma], \tag{2.19}$$

gdzie

$$\overset{\{t\}}{J}_1[\sigma] = \frac{t}{4\pi}\int_{S^2}\sigma(ty)\,dy \quad \text{dla } \sigma\in S(E^3) \tag{2.20}$$

$$\overset{\{t\}}{J}_2[\sigma] =$$

$$= \frac{1}{4\pi}\lim_{R\to\infty}\int_0^R r\left(\frac{r\sin(\sqrt{r^2+\kappa^2}\cdot t)}{\sqrt{r^2+\kappa^2}} - \sin rt\right)\left(\int_0^\infty \rho\sin r\rho g^{(\rho)}[\sigma]\,d\rho\right)dr . \tag{2.21}$$

Po dokonaniu zamiany zmiennych otrzymujemy

$$\overset{\{t\}}{J}_2[\sigma] = \frac{1}{4\pi}\lim_{R\to\infty}\int_\kappa^{\sqrt{R^2+\kappa^2}} \sqrt{q^2-\kappa^2}(\sin qt - \sin(\sqrt{q^2-\kappa^2}\cdot t))\circ$$

$$\circ\left(\int_0^{+\infty}\sin(\rho\sqrt{q^2-\kappa^2})\rho g^{(\rho)}[\sigma]\,d\rho\right)dq . \tag{2.22}$$

Zauważmy, że $\overset{\{t\}}{J}_1[\sigma]$ możemy zapisać $\overset{\{t\}}{J}_1[\sigma] = \frac{1}{4\pi t}\int_{|\eta|=|t|}\sigma(\eta)\,d\eta$, $\overset{\{t\}}{J}_1[\sigma]$ nie jest reprezentowane przez funkcję lokalnie sumowalną. Jest jednak dystrybucją temperowaną.

Poza tym mamy

$$\left|\overset{\{t\}}{J}_1[\sigma]\right| \leq |t| \sup|\sigma(x)| \leq (1+t^2)\sup|\sigma(x)| \tag{2.23}$$

oraz

$$\frac{\partial \overset{\{t\}}{J}_1}{\partial t}[\sigma] = \frac{1}{4\pi}\int_{|y|=1}\sigma(ty)\,dt + \frac{t}{4\pi}\int_{|y|=1}\sum_{j=1}^{3}\left(\frac{\partial}{\partial x_j}\sigma(x)\right)_{|x=ty} y_j\,dy\,, \tag{2.24}$$

a więc

$$\left|\frac{\partial \overset{\{t\}}{J}_1}{\partial t}[\sigma]\right| \leq \sum_{|\beta|\leq 1}\sup(1+x^2)|D^\beta\sigma(x)|\,. \tag{2.25}$$

Zatem na podstawie Twierdzenia 19.2 pracy [6] mamy, że

$$J_1[\chi] = \int_{-\infty}^{+\infty}\overset{\{t\}}{J}_1[\chi(.,t)]\,dt \tag{2.26}$$

definiuje nam dystrybucję $S'(E^4)$ taką, że

$$D_tJ_1[\chi] = \int_{-\infty}^{+\infty}\frac{\partial \overset{\{t\}}{J}_1}{\partial t}[\chi(.,t)]\,dt\,. \tag{2.27}$$

Druga część we wzorze definiującym $u^{\{t\}}$ wyraża się przez funkcję lokalnie całkowalną, tj.

$$\overset{\{t\}}{J}_2[\sigma] = -\frac{\kappa\,\mathrm{sgn}(t)}{4\pi}\int_{|\xi|<|t|}\left(\frac{\mathcal{J}_1(\kappa\sqrt{t^2-\xi^2})}{\sqrt{t^2-\xi^2}}\right)\sigma(\xi)\,d\xi\,, \tag{2.28}$$

gdzie $\mathcal{J}_1$ jest funkcją Bessela 1-go rodzaju (i 1-go rzędu) (patrz Dodatek B).

$$|\xi| = \sqrt{\xi^2} = \sqrt{\xi_1^2+\xi_2^2+\xi_3^2}\,. \tag{2.29}$$

Zatem

$$J_2[\chi] = \int_{-\infty}^{+\infty}J_2[\chi(.,t)]\,dt = \int_{-\infty}^{+\infty}\int_{E^3} -\kappa f(\xi,t)\chi(\xi,t)\,d\xi\,dt \tag{2.30}$$

definiuje nam dystrybucję $S'(E^4)$ taką, że

$$D_tJ_2[\chi] = \int_{-\infty}^{+\infty}\frac{\partial \overset{\{t\}}{J}_2}{\partial t}[\chi(.,t)]\,dt\,, \tag{2.31}$$

$$f(\xi,t) = \frac{\mathrm{sgn}(t)}{4\pi}\frac{\mathcal{J}_1(\kappa\sqrt{t^2-\xi^2})}{\sqrt{t^2-\xi^2}}\bigg|_{|\xi|<|t|} \in L^1_{\mathrm{loc}}(E^4)\,. \tag{2.32}$$

Funkcja $f(\xi,t) = \frac{\mathrm{sgn}(t)}{4\pi} \frac{\mathcal{J}_1(\kappa\sqrt{t^2-\xi^2})}{\sqrt{t^2-\xi^2}}\Big|_{|\xi|<|t|}$ pomnożona przez dowolną funkcję klasy $S(E^4)$ jest całkowalna na E^4. Generuje nam więc dystrybucję temperowaną ($\mathrm{sgn}(t) = \frac{t}{|t|}$ dla $t \neq 0$ i $\mathrm{sgn}(0) = 0$), $f(\cdot,\cdot) \in S'(E^4)$ (patrz Dodatek B).

Zatem $u^{\{t\}}[\sigma]$ definiuje nam dystrybucję $S'(E^4)$ taką, że

$$D_t u[\chi] = \int\limits_{-\infty}^{+\infty} \frac{\partial u}{\partial t}[\chi(.,t)]\,dt\,. \tag{2.33}$$

Dystrybucja ta jest rozwiązaniem problemu

$$\frac{\partial^2 u^{\{t\}}}{\partial t^2} - \Delta_3 u^{\{t\}} + \kappa^2 u^{\{t\}} = 0\,, \tag{2.34}$$

$$u^{\{0\}} = 0, \qquad \left(\frac{\partial u^{\{t\}}}{\partial t}\right)_{|t=0} = \delta\,. \tag{2.35}$$

Istotnie: $\left(\frac{\partial^2 u^{\{t\}}}{\partial^2 t} - \Delta_3 u^{\{t\}} + \kappa^2 u^{\{t\}}\right)[\sigma] = 0,\ u^{\{0\}}[\sigma] = 0$

$$\left(\frac{\partial u^{\{t\}}}{\partial t}\right)_{|t=0}[\sigma] = \delta[\sigma] = \sigma(0)\,. \tag{2.36}$$

gdzie $\sigma \in C_0^\infty(E^3)$, ale $\overline{C_0^\infty(E^3)} = S(E^3)$, w sensie S. Zatem powyższe zachodzi dla $\sigma \in S(E^3)$. Tak że $u^{\{t\}} \in S'(E^3)$, oraz u określone przez $u^{\{t\}}$ należy do $S'(E^4)$. Zatem dystrybucja u jest temperowana i spełnia związki:

$$u_{|||t=0} = u^{\{0\}} = 0, \qquad D_t u_{|||t=0} = \left(\frac{\partial u^{\{t\}}}{\partial t}\right)_{|t=0} = \delta \tag{2.37}$$

(patrz Twierdzenie 19.4 z pracy [6]). Wiemy, że u spełnia równanie Kleina-Gordona, tj. dla każdego $\chi \in C_0^\infty(E^4)$ mamy:

$$0 = (D_0^2 u - \Delta_3 u + \kappa^2 u)[\chi] = u\left[\frac{\partial^2\chi}{\partial t^2} - \Delta_3\chi - \kappa^2\chi\right] \tag{2.38}$$

skoro $\overline{C_0^\infty(E^4)} = S(E^4)$, to $(\Box_3 + \kappa^2)u[\chi] = 0$, $\chi \in S(E^4)$. Udowodniliśmy więc:

TWIERDZENIE 2.2. *Funkcjonał:* $u[\chi] = \int\limits_{-\infty}^{+\infty} u^{\{t\}}[\chi(t,\cdot)]\,dt$, $\chi \in S(E^4)$ *jest dystrybucją temperowaną spełniającą równanie Kleina-Gordona i warunki początkowe:*

$$u_{|||t=0} = 0, \qquad D_t u_{|||t=0} = \delta \tag{2.39}$$

$u^{\{t\}}$ *dane jest wzorem*

$$u^{\{t\}}[\sigma] = \int\limits_{E^3} \int\limits_{E^3} \sigma(\xi) \frac{\sin(\sqrt{\kappa^2 + x^2} \cdot t)}{\sqrt{\kappa^2 + x^2}} e^{ix\xi}\, dx\, d\xi \,. \tag{2.40}$$

Dystrybucja u ma nośnik wewnątrz tzw. stożka świetlnego, tj. w zbiorze $\{(x, y, z, t), x^2 + y^2 + z^2 \leq t^2\}$.

W przypadku równania falowego, $\kappa = 0$ nośnik dystrybucji u leży na stożku świetlnym.

Uwaga: W warunku początkowym możemy zastąpić trzy kreski przez dwie, co oznacza, że wynik jest również prawdziwy dla zwykłego ustalenia zmiennych w dystrybucji. Dowód można również przeprowadzić bezpośrednio stosując Twierdzenia 2 i 4 z §19 z pracy [6]. Prezentowany wyżej dowód daje nam explicité postać dystrybucji u, dzieląc ją na części: „całkowalną" i „niecałkowalną". Wyprowadzony wzór łatwo jest sprawdzić stosując odwrotną transformatę Fouriera F_x i działając na sumę $\overset{\{t\}}{J}_1$ i $\overset{\{t\}}{J}_2$. Zauważmy jeszcze, że dla ustalonego $t \in E^1$, dystrybucja $\overset{\{t\}}{u} \in S'(E^3)$ ma nośnik ograniczony leżący w kuli o promieniu $|t|$ i środku w zerze $K(0, |t|)$. Gdy $\kappa = 0$, to ten nośnik leży na sferze o środku w zerze i promieniu $|t|$. Zatem $\overset{\{t\}}{u}$ dla ustalonego t jest dystrybucją temperowaną o nośniku ograniczonym.

TWIERDZENIE 2.3. *Załóżmy, że $h_j \in S'(E^3)$, $j = 0, 1$. Niech będzie dana funkcja dystrybucyjna:*

$$E' \ni t \to \omega^{\{t\}} = (u^{\{t\}} * h_1) + \left(\frac{\partial u^{\{t\}}}{\partial t} * h_0\right) \in S'(E^3) \,. \tag{2.41}$$

Wtedy:

$$\frac{\partial^2 \omega^{\{t\}}}{\partial t^2} - \Delta_3 \omega^{\{t\}} - \kappa^2 \omega^{\{t\}} = 0, \qquad \omega^{\{0\}} = h_0, \qquad \left(\frac{\partial \omega^{\{t\}}}{\partial t}\right)_{|t=0} = h_1 \tag{2.42}$$

Rozwiązanie to zależy ciągle od warunków początkowych, tj. jeśli:

$$S'(E^3) \ni h_{j\nu} \to h_j, \qquad \nu \to \infty, \qquad j = 0, 1 \,. \tag{2.43}$$

$$\omega_\nu^{\{t\}} = (u^{\{t\}} * h_{1\nu}) + \left(\frac{\partial u^{\{t\}}}{\partial t} * h_{0\nu}\right), \qquad t \in E', \ \nu = 1, 2 \ldots \tag{2.44}$$

to

$$\lim_{\nu \to \infty} \omega_\nu^{\{t\}} = \omega^{\{t\}}, \qquad t \in E' w S'(E^3) \tag{2.45}$$

$u^{\{t\}}$ jest określone jako rozwiązanie równania Kleina-Gordona przy warunkach początkowych $h_0 = 0$ i $h_1 = \delta$.

Dowód. Skoro $h_0, h_1 \in S'(E^3)$, a funkcja dystrybucyjna $u^{\{t\}}$ jest klasy C^∞, to $\omega^{\{t\}}$ jest również klasy C^∞ Twierdzenie 18.9, 18.10 z pracy [6]. Mamy:

$$\left(\frac{\partial\omega^{\{t\}}}{\partial t}\right)_{|t=0} = \left(\left(\frac{\partial u^{\{t\}}}{\partial t}\right)_{|t=0} * h_1\right) + \left(\left(\frac{\partial^2 u^{\{t\}}}{\partial t^2}\right)_{|t=0} * h_1\right)$$
$$= \delta * h_1 + \left(\left(\frac{\partial^2 u^{\{t\}}}{\partial t^2}\right)_{|t=0} * h_0\right). \tag{2.46}$$

Ale mamy:

$$0 = \frac{\partial}{\partial t}\left(\frac{\partial^2 u^{\{t\}}}{\partial t^2}[\sigma] - \Delta_3 u^{\{t\}}[\sigma] + \kappa^2 u^{\{t\}}[\sigma]\right)$$
$$= \frac{\partial^2 w^{\{t\}}}{\partial t^2}[\sigma] - \frac{\partial}{\partial t} u^{\{t\}}[\Delta_3\sigma] - \kappa^2 \frac{\partial}{\partial t} u^{\{t\}}[\sigma], \tag{2.47}$$

podstawiając $w^{\{t\}} = \dfrac{\partial u^{\{t\}}}{\partial t}$ czyli:

$$\left(\frac{\partial^2 w^{\{t\}}}{\partial t^2} - \Delta_3 w^{\{t\}} + \kappa^2 w^{\{t\}}\right)[\sigma] = 0, \qquad \sigma \in S(E^3),\ w^{\{0\}} = \delta. \tag{2.48}$$

Zatem po uwzględnieniu, że:

$$\left(\frac{\partial^2 w^{\{t\}}}{\partial t^2}[\sigma]\right)_{|t=0} = \left(\frac{\partial^2 u^{\{t\}}}{\partial t^2}[\sigma]\right)_{|t=0} =$$
$$= (u^{\{t\}}[\Delta_3\sigma])_{|t=0} = u^{\{0\}}[\Delta_3\sigma] = 0 \qquad (u^{\{0\}} = 0), \tag{2.49}$$

mamy:

$$\left(\frac{\partial^2 u^{\{t\}}}{\partial t^2}\right)_{|t=0} = 0, \tag{2.50}$$

porównując z poprzednim otrzymujemy:

$$\left(\frac{\partial\omega^{\{t\}}}{\partial t}\right)_{|t=0} = \delta * h_1 = h_1. \tag{2.51}$$

Dalej:

$$\omega^{\{0\}} = (u^{\{0\}} * h_1) + \left(\frac{\partial u^{\{t\}}}{\partial t}\right)_{|t=0} * h_0 = \delta * h_0 = h_0 \tag{2.52}$$

$$\frac{\partial^2\omega^{\{t\}}}{\partial t^2} - \Delta_3\omega^{\{t\}} + \kappa^2\omega^{\{t\}} = \left(\left(\frac{\partial^2 u^{\{t\}}}{\partial t^2}\right) - \Delta_3 u^{\{t\}} + \kappa^2 u^{\{t\}}\right) * h_1 +$$
$$+ \left(\left(\frac{\partial^2 w^{\{t\}}}{\partial t^2} - \Delta_3 w^{\{t\}} + \kappa^2 w^{\{t\}}\right) * h_0\right) = 0. \tag{2.53}$$

Ciągła zależność od warunków początkowych wynika z własności splotu przy przejściu do granicy.

cbdo.

W tym momencie zauważmy, że dowód Twierdzenia 2.1 został zakończony i jego teza wynika z Twierdzenia 2.2 i 2.3 oraz z ciągłości F_x^{-1} w klasie S'.

TWIERDZENIE 2.4. *Dystrybucja*

$$\omega[\sigma] = \int_{-\infty}^{+\infty} \overset{\{t\}}{\omega}[\sigma(\cdot, t)]\, dt, \qquad \sigma \in S(E^4) \tag{2.54}$$

daje rozwiązanie dystrybucyjnego problemu Cauchy'ego w klasie dystrybucji $S'(E^4)$ dla równania Kleina–Gordona

$$\begin{aligned} (\Box_3 + \kappa^2)u &= 0\,, \\ u_{|||t=0} &= h_0 \in S'(E^3)\,, \\ D_0 u_{|||t=0} &= h_1 \in S'(E^3)\,. \end{aligned} \tag{2.55}$$

Dowód. Korzystając z rozkładu $\overset{\{t\}}{u}[\sigma] = J_1[\sigma] + J_2[\sigma]$, $t \in E^1$ mamy dla $\overset{\{t\}}{\omega}$

$$\overset{\{t\}}{\omega} = t\overset{\{t\}}{S}_1 + \overset{\{t\}}{S}_0 + t\overset{\{t\}}{T}_0 + \overset{\{t\}}{H}_1 + \overset{\{t\}}{H}_0\,, \tag{2.56}$$

gdzie

$$t\overset{\{t\}}{S}_1 = J_1 * h_1\,, \tag{2.57}$$

$$\frac{\partial J_1}{\partial t} * h_0 = \overset{\{t\}}{S}_0 + t\overset{\{t\}}{T}_0\,. \tag{2.58}$$

Mamy stąd, że

$$\overset{\{t\}}{S}_j[\sigma] = \frac{1}{4\pi} h_j\left[\int_{S^2} \sigma(\xi + ty)\, dy\right], \tag{2.59}$$

$$\overset{\{t\}}{T}_0[\sigma] = \frac{\partial S_0}{\partial t}[\sigma] = \frac{1}{4\pi} h_0\left[\int_{S^2} \sum_{i=1}^{3} y_j \left(\frac{\partial}{\partial x_j}(\sigma(x))\right)_{|x=\xi+ty} dy\right],$$

$$j = 0, 1,\ \sigma \in S(E^3). \tag{2.60}$$

$$\overset{\{t\}}{H}_0 = \frac{\partial J_2}{\partial t} * h_0\,, \tag{2.61}$$

$$\overset{\{t\}}{H}_1 = J_2 * h_1\,. \tag{2.62}$$

Z założenia, że $h_j \in S'(E^3)$ wynika istnienie liczb $C_1 > 0$ i $m \in N$ takich, że

$$|h_j[\sigma]| \le C_1 \sum_{|\alpha| \le m} \sup((1 + \xi^2)^m \cdot \sup|D_\xi^\alpha \sigma(\xi + ty)|) \qquad \sigma \in S(E^3)\,. \tag{2.63}$$

Zatem otrzymujemy dla wszystkich $\sigma \in S(E^4)$

$$|\overset{\{t\}}{S}_j[\sigma]| \leq C_2 \sup_{\xi} \sup_{\substack{S^2 \\ |y|=1}} \left(\frac{1+\xi^2}{1+(\xi+ty)^2}\right)^m \cdot \sum_{|\alpha|\leq m} \sup(1+x^2)^m |D^\alpha(x)| . \quad (2.64)$$

Łatwo zauważyć, że

$$\sup_{\xi} \sup_{|y|=1} \frac{1+\xi^2}{1+(\xi+ty)^2} = \sup_{\xi} \sup_{|y|=1} \cdot \frac{1+(x+ty)^2}{1+x^2} \leq C_2(1+t^2) . \quad (2.65)$$

Mamy więc ostatecznie

$$|\overset{\{t\}}{S}_j[\sigma]| \leq C_4(1+t^2)^m \sum_{|\alpha|\leq m} \sup(1+x^2)^m |D^\alpha \sigma(x)| ,$$

$$j = 0, 1, \ \sigma \in S(E^3) . \quad (2.66)$$

Podobnie mamy w przypadku T_0

$$|T_0[\sigma]| \leq C_5(1+t^2) \sum_{|\alpha|\leq m+1} \sup |(1+x^2)^\alpha D^\alpha \sigma(x)| . \quad (2.67)$$

Ten fragment dowodu jest adaptacją dowodu dla analogicznego twierdzenia dla równania falowego z pracy [6].

W przypadku H_1 i H_0 mamy do czynienia ze splotem funkcji generującymi dystrybucje temperowane na E^4 ($S'(E^4)$) z dystrybucjami temperowanymi. Są to oczywiście funkcje klasy L^2 przy ustalonym t, $L^2(E^3)$. Funkcje te są w tym konkretnym przypadku wyrażone poprzez funkcje Bessela i funkcje elementarne i mają przy ustalonym t, nośnik ograniczony. Zatem wymienione sploty istnieją. Generują one funkcję dystrybucyjną, zależną od t. Ta zaś dystrybucję temperowaną na E^4, $S'(E^4)$. To ostatnie wynika stąd, że występujące funkcje mają transformaty Fouriera ograniczone dla każdej pochodnej przez wielomian. W ten sposób transformata Fouriera w E^4 splotu jest iloczynem funkcji i dystrybucji temperowanej. Funkcja ta jest tego typu, że dowolna jej pochodna jest ograniczona przez wielomian. W ten sposób na mocy Twierdzenia 6 z §3 pracy [6] mamy, że powyższy iloczyn jest dystrybucją temperowaną. Zatem odwrotna transformata Fouriera (w E^4) przeprowadza nam dystrybucję temperowaną w dystrybucję temperowaną. Zatem pozostała część ω jest dystrybucją temperowaną.

W ten sposób mamy

$$\frac{\partial \overset{\{t\}}{\omega}}{\partial t} = \left(\frac{\partial \overset{\{t\}}{u}}{\partial t} * h_1\right) + \left(\frac{\partial^2 \overset{\{t\}}{u}}{\partial t^2} * h_0\right) =$$

$$= \overset{\{t\}}{S} + \overset{\{t\}}{T}_1 + \Delta_3 \overset{\{t\}}{u} * h_0 + \overset{\{t\}}{H}_1 - \kappa^2 \overset{\{t\}}{u} * h_0 \quad (2.68)$$

co kończy dowód, gdy zauważymy, że:

$$\frac{\partial \overset{\{t\}}{\omega}}{\partial t}[\sigma] = \overset{\{t\}}{S}_1[\sigma] + t\overset{\{t\}}{T}_1[\sigma] + \overset{\{t\}}{S}_0[\Delta_3\sigma - \kappa^2\sigma] + \overset{\{t\}}{H}_1[\sigma] \tag{2.69}$$

dla $\sigma \in S(E^3)$.

Ostatnie wyrażenie przedstawia bowiem funkcję dystrybucyjną, która generuje dystrybucję $S'(E^4)$ z uwagi na własności S_1, T_1, S_0 i H_1 przedstawione wyżej, spełnione są założenia Twierdzenia 2.2 z §19 z pracy [6].

Zbierzmy teraz podstawowe wyniki. Określiliśmy zadanie Cauchy'ego dla równania Kleina–Gordona przy pomocy przecięcia dystrybucji z hiperpłaszczyzną dwoma sposobami, tj. zwykłego i temperowanego. Udowodniliśmy, że w klasie dystrybucji temperowanych zagadnienia te są równoważne, jednoznacznie rozwiązywane i posiadają ciągłą zależność od warunków początkowych. Jednoznaczność rozwiązania wynika z liniowości równania i stąd, że dla $h_0 = h_1 = 0$ jedynym rozwiązaniem jest $u \equiv 0$. To ostatnie dowodzimy w Dodatku C. Konstrukcja przedstawionego tu rozwiązania jest analogiczna do konstrukcji z pracy [6] dla równania falowego tj. dla $\kappa = 0$.

Możemy rozpatrzyć również problem początkowy dla równania niejednorodnego

$$\begin{gathered}(\Box_3 + \kappa^2)u = f, \qquad f \in S'(E^4), \\ u_{|||t=0} = h_0, \qquad D_t u_{|||t=0} = h_1, \\ h_0, h_1 \in \mathcal{D}'(E^3) \qquad (\text{albo } S'(E^3)).\end{gathered} \tag{2.70}$$

Korzystając z częściowego przekształcenia Fouriera otrzymujemy równoważny problem

$$\begin{gathered}D_t^2 v + (x^2 + \kappa^2)v = g, \\ v_{|||t=0} = p_0, \qquad D_t v_{|||t=0} = p_1,\end{gathered} \tag{2.71}$$

gdzie $g = F_x f$, $p_i = F_x h_i$, $i = 0, 1$.

Korzystając z wyników Dodatku C łatwo dowodzimy jedyność tego rozwiązania w klasie $S'(E^4)$ dla f danego funkcją dystrybucyjną $f^{\{t\}} \in S'(E^3)$ taką, że $f^{\{t\}} = 0$ dla $t \leq 0$. Bardzo ważnym przypadkiem jest przypadek $f = \delta_4$ (czterowymiarowa delta Diraca) związany z tzw. „funkcją Greena" (nazewnictwo niepoprawne, bowiem funkcję Greena określamy dla równań eliptycznych, a nie hiperbolicznych, należy używać raczej drugiego terminu, a mianowicie propagator, czterowymiarowa delta Diraca, $\delta_4 \in \mathcal{D}'(E^4)$ taka, że $\delta_4[\sigma] = \sigma(0)$, $\sigma \in \mathcal{D}(E^4)$, $\sigma(0) = \sigma(0,0,0,0)$) dla równania Kleina–Gordona. Podstawowe rozwiązanie tego problemu, tj. dla $h_0 = 0$, $h_1 = 0$ znane jest w fizyce jako propagator tego równania. Rozwiązanie równania Kleina–Gordona dla $f = \delta_4$ oraz dla warunków początkowych $h_0 = h_1 = 0$ nazywane jest rozwiązaniem podstawowym i oznaczane przez E. Łatwo zauważyć, że funkcja dystrybucyjna definiująca (generująca) E

jest dana wzorem $\overset{\{t\}}{E} = \frac{1}{2}\operatorname{sgn}(t)\overset{\{t\}}{u}$, a zatem dystrybucja E dana jest wzorem

$$E[\sigma] = \int_{-\infty}^{+\infty} \overset{\{t\}}{E}[\sigma(\cdot,t)]\,dt = \int_{0}^{+\infty} \overset{\{t\}}{u}[\sigma(\cdot,t)]\,dt \tag{2.72}$$

dla $\sigma \in S(E^4)$.

Mamy zawsze, że: $u_0 = E * f$ dla $h_0 = 0 = h_1$, wtedy gdy istnieje splot. Ogólne rozwiązanie z dowolnymi h_0, h_1 konstruujemy jako sumę u_0 i rozwiązania równania jednorodnego z Twierdzenia 2.3. Zauważmy, że gdy f dane jest funkcją dystrybucyjną $f^{\{t\}} = 0$, $t \leq 0$, $f^{\{t\}} \in S'(E^3)$ lub gdy $f \in S'(E^4)$ i $\operatorname{supp} f \subset \{(x,y,z,t), t \geq 0\}$, to splot ten zawsze istnieje. Regularność w sensie Hadamarda dla warunków początkowych i prawych stron wynika z ciągłości splotu.

Zauważmy jeszcze, że zarówno dla równania jednorodnego jak i niejednorodnego problem początkowy jest poprawny w sensie Hadamarda. Znaczy to, że w klasie rozwiązań, $S'(E^4)$ dla warunków początkowych w klasie $S'(E^3) \times S'(E^3)$ w klasie prawych stron $S'(E^3)$ (takich, że $f^{\{t\}} = 0$ dla $t \leq 0$) istnieje ciągłość rozwiązania ze względu na warunki początkowe i prawe strony. Topologie są naturalne ze względu na przyjęte klasy. Dowody wynikają z ciągłości splotu względem powyższych topologii oraz jednoznaczności problemu początkowego w podanych klasach. Zauważmy jeszcze, że możemy rozpatrywać problem Cauchy'ego nie tylko w $t = 0$, ale w dowolnym $t = t_0$, $t_0 \in E'$.

Zatem udowodniliśmy

TWIERDZENIE 2.5. *Ogólne rozwiązanie problemu Cauchy'ego w klasie* $S'(E^4)$

$$\begin{gathered}(\Box_3 + \kappa^2)V = f, \qquad \kappa > 0\,, \\ V_{|||t=0} = h_0 \in S'(E^3)\,, \\ D_t V_{|||t=0} = h_1,\ h_1 \in S'(E^3), \qquad \operatorname{supp} f \subset E^3 \times \{t, t \geq 0\}\end{gathered} \tag{2.73}$$

ma postać $V = E * f + \omega$, *gdzie*

$$\omega[\sigma] = \int_{-\infty}^{+\infty} \overset{\{t\}}{\omega}[\sigma(\cdot,t)]\,dt\,, \qquad \sigma \in S(E^4)\,. \tag{2.74}$$

Funkcja dystrybucyjna $\overset{\{t\}}{\omega}$ *jest zadana wzorem z Twierdzenia* 2.3.

Rozwiązanie jest regularne w sensie Hadamarda ze względu na warunki początkowe i prawe strony w topologiach naturalnych dla wszystkich występujących tu dystrybucji. Jest również regularne ze względu na parametr κ.

Zauważmy, że nasze rozwiązanie u z Twierdzenia 2.2 z tego paragrafu odpowiada tzw. dystrybucji $\Delta(x,t)$ mającej podstawowe znaczenie w kwantowej teorii pola ([8, 9]). Za pomocą tej dystrybucji możemy zdefiniować wszystkie najważniejsze propagatory związane z równaniem Kleina–Gordona.

$$\Delta_R = H(t)\Delta \quad (= \Delta_R(x,t)) \tag{2.75}$$

$$\Delta_A = -H(-t)\Delta \quad (= \Delta_A(x,t)) \tag{2.76}$$

$$\overline{\Delta}_R^{\{t\}} = 1/2\,\mathrm{sgn}(t)\Delta^{\{t\}} \quad (= \Delta(x,t)) \tag{2.77}$$

gdzie H jest funkcją skoku, a sgn funkcją znaku. Mamy $\mathrm{sgn}(t) = \frac{t}{|t|}$; $t \neq 0$ i $\mathrm{sgn}(0) = 0$, $H(t) = \frac{1}{2}(1 + \mathrm{sgn}(t)) = \frac{1}{2}\left(1 + \frac{t}{|t|}\right)$; $t \neq 0$ i $H(0) = 0$. Funkcje dystrybucyjne $\Delta_R^{\{t\}}$, $\Delta_A^{\{t\}}$, $\overline{\Delta}^{\{t\}}$ definiują dystrybucje spełniające niejednorodne równanie Kleina–Gordona z $f = \delta_4$.

Korzystając z postaci u z Twierdzenia 2.2 możemy wyrazić ją w jawnej postaci

$$u = \frac{1}{4\pi}\left(\frac{\mathrm{sgn}(t)}{|x|}(\delta_{|x|} + \delta_{-|x|}) - \frac{\kappa}{\sqrt{t^2 - x^2}}\mathrm{sgn}(t)\circ \right.$$
$$\left. \circ H(x^2 - t^2)\mathcal{J}_1(\kappa\sqrt{t^2 - x^2}\right) \quad (= \Delta(x,t)) \tag{2.78}$$

gdzie δ jest deltą Diraca na E^1, $\delta_{t_0}[\chi] = \chi(t_0)$, $\chi \in S(E^1)$ (ponieważ δ_{t_0} jest dystrybucją rzędu zero, możemy brać $\chi \in C_0(E^1)$), $|x| = \sqrt{x^2}$. W powyższym wzorze wszystkie wielkości są dobrze określone, bowiem można dzielić dystrybucję przez funkcję analityczną zmiennej rzeczywistej.

Zauważmy, że w ten sposób u definiuje dystrybucję będącą rzędu zerowego i w ten sposób wszyskie dystrybucje związane z równaniem Kleina–Gordona są rzędu zerowgo. W podobny sposób możemy zdefiniować i inne dystrybucje Kleina–Gordona tj. $\Delta^{(\mp)}$, $\Delta^{(1)}$, Δ_F, $\Delta_\mathcal{J}$ jako dystrybucje zadawane przy pomocy funkcji dystrybucyjnej parametru $t \in E^1$. $\Delta^{(+)}$, $\Delta^{(-)}$ i $\Delta_\mathcal{J}$ pojawiają się jako nawiasy Poissona pól swobodnych Δ_A jest tzw. „funkcją przedwczesną", Δ_R tzw. „funkcją opóźnioną", zaś Δ_F i $\Delta_\mathcal{J}$ odp. „funkcji feynmanowskiej" i „antyfeynmanowskiej". Mamy dla dystrybucji $\Delta^{(1)}$ funkcję dystrybucyjną $\Delta^{(1)\{t\}}$ (generującą dystrybucję $S'(E^4)$, $\Delta^{(1)}$) i spełnia ona równanie Kleina–Gordona dla warunków początkowych

$$\Delta^{(1)}_{|||t=0} = \delta_3, \qquad \frac{\partial}{\partial t}\Delta^{(1)}_{|||t=0} = 0\,. \tag{2.79}$$

W ten sposób możemy zdefiniować pozostałe funkcje dystrybucyjne generujące pozostałe dystrybycje

$$\Delta^{(+)} = 1/2(\Delta^{\{t\}} + i\Delta^{(1)\{t\}})\,, \tag{2.80}$$

$$\Delta^{(-)\{t\}} = 1/2(\Delta^{\{t\}} - i\Delta^{(1)\{t\}}) = (\Delta^{(1)\{t\}})^*\,, \tag{2.81}$$

$$\Delta_F^{\{t\}} = 1/2(\mathrm{sgn}(t)\Delta^{\{t\}} + i\Delta^{(1)\{t\}})\,, \tag{2.82}$$

$$\Delta_\mathcal{J}^{\{t\}} = 1/2(\mathrm{sgn}(t)\Delta^{\{t\}} - i\Delta^{(1)\{t\}}) = (\Delta_F^{\{t\}})^*\,. \tag{2.83}$$

Dla $\Delta_F^{\{t\}}$ mamy również

$$\Delta_F^{\{t\}} = H(t)\Delta^{(-)\{t\}} - H(-t)\Delta^{(+)\{t\}}. \tag{2.84}$$

Funkcja dystrybucyjna $\Delta^{(1)\{t\}}$ może być otrzymana w postaci jawnej

$$\Delta^{(1)\{t\}} = \frac{\kappa}{8\pi\sqrt{t^2 - x^2}} H(t^2 - x^2) N_1(\kappa\sqrt{t^2 - x^2}) + \\ + \frac{\kappa}{4\pi\sqrt{x^2 - t^2}} H(x^2 - t^2) K_1(\kappa\sqrt{x^2 - t^2}), \tag{2.85}$$

gdzie N_1 jest funkcją Neumanna a K_1 zdegenerowaną funkcją Bessela drugiego rodzaju (1-rzędu) (patrz Dodatek B), $\Delta^{(1)\{t\}} \in S'(E^3)$ dla każdego t (jest ona zadawana przez funkcję lokalnie całkowalną). Zauważmy jeszcze, że możemy próbować określić iloczyn dystrybucji jako transformatę Fouriera splotu ich transformat fourierowskich. W ten sposób możemy zastosować kryterium istnienia splotu (dla transformat fourierowskich) celem znalezienia kryterium istnienia iloczynu dystrybucji tak określonego. W ten sposób możemy udowodnić istnienie iloczynów $\Delta^{(+)} \circ \Delta^{(+)}$, $\Delta^{(-)} \circ \Delta^{(-)}$ dla różnych parametrów κ_1, κ_2, w szczególności dla $\kappa_1 = \kappa_2$. Możemy również udowodnić istnienie iloczynu będącego dowolną potęgą $\Delta^{(+)}$ lub $\Delta^{(-)}$. Nie istnieje jednak iloczyn $\Delta_F \circ \Delta_F$ (nie ma splotu transformat fourierowskich).

Występujące tu dystrybucje związane z równaniem Kleina–Gordona konstruuje się w związku z formalizmem klasycznej i kwantowej teorii pola dla cząstki bez spinu z masą spoczynkową. Równanie Kleina–Gordona jest wtedy modelem kwantowo-mechanicznym dla tego typu obiektu. Rozwijając formalizm kwantowej teorii pola dla równania Kleina–Gordona (tj. dla pola związanego z masywną bezspinową cząstką) potrzebujemy wszystkich wypisanych tu dystrybucji ([8, 9]).

Wprowadzone tu dystrybucje odgrywają również bardzo ważną rolę w kanonicznym formaliźmie w klasycznej teorii pola opisywanego równaniem Kleina–Gordona, gdzie analogicznie jak w mechanice klasycznej wprowadzamy nawiasy Poissona. Wtedy dystrybucja u równa jest nawiasowi Poissona dla pól opisywanych przez to równanie. W formaliźmie kwantowej teorii pola mamy w miejscu nawiasów Poissona komutatory operatorów pola ([8, 9, 10]). W przypadku pola skalarnego ψ o wartościach w $\mathbb{C}$ lub w R (opisywanego równaniem Kleina–Gordona) mamy:

$$\{\psi(x), \psi(y)\}_{PB} = \Delta(x - y), \qquad x, y \in E^4, \tag{2.86}$$

gdzie $\{\cdot,\cdot\}_{PB}$ jest nawiasem Poissona $\psi(x)$, $\psi(y)$ jest rozumiane w sensie $\psi[\varphi(\cdot)]$, $\cdot \to x$, $\psi[\varphi(\cdot)]$, $\cdot \to y$, to samo dotyczy dystrybucji Δ (tj. oczywiście u z Twierdzenia 2.2), $\Delta[\varphi(\cdot)]$, $\cdot \to (x - y)$.

Celem przybliżenia Czytelnikowi własności nawiasów Poissona dla pól swobodnych w przypadku pola skalarnego przedstawimy krótko definicję nawiasu Poissona. W tym celu wprowadzimy wielkość zwaną lagrangianem pola skalarnego

$$\mathcal{L}[\varphi(x)] = \frac{1}{2}\partial_\mu\varphi(x)\partial^\mu\varphi(x) - \frac{\kappa^2}{2}\varphi^2(x) \tag{2.87}$$

$$x \in E^4,\ x = (\vec{x}, t),\ \vec{x} \in E^3,\ \varphi \in S'(R^4),\ \mu = 1,2,3,4.$$

Stosujemy konwencję sumacyjną Einsteina tj.

$$\partial_\mu\varphi(x)\partial^\mu\varphi(x) = \sum_{\mu,\nu=1}^{4} g^{\mu\nu}\partial_\mu\varphi(x)\partial_\nu\varphi(x) = (\dot{\varphi})^2 - \vec{\nabla}\varphi\cdot\vec{\nabla}\varphi, \quad \dot{\varphi} = \frac{\partial}{\partial t}\varphi. \tag{2.88}$$

Formalizm kanoniczny teorii pola jest wzorowany na mechanice klasycznej. Definiujemy kanonicznie sprzężone pędy

$$\pi(\vec{x}, t) = \nabla_{\dot{\varphi}(\vec{x},t)}\mathcal{L} \tag{2.89}$$

$$\dot{\varphi}(\vec{x}, t) = \frac{\partial}{\partial t}\varphi(\vec{x}, t) \tag{2.90}$$

gdzie $\nabla_{\dot{\varphi}}$ oznacza pochodną Gateaux funkcjonału $\mathcal{L}$ względem $\dot{\varphi}$.

Powyższą zależność można łatwo odwrócić otrzymując $\dot{\varphi}(x, t)$ jako funkcjonały φ, π i funkcje $\vec{x}$, t.

Wprowadzamy jeszcze tzw. hamiltonian pola skalarnego

$$H(t) = \int d^3\vec{x}(\pi(\vec{x}, t)\dot{\varphi}(\vec{x}, t, [\varphi, \pi]) - \mathcal{L}(\varphi, \dot{\varphi}(\vec{x}, t, [\varphi, \pi])) \tag{2.91}$$

Pochodną Gateaux funkcjonalu $F[\varphi, \pi]$ lub $F[\varphi, \dot{\varphi}]$ definiujemy następująco:

DEFINICJA 2.2. *Niech $F : S \ni \varphi \to F[\varphi] \in R$ (lub $\mathbb{C}$). Wtedy definujemy pochodną kierunkową*

$$L_w F[\varphi] = \lim_{\varepsilon = 0} \frac{F[\varphi + \varepsilon w] - F[\varphi]}{\varepsilon} \tag{2.92}$$

dla $w \in S$, ($S = S(R^n)$, lub $S(\mathbb{C}^n)$).

DEFINICJA 2.3. *Mówimy, że istnieje pochodna Gateaux w sensie silnym dla funkcjonału F w punkcie φ jeśli istnieje pochodna kierunkowa tego funkcjonału dla każdego $w \in S$ oraz jeśli jest ona liniowym i ciągłym odwzorowaniem*

$$S \ni w \to L_w F[\varphi] \in R \tag{2.93}$$

tak, że $L_w F[\varphi] = \int_{R^n(\mathbb{C}^n)} \nabla_\varphi F w\, d^n x$.

Pochodną Gateaux w sensie silnym oznaczamy przez $\nabla_\varphi F$.

DEFINICJA 2.4. *Mówimy, że funkcjonał F jest różniczkowalny w sensie Gateaux (silnym) w zbiorze $A \subset S$, wtedy i tylko wtedy gdy dla każdego $\varphi \in A$ istnieje $\nabla_\varphi F$.*

DEFINICJA 2.5. *Mówimy, że funkcjonał F jest różniczkowalny w sensie Gateaux (w sensie słabym - dystrybucyjnym) jeśli można rozszerzyć $\nabla_\varphi F$ na S' tak,* *że $S \subset S'$ ($S' = S'(R^n)$ lub $S'(\mathbb{C}^n)$). W ten sposób musimy rozszerzyć również sam funkcjonał F.*

W podobny sposób definujemy pochodną $\nabla_\pi F$.

Dla dowolnych dwóch funkcjonałów F i G takich, że są one funkcjonałami φ i π i są różniczkowalne w sensie Gateaux definiujemy

$$\{F,G\}_{PB} = \int_{E^3} d^3\bar{x}(\nabla_\varphi F \nabla_\pi G - \nabla_\pi \nabla_\varphi G) \tag{2.94}$$

gdzie ∇_φ i ∇_π są silnymi pochodnymi Gateaux wziętymi dla wartości φ i π w punkcie $(\bar{x}, t)$. W ten sposób otrzymamy

$$\{\varphi(x), \varphi(y)\}_{PB} = \Delta(x-y). \tag{2.95}$$

Zauważmy jeszcze następujące fakty. Równanie Kleina–Gordona możemy otrzymać z zasady wariacyjnej jako równanie Eulera–Lagrange'a zdefiniowanej przy pomocy $\mathcal{L}$ – gęstości lagrangianu pola skalarnego

$$0 = \nabla_\varphi \int_{E^4} d^4x \mathcal{L}(x) \tag{2.96}$$

Zależność od czasu dowolnego funkcjonału F od φ i π możemy zapisać w postaci

$$\frac{dF}{dt} = \{F, H\}_{PB} \tag{2.97}$$

gdzie H jest hamiltonianem.

Wprowadzone dystrybucje odgrywają również podstawową rolę w rachunku zaburzeń kwantowej teorii pola, gdzie stosowany jest rachunek diagramów Feynmana.

Zauważmy, że prezentowane wyniki są prawdziwe w klasie $\mathcal{D}'(E^4)$. Są one prawdziwe przy założeniu, że warunki początkowe należą do $\mathcal{D}'(E^3)$ oraz, że warunek początkowy jest stawiany przy pomocy zwykłego przecięcia dystrybucji z hiperpłaszczyzną (ustalenia zmiennych w dystrybucji), a nie tylko temperowanego.

3. Zagadnienia początkowe w klasie S' dla innych równań relatywistycznej mechaniki kwantowej

Przedstawione tu dystrybucje związane z zagadnieniem początkowym dla równania Kleina–Gordona i spełniającego dystrybucyjne zagadnienie Cauchy'ego mogą być użyte do konstrukcji wszystkich innych propagatorów związanych z innymi równaniami, tj. Diraca, Proca, które są w swojej istocie równaniami na funkcje o wartościach spinorowych lub wektorowych. Zatem są one pewnymi układami równań różniczkowych. Nie wymagamy tu wiadomości na temat teorii spinorów Diraca (lub Weyla). Wystarczy wiedzieć tylko, że są one elementami $\mathbb{C}^4$ (lub $\mathbb{C}^2$). Spinory Diraca nazywane są również bispinorami. Są one elementami $\mathbb{C}^4$. Spinory Weyla nazywane są spinorami dwukomponentowymi. Są elementami $\mathbb{C}^2$. Pewne wiadomości na temat spinorów podamy w dalszym ciągu pracy.

3a. Równania Diraca, Proca i Weyla

DEFINICJA 3.1. *Równaniem Diraca nazywamy:*

$$(-i\gamma^\mu\partial_\mu + \kappa J)^b{}_a\psi_b = V_a \quad a,b=1,2,3,4,\ \psi_b(x),V_b(x)\in\mathbb{C},\ x\in E^4 \qquad (3.1)$$

(symbol $(\cdot)^a{}_b$ oznacza macierz $((\cdot)^a{}_b)_{a,b=1,2,3,4}$), J jest macierzą jednostkową 4×4). γ^μ są tzw. macierzami Diraca (4×4) spełniającymi warunki antykomutacji

$$\{\gamma^\mu,\gamma^\nu\} = \gamma^\mu\gamma^\nu + \gamma^\nu\gamma^\mu \equiv 2g^{\mu\nu}J\,. \qquad (3.2)$$

Macierze γ_μ tworzą tzw. algebrę Clifforda, co ma dość istotne znaczenie w relatywistycznej mechanice kwantowej i kwantowej teorii pola. Nie wymagam, oczywiście od Czytelnika znajomości tej teorii, bowiem nie jest ona istotna w celu zrozumienia prezentowanych tu problemów. ∂_μ oznacza różniczkowanie $\frac{\partial}{\partial x^\mu}$, tj. $\partial_\mu = D_{x^\mu}$, $\mu = 1,2,3$, $\partial_4 = D_t$. Korzystamy z Einsteinowskiej konwencji sumacyjnej, tj. $\sum_j w^j{}_j \overset{\mathrm{df}}{=} w^j{}_j$.

Jeśli $V_a \equiv 0$, to równanie Diraca nazywamy jednorodnym, w przeciwnym przypadku nazywa się ono niejednorodne.

DEFINICJA 3.2. *Równaniem Proca nazywamy*

$$(-g^{\mu\lambda}\square_3 + \partial^\mu\partial^\lambda - g^{\mu\lambda}\kappa^2)A_\lambda = B^\mu\,, \qquad (3.3)$$

gdzie $\mu,\lambda = 1,2,3,4$, $A_\lambda(x), B^\mu(x)\in E^1$, $g^{\mu\lambda}g_{\lambda\nu} = \delta^\mu_\nu$, $x\in E^4$ i

$$g_{\lambda\nu} = \begin{pmatrix} -1 & 0 & 0 & 0\\ 0 & -1 & 0 & 0\\ 0 & 0 & -1 & 0\\ 0 & 0 & 0 & 1\end{pmatrix}, \qquad \partial^\mu = g^{\mu\lambda}\partial_\lambda \qquad (3.4)$$

$\square_3$ *jest operatorem d'Alamberta*, $\kappa = \text{const}$, *oraz* $t = x_4$.

Jeśli $B^\mu \equiv 0$, *to równanie Proca nazywamy jednorodnym, w przeciwnym przypadku nazywamy je niejednorodnym.*

Równanie Proca uzupełniamy warunkiem Lorentza $\dfrac{\partial A_\mu}{\partial x^\mu} = 0$.

Propagator dla równania Diraca wyraża się wzorem

$$\overline{S}^b{}_a = (i\gamma^\mu \partial_\mu + \kappa J)^b{}_b \overline{u}, \tag{3.5}$$

a dla równania Proca

$$\Delta_{\mu\nu} = -\left(g_{\mu\nu} + \frac{1}{\kappa^2}\partial_\mu \partial_\nu\right)\overline{u}, \tag{3.6}$$

gdzie $\overline{u}$ jest jedną z dystrybucji przedstawionych w rozdziale drugim, tj. także dystrybucją spełniającą niejednorodne równanie. Spełniają one warunki podstawowe indukowane przez odpowiednie równania Kleina–Gordona, co łatwo sprawdzić podstawiając wypisane tu wzory do odpowiednich równań. Rozwiązanie dowolnego warunku początkowego dla powyższych równań można otrzymać splatając rozwiązanie podstawowe (propagator) z warunkami początkowymi oraz z prawą stroną (w podobny sposób jak dla równania Kleina–Gordona). Jedyną różnicą jest to, że musimy zwęzić także wskaźniki. Stawiając dystrybucyjne zagadnienie Cauchy'ego dla wymienionych równań w klasie dystrybucji temperowanych możemy skonstruować je, a potem korzystając z twierdzenia o jednoznaczności dla równania Kleina–Gordona (przedstawionego w Dodatku C) udowodnić jednoznaczność dla równania Diraca i równania Proca. W ten sposób dowodzimy regularność (w sensie Hadamarda) dystrybucyjnego zagadnienia Cauchy'ego dla równania Diraca i Proca (w klasie dystrybucji temperowanych).

W naszych rozważaniach będziemy mieli do czynienia z różnymi operatorami różniczkowymi działającymi na dystrybucje lub funkcje dystrybucyjne np. $\overline{S}^a{}_b$ w przypadku równania Diraca. W przypadku gdy są to dystrybucje, wszystkie różniczkowana ∂_μ są rozumiane w sensie dystrybucyjnym. W przypadku gdy mamy do czynienia z funkcją dystrybucyjną zależną od czasu t, różniczkowanie po zmiennych przestrzennych będą rozumiane w sensie dystrybucyjnym, a różniczkowanie po czasie w sensie różniczkowania funkcji dystrybucyjnej.

Równanie Diraca opisuje nam ruch kwantowo-mechaniczny cząstki obdarzonej masą i o spinie 1/2. Równanie Proca, zaś cząstką o spinie 1, również obdarzonej masą. Równanie Diraca jest w ten sposób stosowane do opisu elektronu w mechanice kwantowej, zaś równanie Proca do opisu np. cząstki Z° stosunkowo niedawno odkrytej w fizyce cząstek elementarnych (w modelu Weinberga–Salama). Cząstka opisywana za pomocą równania Proca to rodzaj obdarzonego masą fotonu. Równanie Proca (układ równań) jest pewnym uogólnieniem równań Maxwella. W wyniku przejścia z κ do zera ($\kappa \to 0$) otrzymujemy równania Maxwella. Równanie Weyla powstaje z równania Diraca w wyniku przejścia $\kappa \to 0$. W tym wypadku rozpada się ono na dwa niezależne równania z tym, że zmiennymi niezależnymi są teraz dwie funkcje o wartościach w $\mathbb{C}^2$. W wyniku przejścia $\kappa \to 0$ w równaniu Proca pojawia się tzw. symetria cechowania („gauge") grająca podstawową rolę w elektrodynamice klasycznej i kwantowej. Równanie Weyla (tj. jedno z otrzymanych niezależnych równań) opisuje ruch kwantowo-mechaniczny bezmasowej cząstki o spinie 1/2 np. neutrina.

Macierze Diraca mają następującą postać w jednym z przedstawień zwanym przedstawieniem Diraca ([8])

$$\gamma^1 = \begin{pmatrix} 0 & 0 & 0 & 1 \\ 0 & 0 & 1 & 0 \\ 0 & -1 & 0 & 0 \\ -1 & 0 & 0 & 0 \end{pmatrix} = ((\gamma^1)^a{}_b, a,b=1,2,3,4) \tag{3.7}$$

$$\gamma^2 = \begin{pmatrix} 0 & 0 & 0 & -i \\ 0 & 0 & i & 0 \\ 0 & i & 0 & 0 \\ -i & 0 & 0 & 0 \end{pmatrix} = ((\gamma^2)^a{}_b, a,b=1,2,3,4) \tag{3.8}$$

$$\gamma^3 = \begin{pmatrix} 0 & 0 & 1 & 0 \\ 0 & 0 & 0 & -1 \\ -1 & 0 & 0 & 0 \\ 0 & 1 & 0 & 0 \end{pmatrix} = ((\gamma^3)^a{}_b, a,b=1,2,3,4) \tag{3.9}$$

$$\gamma^4 = \begin{pmatrix} 1 & 0 & 0 & 0 \\ 0 & 1 & 0 & 0 \\ 0 & 0 & -1 & 1 \\ 0 & 0 & 0 & -1 \end{pmatrix} = ((\gamma^4)^a{}_b, a,b=1,2,3,4) \tag{3.10}$$

wtedy oczywiście

$$\psi = \begin{pmatrix} \psi_1 \\ \psi_2 \\ \psi_3 \\ \psi_4 \end{pmatrix} = (\psi_a) \in \mathbb{C}^4 . \tag{3.11}$$

W związku z przejściem do równania Weyla od równania Diraca wygodnie jest zapisać macierze Diraca w następujący sposób

$$\gamma^4 = \begin{pmatrix} I & 0 \\ 0 & -I \end{pmatrix}, \qquad I \text{ — macierz jednostkowa } 2 \times 2 \tag{3.12}$$

$$\vec{\gamma} = \begin{pmatrix} 0 & \vec{\sigma} \\ -\vec{\sigma} & 0 \end{pmatrix} = (\gamma^1, \gamma^2, \gamma^3) \tag{3.13}$$

gdzie

$$\vec{\sigma} = (\sigma^1, \sigma^2, \sigma^3) = (\sigma_x, \sigma_y, \sigma_z) \tag{3.14}$$

są tzw. macierzami Pauliego

$$\sigma_x = \begin{pmatrix} 0 & 1 \\ 1 & 0 \end{pmatrix}, \quad \sigma_y = \begin{pmatrix} 0 & -i \\ i & 0 \end{pmatrix}, \quad \sigma_z = \begin{pmatrix} 1 & 0 \\ 0 & -1 \end{pmatrix} \tag{3.15}$$

Definiujemy jeszcze macierz

$$\gamma_5 = i\gamma^4\gamma^1\gamma^2\gamma^3 = \begin{pmatrix} 0 & I \\ I & 0 \end{pmatrix} \tag{3.16}$$

w tym przypadku (spinor) ψ zapisujemy następująco

$$\psi = \begin{pmatrix} \varphi \\ \chi \end{pmatrix}, \qquad \varphi, \chi \in \mathbb{C}^2 . \tag{3.17}$$

Mamy wtedy, podstawiając do równania Diraca

$$-i\frac{\partial}{\partial t}\varphi - i\vec{\sigma}\vec{\nabla}\chi + \kappa\varphi = 0 , \tag{3.18}$$

$$i\frac{\partial}{\partial t}\chi + i\vec{\sigma}\vec{\nabla} + \kappa\chi = 0 . \tag{3.19}$$

Symbol $\vec{\sigma}\vec{\nabla}$ oznacza operator $\left(\sigma_x\frac{\partial}{\partial x} + \sigma_y\frac{\partial}{\partial y} + \sigma_z\frac{\partial}{\partial z}\right)$.

W przypadku $\kappa = 0$ otrzymujemy dwa niezależne równania

$$i\frac{\partial}{\partial t}(\varphi + \chi) + \vec{\sigma}\cdot\vec{\nabla}(\varphi + \chi) = 0 , \tag{3.20}$$

$$i\frac{\partial}{\partial t}(\varphi - \chi) - \vec{\sigma}\cdot\vec{\nabla}(\varphi - \chi) = 0 . \tag{3.21}$$

Co można by otrzymać od razu biorąc

$$\psi = \begin{pmatrix} \dfrac{\psi_1 + \psi_2}{2} \\ \dfrac{\psi_1 - \psi_2}{2} \end{pmatrix} , \tag{3.22}$$

gdzie

$$\psi_1 = \frac{1}{2}(J - \gamma_5)\psi , \tag{3.23}$$

$$\psi_2 = \frac{1}{2}(J + \gamma_5)\psi . \tag{3.24}$$

(Korzystając z tego, że $(J - \gamma_5)(J + \gamma_5) = 0$) otrzymane równania opisują nam dwa niezależne stany skrętnościowe (helicity) cząski o spinie $\frac{1}{2}$ (bezmasowej) tj. o rzucie spinu na kierunek ruchu (pędu) $\pm\frac{1}{2}$. Łatwo sprawdzić, że ψ_1 i ψ_2 spełniają niezależne równania falowe. Dowodzi sie tego w następujący sposób. Działamy na pierwsze równanie operatorem $\left(i\frac{\partial}{\partial t} - \vec{\sigma}\vec{\nabla}\right)$, a na drugie $\left(i\frac{\partial}{\partial t} + \vec{\sigma}\vec{\nabla}\right)$.

Korzystając z własności macierzy Pauliego

$$\sigma_i\sigma_j = \delta_{ij} + \varepsilon_{ijk}\sigma_k, \qquad i, j, k = 1, 2, 3 \tag{3.25}$$

(gdzie ε_{ijk} jest trójwymiarowym całkowicie antysymetrycznym symbolem Levi-

Civity, $\varepsilon_{123} = -1$), otrzymujemy ostatecznie

$$\frac{\partial^2 \psi_1}{\partial t^2} - \vec{\nabla}^2 \psi_1 = 0\,, \tag{3.26}$$

$$\frac{\partial^2 \psi_2}{\partial t^2} - \vec{\nabla}^2 \psi_2 = 0\,. \tag{3.27}$$

Symbol $\vec{\nabla}^2 = \vec{\nabla} \cdot \vec{\nabla}$ oznacza trójwymiarowy operator Laplace'a Δ_3.

DEFINICJA 3.3. *Równaniem Weyla nazywamy równanie*

$$\frac{\partial \psi}{\partial t} \pm \vec{\sigma} \cdot \vec{\nabla} \psi = V, \quad \psi(x) \in \mathbb{C}^2,\ V(x) \in \mathbb{C}^2,\ x \in E^4\,. \tag{3.28}$$

W przypadku gdy $V \equiv 0$ mówimy o jednorodnym równaniu Weyla, a w przeciwnym razie o niejednorodnym.

Podejście do warunku początkowego i dowód jednoznaczności może być przeprowadzony analogicznie jak dla $\kappa \neq 0$, co przedstawimy niżej.

Równanie Diraca jest systemem czterech hiperbolicznych równań różniczkowych cząstkowych 1-go rzędu. Zatem mamy następujące zagadnienie początkowe

$$(-i\gamma^\mu \partial_\mu + \kappa J)^b{}_a \psi_b = 0\,, \tag{3.29}$$

$$\psi_{a_{|||t=0}} = \varphi_a \in S'(E^3, \mathbb{C})\,, \tag{3.30}$$

gdzie $S'(E^3, \mathbb{C})$ jest przestrzenią dystrybucji temperowanych o wartościach zespolonych. Konstruujemy rozwiązanie tego problemu w następujący sposób

$$\overset{\{t\}}{\psi}_a = \overset{\{t\}}{\overline{S}}{}^b{}_a * \widehat{\varphi}_b, \qquad \widehat{\varphi}_b = -i(\gamma^4)^a{}_b \varphi_a \tag{3.31}$$

gdzie

$$\overset{\{t\}}{\overline{S}}{}^b{}_a = (i\gamma^\mu \partial_\mu + J\kappa)^b{}_a \overset{\{t\}}{u}\,, \tag{3.32}$$

a u dane jest wzorem z Twierdzenia 2.2. Jest to podstawowa dystrybucja dla warunku początkowego równania Kleina–Gordona. Łatwo sprawdzamy, że tak zadane rozwiązanie spełnia warunki początkowe oraz samo równanie (stosujemy konwencję sumacyjną Einsteina). Pozostaje dowód jednoznaczności. W tym celu rozpatrujemy następujące zagadnienia początkowe

$$(-i\gamma^\mu \partial_\mu + \kappa J)^b{}_a \psi_b = 0\,, \tag{3.33}$$

$$\psi_{a_{|||t=0}} = 0\,. \tag{3.34}$$

Udowodnimy, że jedynym rozwiązaniem w klasie $S'(E^4, \mathbb{C})$ jest zero. W tym celu zauważmy, że dla $t = 0$ mamy

$$[(i\gamma^\mu \partial_\mu)^b{}_a \psi_b]_{|||t=0} = 0\,. \tag{3.35}$$

Stąd łatwo otrzymujemy, że

$$\frac{\partial \psi_a}{\partial t}_{|||t=0} = 0\,. \tag{3.36}$$

Korzystając z tego, że γ^4 jest odwracalna oraz, że $D_{x_i}(\psi_{a_{|||t=0}}) = (D_{x_i}\psi_a)_{|||t=0}=0$. Podziałajmy na równanie Diraca obustronnie operatorem

$$(i\gamma^\mu \partial_\mu + \kappa J)\,. \tag{3.37}$$

Otrzymujemy stąd, że $(\Box_3 + \kappa^2)\psi_b = 0$ przy warunkach początkowych

$$\psi_{b_{|||t=0}} = 0\,, \tag{3.38}$$

$$\frac{\partial \psi_b}{\partial t}_{|||t=0} = 0\,. \tag{3.39}$$

A zatem na mocy udowodnionego w Dodatku C twierdzenia jedynym rozwiązaniem jest $\psi_b \equiv 0$ (w klasie $S'(E^4, \mathbb{C})$).

W ten sposób udowodniliśmy

TWIERDZENIE 3.1. *Jedynym rozwiązaniem problemu Cauchy'ego w klasie $S'(E^4, \mathbb{C})$ dla równania Diraca*

$$(-i\gamma^\mu \partial_\mu + \kappa J)^b{}_a \psi_b = 0\,, \tag{3.40}$$

$$\psi_{a|||t=0} = \varphi_a \in S'(E^3, \mathbb{C}) \tag{3.41}$$

jest dystrybucja zadana przez funkcję dystrybucyjną

$$\overset{\{t\}}{\psi}{}_a = (i\gamma^\mu \partial_\mu + \kappa J)^b{}_a u * \hat{\varphi}_b = \overset{\{t\}}{S}{}^b{}_a * \hat{\varphi}_b, \qquad \hat{\varphi}_a = -i(\gamma^4)^b{}_a \varphi_b, \tag{3.42}$$

$$\psi_a[\chi] = \int_{-\infty}^{+\infty} \overset{\{t\}}{\psi}{}_a[\chi(\cdot, t)]\,dt, \qquad \chi \in S(E^4, \mathbb{C})\,. \tag{3.43}$$

Rozwiązanie to jest regularne w sensie Hadamarda ze względu na warunki początkowe w topologiach naturalnych dla wszystkich występujących tu dystrybucji, a także ze względu na parametr κ.

W podobny sposób traktujemy równanie Proca stawiając dla niego zagadnienie początkowe (i szukając rozwiązania w $S'(E^4)$).

$$(-g^{\mu\lambda}\Box_3 + \partial^\mu \partial^\lambda - g^{\mu\lambda}\kappa^2)A_\lambda = 0\,, \tag{3.44}$$

$$A_{\lambda|||t=0} = a_\lambda \in S'(E^3)\,, \tag{3.45}$$

$$\frac{\partial A_\lambda}{\partial t}_{|||t=0} = b_\lambda \in S'(E^3)\,. \tag{3.46}$$

Konstruujemy rozwiązanie generowane przez funkcję dystrybucyjną

$$\overset{\{t\}}{A}{}_\lambda = \overset{\{t\}}{u} * b_\lambda + \frac{\partial \overset{\{t\}}{u}}{\partial t} * a_\lambda\,, \tag{3.47}$$

spełniające warunki początkowe i samo równanie przy założeniach dotyczących warunków początkowych

$$b_4 = \vec{\nabla}\vec{a} \tag{3.48}$$

$$-\kappa^2 a_4 + \Delta_3 a_4 = \vec{\nabla}\vec{b} \tag{3.49}$$

gdzie

$$\vec{a} = (a_1, a_2, a_3), \tag{3.50}$$

$$\vec{b} = (b_1, b_2, b_3). \tag{3.51}$$

Rozwiązanie jest klasy $S'(E^4)$. Przejdźmy teraz do udowodnienia jednoznaczności tego rozwiązania. W tym celu rozpatrzymy nowy warunek początkowy dla równania Proca

$$(-g^{\mu\lambda}\Box_3 + \partial^\mu\partial^\lambda - g^{\mu\lambda}\kappa^2)A_\lambda = 0, \tag{3.52}$$

$$\frac{\partial A_\mu}{\partial x_\mu} = 0, \tag{3.53}$$

$$A_{\lambda|||t=0} = 0, \tag{3.54}$$

$$\frac{\partial}{\partial t}A_{\lambda|||t=0} = 0. \tag{3.55}$$

Działając operatorem $-\left(g_{\mu\nu} + \frac{1}{\kappa^2}\partial_\mu\partial_\nu\right)$ na obie strony równania otrzymujemy

$$(\Box_3 + \kappa^2)A_\lambda = 0, \tag{3.56}$$

$$A_{\lambda|||t=0} = 0, \tag{3.57}$$

$$\frac{\partial}{\partial t}A_{\lambda|||t=0} = 0. \tag{3.58}$$

Korzystając z udowodnionego w Dodatku C twierdzenia dla równania Kleina–Gordona mamy, że $A_\lambda \equiv 0$ w klasie dystrybucji $S'(E^4)$. Zbierając razem mamy, że równanie Diraca oraz równanie Proca ma jednoznaczne rozwiązanie dystrybucyjnego zagadnienia Cauchy'ego w klasie dystrybucji temperowanych, oraz że jest ono regularne w sensie Hadamarda. (Co wynika z ciągłości splotu.) W ten sposób udowodniliśmy

TWIERDZENIE 3.2. *Jedynym rozwiązaniem dystrybucyjnego zagadnienia Cauchy'ego dla równania Proca w klasie $S'(E^4)$*

$$(-g^{\mu\lambda}\Box_3 + \partial^\mu\partial^\lambda - g^{\mu\lambda}\kappa^2)A_\lambda = 0, \tag{3.59}$$

$$\frac{\partial A_\mu}{\partial x_\mu} = 0, \tag{3.60}$$

$$A_{\lambda|||t=0} = a_\lambda \in S'(E^3), \tag{3.61}$$

$$\frac{\partial A_\lambda}{\partial t}_{|||t=0} = b_\lambda \in S'(E^3) \tag{3.62}$$

jest dystrybucja temperowana zadana przez funkcję dystrybucyjną

$$\overset{\{t\}}{A}_\lambda = \overset{\{t\}}{u} * b_\lambda + \frac{\partial \overset{\{t\}}{u}}{\partial t} * a_\lambda, \quad \lambda = 1,2,3,4 \tag{3.63}$$

tak, że $b_4 = \vec{\nabla}\vec{a}$, $\vec{\nabla}\vec{b} = -\kappa^2 a_4 + \Delta_3 a_4$, *gdzie* $\vec{a} = (a_1, a_2, a_3)$, $\vec{b} = (b_1, b_2, b_3)$

$$A_\lambda[\chi] = \int_{-\infty}^{+\infty} \overset{\{t\}}{A}_\lambda[\chi(\cdot,t)]\,dt, \qquad \chi \in S(E^4). \tag{3.64}$$

Rozwiązanie jest regularne w sensie Hadamarda ze względu na warunki początkowe z topologiami naturalnymi dla wszystkich występujących tu dystrybucji i parametru.

Możemy rozszerzyć otrzymane wyniki dla niejednorodnych równań Diraca i Proca z takimi prawymi stronami, które zerują się dla $t < 0$ (są np. zadane przez pewne funkcje dystrybucyjne równe zeru dla $t < 0$ lub są dystrybucjami $S'(E^4)$ takimi, że ich nośnik zawiera się w zbiorze $E^3 \times \{t \in R,\ t \geq 0\}$).

Rozpatrzymy teraz niejednorodne równania Diraca i Proca wraz z odpowiednimi warunkami początkowymi w klasie $S'(E^3, \cdot)$. Weźmy najpierw równanie Diraca. Mamy

$$-i\gamma^\mu \partial_\mu \psi + \kappa\psi = V\,, \tag{3.65}$$

gdzie $V \in S'(E^4, \mathbb{C}^4)$, tak, że $\operatorname{supp} V \subset E^3 \times \{t, t \geq 0\}$, oraz warunek początkowy

$$\frac{\partial \psi}{\partial t}_{|||t=0} = \varphi \in S'(E^3, \mathbb{C}^4)\,. \tag{3.66}$$

Rozwiązania szukamy następująco. Działamy na obie strony równania operatorem $\overline{S} = i\gamma\mu\partial_\mu + \kappa J = (\overline{S}^a{}_b)$ i mamy

$$(\Box_3 + \kappa^2)\psi_b = \overline{S}^a{}_b V_a\,. \tag{3.67}$$

Otrzymujemy w ten sposób cztery niezależne równania Kleina–Gordona ze źródłem $\overline{S}^a{}_b V_a$.

Zgodnie z teorią równania Kleina–Gordona, poszukujemy rozwiązania w postaci sumy rozwiązania równania jednorodnego i niejednorodnego tj.

$$\overset{\{t\}}{\psi}_b = \overset{\{t\}}{E} * \overline{S}^a{}_b V_a + \overset{\{t\}}{\overline{S}}{}^a{}_b * \widehat{\varphi}_a, \qquad \widehat{\varphi} = -i\gamma_4\varphi\,. \tag{3.68}$$

Rozwiązanie to spełnia warunki początkowe dla równania Diraca, będąc jego rozwiązaniem. Jest ono jedynym, gdy skorzystamy z wyników Dodatku C tyczącym jednoznaczności rozwiązania problemu Cauchy'ego w klasie $S'(E^4)$.

W podobny sposób podejdziemy do równania Proca i rozpatrzymy niejednorodne równanie Proca. Mamy

$$(-g^{\mu\lambda}\Box_3 + \partial^\mu\partial^\lambda - g^{\mu\nu}\kappa^2)A_\lambda = B^\mu\,, \tag{3.69}$$

gdzie $B^\mu \in S'(E^4)$ $\lambda, \mu = 1,2,3,4$

$$\operatorname{supp} B^\mu \subset \{(x,y,z,t), t \geq 0\} \tag{3.70}$$

wraz z warunkami początkowymi

$$A_{\lambda|||t=0} = a_\lambda \in S'(E^3) \tag{3.71}$$

$$\frac{\partial A_\lambda}{\partial t}_{|||t=0} = b_\lambda \in S'(E^3), \quad \lambda = 1,2,3,4, \tag{3.72}$$

tak, że $b_4 = \vec{\nabla}\vec{a}$, $\vec{\nabla}\vec{b} = -\kappa^2 a_4 + \Delta_3 a_4$, gdzie $\vec{a} = (a_1, a_2, a_3)$, $\vec{b} = (b_1, b_2, b_3)$. Działając operatorem $-\left(g_{\mu\nu} + \frac{1}{\kappa^2}\partial_\mu\partial_\nu\right)$ na obie strony powyższego równania otrzymujemy

$$(\Box_3 + \kappa^2)A_\nu = \left(g_{\mu\nu} + \frac{1}{\kappa^2}\partial_\mu\partial_\nu\right)B^\mu. \tag{3.73}$$

Konstruujemy teraz rozwiązanie problemu w postaci

$$\overset{\{t\}}{A}_\nu = -\overset{\{t\}}{E} * \left(g_{\mu\nu} + \frac{1}{\kappa^2}\partial_\mu\partial_\nu\right)B^\mu + \\ + \overset{\{t\}}{u} * b_\nu + \frac{\partial \overset{\{t\}}{u}}{\partial t} * a_\nu. \tag{3.74}$$

Rozwiązanie to spełnia warunki początkowe oraz samo równanie. Jego jedność wynika z jedności rozwiązania zerowego dla zerowych warunków początkowych i zerowej prawej strony równania. Jest także regularne w sensie Hadamarda, co wynika z ciągłości splotu.

Udowodniliśmy w ten sposób twierdzenia:

TWIERDZENIE 3.3. *Jedynym rozwiązaniem dystrybucyjnego zagadnienia Cauchy'ego w klasie $S'(E^3, \mathbb{C}^4)$ dla niejednorodnego równania Diraca*

$$(-i\gamma^\mu\partial_\mu + J\kappa)\chi = V \tag{3.75}$$

gdzie $V \in S'(E^4, \mathbb{C}^4)$ tak, że $\operatorname{supp} V \subset E^3 \times \{t, t \geq 0\}$ oraz

$$\frac{\partial \chi}{\partial t}_{|||t=0} = \varphi \in S'(E^3, \mathbb{C}^4) \tag{3.76}$$

jest dystrybucją temperowaną należącą do $S'(E^4, \mathbb{C}^4)$

$$\chi = \psi + (i\gamma^\mu\partial_\mu + J\kappa)E * V \tag{3.77}$$

gdzie ψ jest dystrybucją z Twierdzenia 3.1.

Rozwiązanie jest regularne w sensie Hadamarda ze względu na warunki początkowe i prawe strony, oraz parametry (w tym wypadku κ), w topologiach naturalnych dla wszystkich występujących tu dystrybucji i liczb.

Twierdzenie 3.4. *Jedynym rozwiązaniem dystrybucyjnego zagadnienia Cauchy'ego w klasie $S'(E^3)$ dla niejednorodnego równania Proca*

$$(-g^{\mu\lambda}\Box_3 + \partial^\mu\partial^\lambda - g^{\mu\lambda}\kappa^2)C_\lambda = B^\mu \tag{3.78}$$

$$\frac{\partial C_\mu}{\partial x_\mu} = 0 \tag{3.79}$$

gdzie $B^\mu \in S'(E^4)$, $\lambda, \mu = 1,2,3,4$

$$\operatorname{supp} B^\mu \subset \{(x,y,z,t), t \geq 0\} \tag{3.80}$$

z warunkami początkowymi

$$C_{\lambda|||t=0} = a_\lambda \in S'(E^3) \tag{3.81}$$

$$\frac{\partial C_\lambda}{\partial t}_{|||t=0} = b_\lambda \in S'(E^3) \tag{3.82}$$

tak, że $b_4 = \vec{\nabla}\vec{a}$, $\vec{\nabla}\vec{b} = -\kappa^2 a_4 + \Delta_3 a_4$, *gdzie* $\vec{a} = (a_1, a_2, a_3)$, $\vec{b} = (b_1, b_2, b_3)$ *jest dystrybucja dana wzorem*

$$C_\nu = A_\nu - \left(g_{\mu\nu} + \frac{1}{\kappa^2}\partial_\mu\partial_\nu\right)E * B^\mu , \tag{3.83}$$

gdzie A_ν *jest dystrybucją z Twierdzenia* 3.2, *a* E *było już wcześniej wprowadzone przy okazji rozpatrywania równania Kleina–Gordona* ((2.72)).

Rozwiązanie jest regulane w sensie Hadamarda ze względu na prawe strony i warunki początkowe oraz parametry (w tym wypadku jest to κ*)w topologiach natralnych dla występujących tu dystrybucji i liczb.*

Pozostaje jeszcze interpretacja źródeł (tj. prawych stron) dla równania Diraca i Proca, oraz dla otrzymanych w ten sposób rozwiązań. Opisują nam one (tj. równania) pola Diraca i Proca w obecności źródeł powodujących produkcję cząstek o spinie 1/2 lub 1 wywołaną zewnętrznymi źródłami np. potencjałami zespolonymi.

To samo dotyczy równania Kleina–Gordona.

Zauważmy jeszcze, że prezentowane tu rezultaty są prawdziwe także w klasie $\mathcal{D}'(E^4)$. Są one prawdziwe przy założeniu, że warunki początkowe należą do $\mathcal{D}'(E^3)$, oraz że warunek początkowy jest stawiany przy pomocy zwykłego przecięcia dystrybucji z hiperplaszczyzną (a nie tylko temperowanego).

Zauważmy, że otrzymane wyniki dla równania Kleina–Gordona przechodzą łatwo w wyniki z pracy [6] dla równania falowego jeśli $\kappa \to 0$ (zbieżność w sensie dystrybucyjnym). W podobny sposób możemy potraktować równanie Weyla (granica $\kappa \to 0$ w równaniu Diraca). Możemyrównież badać równanie Weyla wychodząc z równania falowego w podobny sposób jak to robiliśmy dla równania Diraca korzystając z równania Kleina–Gordona.

Zanim przejdziemy do równań Maxwella zajmijmy się warunkiem początkowym Cauchy'ego dla równania Weyla, o którym była już mowa. Mamy

$$i\frac{\partial\psi}{\partial t} \pm \vec{\sigma}\cdot\vec{\nabla}\psi = 0, \qquad \psi \in S'(E^4,\mathbb{C}^2) \tag{3.84}$$

wraz z warunkiem początkowym

$$\psi_{a|||t=0} = \varphi_a \in S'(E^3,\mathbb{C}), \tag{3.85}$$

gdzie $S'(E^4,\mathbb{C}^2)$ i $S'(E^3,\mathbb{C})$ są odpowiednimi przestrzeniami dystrybucji temperowanych o wartościach w $\mathbb{C}^2$ i $\mathbb{C}$ odpowiednio.

Konstruujemy rozwiązanie w następujący sposób

$$\psi_a = \left(iI\frac{\partial}{\partial t} \mp \vec{\sigma}\cdot\vec{\nabla}\right)^a{}_b \overset{\{t\}}{u} * i\varphi_a, \qquad a,b = 1,2, \tag{3.86}$$

gdzie $\overset{\{t\}}{u}$ jest dystrybucją podstawową z Twierdzenia 2.2 z $\kappa \to 0$ (w sensie dystrybucyjnym). Łatwo zauważyć, że rozwiązanie to spełnia równanie, oraz warunek początkowy.

Pozostaje jeszcze kwestia jednoznaczności. W tym celu rozpatrzmy następujący warunek początkowy

$$i\frac{\partial\psi}{\partial t} \pm \vec{\sigma}\cdot\vec{\nabla}\psi = 0, \tag{3.87}$$

$$\psi_{a|||t=0} = 0, \qquad \psi = \begin{pmatrix}\psi_1\\ \psi_2\end{pmatrix} \qquad a = 1,2. \tag{3.88}$$

Udowodnimy, że jedynym rozwiązaniem tego problemu w klasie $S'(E^4,\mathbb{C}^2)$ jest zero (dystrybucja zerowa).

Mamy, że $\vec{\nabla}\psi_{|||t=0}$, korzystając z tego, że

$$(\vec{\nabla}\psi)_{|||t=0} = \vec{\nabla}(\psi_{|||t=0}). \tag{3.89}$$

Zatem

$$\frac{\partial\psi}{\partial t}_{|||t=0} = 0. \tag{3.90}$$

Działając operatorem $\left(iI\frac{\partial}{\partial t} \mp \vec{\sigma}\vec{\nabla}\right)$ na obie strony równania otrzymujemy, że

$$\frac{\partial^2\psi}{\partial t^2} - \vec{\nabla}^2\psi = 0. \tag{3.91}$$

Wobec tego powyższy problem jest równoważny następującemu

$$\frac{\partial^2\psi}{\partial t^2} - \vec{\nabla}^2\psi = 0, \tag{3.92}$$

$$\frac{\partial\psi}{\partial t}_{|||t=0} = 0, \tag{3.93}$$

$$\psi_{|||t=0} = 0, \tag{3.94}$$

w klasie $S'(E^4,\mathbb{C}^2)$.

Zgodnie z wynikami z pracy [6] tyczącymi równania falowego otrzymujemy, że jedynym rozwiązaniem jest $\psi = 0$, co kończy dowód następującego twierdzenia:

TWIERDZENIE 3.5. *Jedynym rozwiązaniem dystrybucyjnego zagadnienia Cauchy'ego w klasie $S'(E^4, \mathbb{C}^2)$ dla równania Weyla*

$$i\frac{\partial\psi}{\partial t} \pm \vec{\sigma}\cdot\vec{\nabla}\psi = 0, \qquad \psi \in S'(E^4, \mathbb{C}^2), \tag{3.95}$$

$$\psi_{|||t=0} = \varphi \in S'(E^3, \mathbb{C}^2) \tag{3.96}$$

jest dystrybucja temperowana generowana przez funkcję dystrybucyjną

$$\overset{\{t\}}{\psi} = \left(iI\frac{\partial}{\partial t} \mp \vec{\sigma}\vec{\nabla}\right)\overset{\{t\}}{u} * i\varphi, \tag{3.97}$$

$$\psi[\chi] = \int\limits_{-\infty}^{+\infty} \overset{\{t\}}{\psi}[\chi(\cdot,t)]\,dt, \qquad \chi \in S(E^4, \mathbb{C}^2). \tag{3.98}$$

Rozwiązanie jest regularne w sensie Hadamarda w topologiach naturalnych ze względu na wszystkie występujące tu dystrybucje.

Przejdźmy teraz do niejednorodnego równania Weyla i jego warunku początkowego w klasie S'. Mamy

$$\left(iI\frac{\partial}{\partial t} \pm \vec{\sigma}\vec{\nabla}\right)\psi = V, \tag{3.99}$$

gdzie $V \in S'(E^4, \mathbb{C}^2)$ oraz

$$\operatorname{supp} V \subset E^3 \times \{t, t \geq 0\}. \tag{3.100}$$

Działając na obie strony równania operatorem, $\left(iI\frac{\partial}{\partial t} \mp \vec{\sigma}\cdot\vec{\nabla}\right)$ mamy

$$\frac{\partial^2\psi}{\partial t^2} - \vec{\nabla}^2\psi = \left(\frac{\partial}{\partial t} \mp \vec{\sigma}\vec{\nabla}\right)V. \tag{3.101}$$

Rozwiązanie równania niejednorodnego Weyla zapostulujemy w postaci

$$E * \left(iI\frac{\partial}{\partial t} \mp \vec{\sigma}\vec{\nabla}\right)V. \tag{3.102}$$

Przejdźmy teraz do warunku początkowego. Mamy

$$\frac{\partial\psi}{\partial t}_{|||t=0} = \varphi \in S'(E^3, \mathbb{C}^2). \tag{3.103}$$

Rozwiązanie tego warunku początkowego w klasie $S'(E^4, \mathbb{C}^2)$ zadamy w postaci

$$\overset{\{t\}}{\psi}_b = \overset{\{t\}}{E} * \left(iI\frac{\partial}{\partial t} \mp \vec{\sigma}\vec{\nabla}\right)^a{}_b V_a + \left(iI\frac{\partial}{\partial t} \mp \vec{\sigma}\vec{\nabla}\right)^a{}_b \overset{\{t\}}{u} * i\varphi_a =$$

$$= \left(iI\frac{\partial}{\partial t} \mp \vec{\sigma}\vec{\nabla}\right)^a{}_b(\overset{\{t\}}{E} * V_a + \overset{\{t\}}{u} * i\varphi_a), \qquad a, b = 1, 2 \tag{3.104}$$

Tak zadane rozwiązanie spełnia równanie niejednorodne Weyla, oraz warunki początkowe. Jest ono równocześnie jedyne, co wynika z rozpatrywanego powyżej problemu początkowego dla równania Weyla z zerowymi warunkami początkowymi i zerowymi prawymi stronami. Rozwiązanie jest regularne w sensie Hadamarda w odpowiednich klasach prawych stron i warunków początkowych w topologiach naturalnie tam występujących.

Wynika to z własności (ciągłości) splotu przy przejściu do granicy.

Udowodniliśmy więc następujące twierdzenie

TWIERDZENIE 3.6. *Jedynym rozwiązaniem dystrybucyjnego problemu Cauchy'ego w klasie $S'(E^4)$ dla niejednorodnego równania Weyla*

$$\left(iI\frac{\partial\psi}{\partial t} \pm \vec{\sigma}\vec{\nabla}\right)\chi = V, \qquad \psi \in S'(E^4, \mathbb{C}^2), \tag{3.105}$$

$V \in S'(E^4, \mathbb{C}^2)$ *oraz*

$$\operatorname{supp} V \subset \{(t,x), t \geq 0\}, \tag{3.106}$$

$$\chi_{|||t=0} = \varphi \in S'(E^3, \mathbb{C}^2) \tag{3.107}$$

jest dystrybucja dana wzorem

$$\chi = \psi + \left(iI\frac{\partial}{\partial t} \mp \vec{\sigma}\vec{\nabla}\right)E * V, \tag{3.108}$$

gdzie ψ jest dystrybucją z Twierdzenia 3.5, a $E = \frac{1}{2}\operatorname{sgn}(t)u$.

Rozwiązanie to jest regularne w sensie Hadamarda ze względu na warunki początkowe i prawe strony w topologiaach naturalnych dla wszystkich występujących to dystrybucji.

Zauważmy jeszcze, że prezentowane wyniki są prawdziwe także w klasie $\mathcal{D}'(E^4)$. Są one prawdziwe przy założeniu, że warunki początkowe należą do $\mathcal{D}'(E^3)$, oraz, że warunek początkowy jest stawiamy przy pomocy zwykłego przecięcia dystrybucji z hiperpłaszczyzną (a nie tylko temperowanego).

Zastanówmy się jeszcze nad interpretacją otrzymanych rozwiązań równań niejednorodnych. Prawe strony tych równań opisują nam źródła dla pola bezmasowego o spinie $\frac{1}{2}$ i helicity ± 1. Są one pewnymi potencjałami zewnętrznymi, zespolonymi produkującymi cząstki.

3b. Równania Maxwella. Ważny przypadek występujących tu równań to równania Maxwella ([11])

$$(-g^{\mu\lambda}\Box_3 + \partial^\mu\partial^\lambda)A_\lambda = 0. \tag{3.109}$$

Są one również zapisywane w postaci

$$\partial^\mu F_{\mu\nu} = 0, \quad \text{gdzie } F_{\mu\nu} = \partial_\mu A_\nu - \partial_\nu A_\mu. \tag{3.110}$$

Definicja 3.4. *Równaniami Maxwella nazywamy układ równań*

$$(-g^{\mu\lambda}\Box_3 + \partial^\mu\partial^\lambda)A_\lambda = 4\pi j^\mu \qquad A_\mu(x) \in E^1,\ j^\mu(x) \in E^1,\ x \in E^4\,. \tag{3.111}$$

Gdy $j^\mu \equiv 0$ *mówimy o jednorodnych równaniach Maxwella, w przeciwnym przypadku mamy do czynienia z niejednorodnymi równaniami. Zakładamy, że* $\partial^\mu j_\mu = 0$.

Równania te mają symetrię zwaną symetrią cechowania

$$A_\mu \to A_\mu + \partial_\mu\chi, \qquad \chi \in S'(E^4)\,. \tag{3.112}$$

Po tej transformacji równania Maxwella nie zmieniają swej postaci. Załóżmy więc dodatkowy warunek zwany warunkiem Lorentza

$$\sum_{\mu=1}^{4} \frac{\partial A_\mu}{\partial x_\mu} = 0\,. \tag{3.113}$$

Wtedy jednorodne równania Maxwella przyjmują postać

$$\Box_3 A_\mu = 0\,. \tag{3.114}$$

Podobnie jak w poprzednich przypadkach rozpatrujemy dla tych czterech równań falowych dystrybucyjne zagadnienie Cauchy'ego w klasie dystrybucji temperowanych

$$\Box_3 A_\mu = 0, \qquad A_\mu \in S'(E^4)\,, \tag{3.115}$$

$$A_{\mu|||t=0} = a_\lambda\,, \tag{3.116}$$

$$\frac{\partial A_\mu}{\partial t}_{|||t=0} = b_\lambda\,. \tag{3.117}$$

Rozwiązanie tego problemu ma postać

$$\overset{\{t\}}{A}_\lambda = b_\lambda * \overset{\{t\}}{u} + \frac{\partial \overset{\{t\}}{u}}{\partial t} * a_\lambda\,, \tag{3.118}$$

gdzie $\overset{\{t\}}{u}$ jest funkcją dystrybucyjną z Twierdzenia 2.2 gdy $\kappa \to 0$, lub analogiczną funkcją dystrybucyjną dla równania falowego znaną z pracy [6]. Równocześnie zgodnie z udowodnionym twierdzeniem w Dodatku jest to jedyne rozwiązanie w klasie $S'(E^4)$. Rozwiązanie to musi jednak spełniać warunek Lorentza, jeżeli ma być ono równocześnie rozwiązaniem równań Maxwella. Wydaje się to być do spełnienia w następujący sposób

$$\sum_{k=1}^{3} \frac{\partial b_k}{\partial x^k} * \overset{\{t\}}{u} + \left(- b_4 + \sum_{k=1}^{3} \frac{\partial a_k}{\partial x_k} \right) * \frac{\partial \overset{\{t\}}{u}}{\partial t} - a_4 * \frac{\partial^2 \overset{\{t\}}{u}}{\partial t^2} = 0\,. \tag{3.119}$$

W szczególności mamy

$$\frac{\partial A_\mu}{\partial x_\mu}_{|||t=0} = 0, \qquad \text{czyli} \qquad -b_4 + \sum_{k=1}^{3} \frac{\partial a_k}{\partial x^k} = 0\,. \tag{3.120}$$

Z drugiej strony używając jawnej postaci rozwiązania mamy

$$\sum_{k=1}^{3} \frac{\partial b_k}{\partial x^k} * \overset{\{t\}}{u} - a_4 * \frac{\partial^2 \overset{\{t\}}{u}}{\partial t^2} = 0 \tag{3.121}$$

lub

$$\sum_{k=1}^{3} \frac{\partial b_k}{\partial x^k} * \overset{\{t\}}{u} - a_4 * \Delta_3 \overset{\{t\}}{u} = 0\,, \tag{3.122}$$

$$\left(\sum_{k=1}^{3} \frac{\partial b_k}{\partial x^k} - \Delta_3 a_4 \right) * \overset{\{t\}}{u} = 0\,. \tag{3.123}$$

Zatem musi być spełnione

$$\sum_{k=1}^{3} \frac{\partial b_k}{\partial x^k} + \Delta_3 a_4 = 0 \tag{3.124}$$

oraz

$$-b_4 + \sum_{k=1}^{3} \frac{\partial a_k}{\partial x^k} = 0\,. \tag{3.125}$$

Co w tradycyjnej notacji przyjmuje postać

$$\begin{cases} \vec{\nabla} \cdot \vec{b} - \vec{\nabla}^2 a_4 = 0 \\ b_4 - \vec{\nabla} \cdot \vec{a} = 0 \end{cases} \tag{3.126}$$

gdzie $\vec{b} = (b_1, b_2, b_3)$, $\vec{a} = (a_1, a_2, a_3)$.

Zatem to są wszystkie więzy nałożone na warunki początkowe a_μ, b_μ aby warunek Lorentza był spełniony w trakcie ewolucji systemu czterech równań falowych. Jest to równocześnie pewien warunek „cechowania” warunków początkowych równoważny takiemu warunkowi, że

$$\frac{\partial A_\mu}{\partial x^\mu} \to \frac{\partial A_\mu}{\partial x^\mu} + \Box_3 \chi = 0\,. \tag{3.127}$$

Ponieważ rozwiązanie równań Maxwella $F_{\mu\nu}$, nie zależy od cechowania to w ten sposób udowodniliśmy istnienie i jednoznaczność rozwiązania dystrybucyjnego zadania Cauchy'ego dla równań Maxwella w klasie dystrybucji temperowanych. Udowodniliśmy więc następujące twierdzenie

TWIERDZENIE 3.7. *Jedynym rozwiązaniem dystrybucyjnego zagadnienia Cauchy'ego w klasie $S'(E^4)$ dla równań Maxwella z warunkiem Lorentza*

$$\Box_3 A'_\mu = 0, \qquad \mu = 1, 2, 3, 4\,, \tag{3.128}$$

$$\frac{\partial A'_\mu}{\partial x^\mu} = 0\,, \tag{3.129}$$
$$A'_{\mu|||t=0} = a_\mu \in S'(E^3)\,, \tag{3.130}$$
$$\frac{\partial A'_\mu}{\partial t}_{|||t=0} = b_\mu \in S'(E^3)\,, \tag{3.131}$$

tak, aby

$$\vec{\nabla}\vec{b} - \vec{\nabla}^2 a_4 = 0 \tag{3.132}$$
$$b_4 - \vec{\nabla}\cdot\vec{a} = 0 \tag{3.133}$$

gdzie

$$\vec{b} = (b_1, b_2, b_3) \tag{3.134}$$
$$\vec{a} = (a_1, a_2, a_3) \tag{3.135}$$

są dystrybucje temperowane zadane przez funkcje dystrybucyjne

$$\overset{\{t\}}{A'}_\lambda = a_\lambda * \frac{\partial \overset{\{t\}}{u}}{\partial t} + b_\lambda * \overset{\{t\}}{u} \tag{3.136}$$
$$A'_\lambda[\chi] = \int\limits_{-\infty}^{+\infty} \overset{\{t\}}{A}_\lambda[\chi(\cdot,t)]\,dt \tag{3.137}$$
$$\chi \in S(E^4), \qquad \lambda = 1,2,3,4\,. \tag{3.138}$$

Rozwiązanie to jest regularne w sensie Hadamarda ze względu na warunki początkowe w topologiach naturalnych dla wszystkich występujących tu dystrybucji.

Rozwiązanie równań Maxwlla ma postać

$$F_{kl} = f_{kl} * \overset{\{t\}}{u} + h_{kl} * \frac{\partial \overset{\{t\}}{u}}{\partial t} \tag{3.139}$$

gdzie

$$f_{kl} = \partial_k b_l - \partial_k b_l\,, \tag{3.140}$$
$$h_{kl} = \partial_k a_l - \partial_k a_l\,, \tag{3.141}$$

$$F_{4k} = -F_{k4} = -\partial_k b_4 * \overset{\{t\}}{u} + (b_k - \partial_k a_4) * \frac{\partial \overset{\{t\}}{u}}{\partial t} - a_4 * \frac{\partial^2 \overset{\{t\}}{u}}{\partial t^2}\,, \tag{3.142}$$

$k, l = 1, 2, 3.$

Powyższe rozwiązanie spełnia równanie $\partial_\mu F^{\mu\nu} = 0$ ($= 4\pi j^\nu$ dla równania niejednorodnego) i ma postać $F_{\mu\nu} = \partial_\mu A_\nu - \partial_\nu A_\mu$ oraz spełnia następujące warunki początkowe

$$F_{kl|||t=0} = h_{kl} \in S'(E^3)\,, \qquad F_{4k|||t=0} = b_k - \partial_k a_4 \tag{3.143}$$

tak, że $h_{kl} = \partial_k b_l - \partial_k b_l$, $b_k \in S'(E^3)$ oraz musi spełnić dodatkowo więzy związane z warunkami początkowymi narzuconymi przez warunek Lorentza. W istocie swojej udowodniliśmy istnienie i jednoznaczność rozwiązania w klasie $S'(E^4)$ następującego zagadnienia:

$$\partial_\mu F^{\mu\nu} = 0, \qquad F^{\mu\nu} = g^{\nu\lambda} g^{\mu\rho} F_{\lambda\rho}, \qquad F_{\lambda\rho} = -F_{\rho\lambda} \tag{3.144}$$

$$\partial_\mu \overset{*}{F}{}^{\mu\nu} = 0\,, \tag{3.145}$$

gdzie $\overset{*}{F}{}^{\mu\nu} = \varepsilon^{\mu\nu\lambda\rho} F_{\lambda\rho}$ jest tensorem dualnym do $F_{\mu\nu}$, $\varepsilon^{\mu\nu\lambda\rho}$ jest całkowicie antysymetrycznym symbolem Levi–Civity, $\varepsilon^{1234} = 1$.

$$F_{\mu\nu|||t=0} = c_{\mu\nu} \in S'(E^3), \qquad c_{\mu\nu} = -c_{\nu\mu} \quad \text{tak, że} \tag{3.146}$$

$$F_{kl|||t=0} = c_{kl} \in S'(E^3), \qquad k,l = 1,2,3,\ c_{kl} = \partial_k a_l - \partial_l a_k\,, \tag{3.147}$$

$$\partial_k = \frac{\partial}{\partial x^k} \tag{3.148}$$

$$F_{k4|||t=0} = -F_{4k|||t=0} = d_k \in S'(E^3)\,. \tag{3.149}$$

W podobny sposób możemy udowodnić regularność tego zadania w sensie Hadamarda. Możemy przeprowadzić podobne rozumowanie dla niejednorodnych równań Maxwella, a także dla równań poprzednich tj. bezmasowego równania Diraca (Weyla) i falowego. Wtedy niejednorodność (prawa strona równania) zerowałaby się dla $t < 0$ (zerowanie się prawej strony dla $t < 0$ rozumiemy w sensie nośnika dystrybucji). W przypadku równań Maxwella musimy mieć $\partial_\mu j^\mu = 0$.

Podamy teraz bez dowodu twierdzenia dla niejednorodności równań Maxwella z warunkiem Lorentza. Dowód jego pomijamy bowiem jest analogiczny do dowodu dla równania falowego z pracy [6].

TWIERDZENIE 3.8. *Jedynym rozwiązaniem dystrybucjnego zagadnienia Cauchy'ego w klasie $S'(E^4)$ dla niejednorodnych równań Maxwella z warunkiem Lorentza*

$$\Box_3 A^\mu = 4\pi j^\mu, \qquad \mu = 1,2,3,4 \tag{3.150}$$

$$\frac{\partial A_\mu}{\partial x_\mu} = 0\,, \tag{3.151}$$

$$j^\mu \in S'(E^3), \qquad \partial_\mu j^\mu = 0\,, \tag{3.152}$$

$$\operatorname{supp} j^\mu \subset \{(x,t), t \geq 0\}\,, \tag{3.153}$$

wraz z warunkami początkowymi

$$A_{\mu|||t=0} = a_\mu \in S'(E^3, E^3)\,, \tag{3.154}$$

$$\frac{\partial A_\mu}{\partial t}_{|||t=0} = b_\mu \in S'(E^3, E^3)\,, \tag{3.155}$$

tak aby

$$\vec{\nabla}\vec{b} - \vec{\nabla}^2 a_4 = 0\,, \tag{3.156}$$

$$b_4 - \vec{\nabla}\cdot\vec{a} = 0\,, \tag{3.157}$$

gdzie

$$\vec{b} = (b_1, b_2, b_3)\,, \tag{3.158}$$

$$\vec{a} = (a_1, a_2, a_3)\,, \tag{3.159}$$

są dystrybucje temperowane

$$A_\mu = A'_\mu + 4\pi j^\mu * E \tag{3.160}$$

gdzie A'_μ jest dane wzorem z poprzedniego twierdzenia.

Rozwiązanie to jest regularne w sensie Hadamarda ze względu na prawe strony i warunki początkowe w topologiach naturalnych dla wszystkich występujących tu dystrybucji.

Wyjątkowa ważność równań Maxwella powoduje, że problem istnienia i jednoznaczności dystrybucyjnego zagadnienia Cauchy'ego w klasie dystrybucji $S'(E^4)$ rozpatrujemy jeszcze raz używając tradycyjnej notacji wektorowej. $\vec{E}$ jest natężeniem pola elektrycznego, a $\vec{B}$ natężeniem pola magnetycznego ([11]). W tej notacji równania te przyjmują postać

$$\frac{\partial \vec{B}}{\partial t} + \operatorname{rot}\vec{E} = 0\,, \tag{3.161}$$

$$\frac{\partial \vec{E}}{\partial t} - \operatorname{rot}\vec{B} = 0\,, \tag{3.162}$$

$$\operatorname{div}\vec{B} = 0\,, \tag{3.163}$$

$$\operatorname{div}\vec{E} = 0\,. \tag{3.164}$$

Są to oczywiście równania próżniowe, gdzie mamy

$$\vec{E} = (E_1, E_2, E_3) = (E_x, E_y, E_z)\,, \tag{3.165}$$

$$\vec{B} = (B_1, B_2, B_3) = (B_x, B_y, B_z)\,. \tag{3.166}$$

W taki sposób, że:

$$F_{12} = E_1\,, \quad F_{13} = E_2\,, \quad F_{14} = E_3\,, \tag{3.167}$$

$$F_{23} = B_3\,, \quad F_{24} = -B_2\,, \quad F_{34} = B_1\,. \tag{3.168}$$

Definicja 3.5. *Układem równań Maxwella w notacji wektorów trójwymiarowych nazywamy układ*

$$\frac{\partial \vec{B}}{\partial t} + \operatorname{rot} \vec{E} = 0 , \qquad \frac{\partial \vec{E}}{\partial t} - \operatorname{rot} \vec{B} = -4\pi \vec{j} , \tag{3.169}$$

$$\operatorname{div} \vec{B} = 0, , \qquad \operatorname{div} \vec{E} = 4\pi \rho , \tag{3.170}$$

$$\vec{E}(x), \vec{B}(x), \vec{j}(x) \in E^3, \ \rho(x) \in E^1, \ x \in E^4 .$$

W przypadku gdy $\vec{j} \equiv 0$, $\rho \equiv 0$ *mówimy o jednorodnych równaniach Maxwella, w przeciwnym razie mamy do czynienia z niejednorodnym układem równań.*

Zakładamy, że

$$\frac{\partial \rho}{\partial t} + \operatorname{div} \vec{j} = 0 \tag{3.171}$$

Dla układu jednorodnego równań rozpatrujemy warunek początkowy Cauchy'ego w następujący sposób.

Działając operatorem „rot" na obie strony obu pierwszych równań otrzymujemy:

$$\vec{\nabla}^2 \vec{E} - \frac{\partial^2 \vec{E}}{\partial t^2} = 0 \tag{3.172}$$

$$\vec{\nabla}^2 \vec{B} - \frac{\partial^2 \vec{B}}{\partial t^2} = 0 \tag{3.173}$$

Mamy również, że:

$$\frac{\partial}{\partial t}(\operatorname{div} \vec{B}) = \frac{\partial}{\partial t}(\operatorname{div} \vec{E}) = 0 \tag{3.174}$$

Oczywiście pola $\vec{E}$ i $\vec{B}$ są ze sobą powiązane tak, że

$$\frac{\partial \vec{B}}{\partial t} + \operatorname{rot} \vec{E} = 0 . \tag{3.175}$$

Musi również być

$$\operatorname{div} \vec{E} = \operatorname{div} \vec{B} = 0 . \tag{3.176}$$

Postawmy teraz dystrybucyjne zagadnienie Cauchy'ego dla powyższych równań falowych tak, aby warunek znikania dywergencji był spełniony:

Zatem mamy

$$\vec{B}_{|||t=0} = \vec{g} \in S'(E^3, E^3) , \tag{3.177}$$

$$\frac{\partial \vec{B}}{\partial t}_{|||t=0} = \vec{h} \in S'(E^3, E^3) , \tag{3.178}$$

$$\vec{E}_{|||t=0} = \vec{e} \in S'(E^3, E^3), \tag{3.179}$$

$$\frac{\partial \vec{E}}{\partial t}_{|||t=0} = \vec{f} \in S'(E^3, E^3). \tag{3.180}$$

$S'(E^3, E^3)$ oznacza przestrzeń dystrybucji temperowanych na E^3 o wartościach w E^3. Zgodnie z wynikami poprzedniego rozdziału oraz pracy [6] mamy

$$\overset{\{t\}}{\vec{E}} = \vec{e} * \frac{\partial \overset{\{t\}}{u}}{\partial t} + \vec{f} * \overset{\{t\}}{u}, \tag{3.181}$$

$$\overset{\{t\}}{\vec{B}} = \vec{g} * \frac{\partial \overset{\{t\}}{u}}{\partial t} + \vec{h} * \overset{\{t\}}{u}. \tag{3.182}$$

Rozwiązanie to jest jednoznacznym rozwiązaniem obu równań falowych. Jednakże musimy mieć spełnione następujące warunki

$$\operatorname{div} \vec{E}_{|||t=0} = \operatorname{div} \vec{B}_{|||t=0} = 0. \tag{3.183}$$

Co daje nam warunki więzów

$$\operatorname{div} \vec{g} = \operatorname{div} \vec{e} = 0 \tag{3.184}$$

zadanych na warunki początkowe. Wstawiając do pierwszego i drugiego równania Maxwella znalezione rozwiązania otrzymujemy:

$$(\vec{\nabla}^2 \vec{e} - \operatorname{rot} \vec{h}) * \overset{\{t\}}{u} + (\vec{f} - \operatorname{rot} \vec{g}) * \frac{\partial \overset{\{t\}}{u}}{\partial t} = 0, \tag{3.185}$$

$$(\vec{\nabla}^2 \vec{g} - \operatorname{rot} \vec{f}) * \overset{\{t\}}{u} + (\vec{h} - \operatorname{rot} \vec{e}) * \frac{\partial \overset{\{t\}}{u}}{\partial t} = 0. \tag{3.186}$$

Dla $t = 0$ otrzymujemy: $\vec{f} = \operatorname{rot} \vec{g}$, oraz $\vec{h} = -\operatorname{rot} \vec{e}$. Stąd zaś, że

$$\vec{\nabla}^2 \vec{e} = \operatorname{rot} \vec{h}, \tag{3.187}$$

$$\vec{\nabla}^2 \vec{g} = -\operatorname{rot} \vec{f} \tag{3.188}$$

(przy uwzględnianiu znikania dywergencji).

Mamy zatem, że rozwiązanie dystrybucyjnego zagadnienia Cauchy'ego dla dwu równań falowych spełnia równania Maxwella wtedy i tylko wtedy, gdy

$$\vec{f} = \operatorname{rot} \vec{g} \quad \text{i} \quad \vec{h} = -\operatorname{rot} \vec{e} \tag{3.189}$$

dla takich $\vec{g}$ i $\vec{e}$, że

$$\operatorname{div} \vec{g} = \operatorname{div} \vec{e} = 0. \tag{3.190}$$

Postawmy teraz dystrybucyjne zagadnienie Cauchy'ego dla równań Maxwella w klasie $S'(E^3, E^3)$. W tym celu weźmiemy pod uwagę tylko dwa pierwsze równania:

$$\frac{\partial \vec{B}}{\partial t} + \operatorname{rot} \vec{E} = 0, \tag{3.191}$$

$$\frac{\partial \vec{E}}{\partial t} - \mathrm{rot}\, \vec{B} = 0 \tag{3.192}$$

i spełnimy dwa pozostałe poprzez wybór warunków początkowych. Mamy:

$$\vec{B}_{|||t=0} = \vec{g} \in S'(E^3, E^3), \tag{3.193}$$

$$\vec{E}_{|||t=0} = \vec{e} \in S'(E^3, E^3), \tag{3.194}$$

tak aby $\mathrm{div}\, \vec{e} = \mathrm{div}\, \vec{g} = 0$.

Zgodnie z otrzymanymi wyżej wynikami mamy

$$\overset{\{t\}}{\vec{E}} = \vec{e} * \frac{\partial \overset{\{t\}}{u}}{\partial t} + \mathrm{rot}\, \vec{g} * \overset{\{t\}}{u} \tag{3.195}$$

$$\overset{\{t\}}{\vec{B}} = \vec{g} * \frac{\partial \overset{\{t\}}{u}}{\partial t} - \mathrm{rot}\, \vec{e} * \overset{\{t\}}{u}. \tag{3.196}$$

Rozwiązanie to spełnia warunek początkowy Cauchy'ego dla równań Maxwella w klasie $S'(E^3, E^3)$ (zakładając więzy na $\vec{e}$ i $\vec{g}$). Równocześnie jest to jedyne rozwiązanie z warunkami początkowymi

$$\vec{B}_{|||t=0} = \vec{g} \in S'(E^3, E^3), \tag{3.197}$$

$$\frac{\partial \vec{B}}{\partial t}_{|||t=0} = -\,\mathrm{rot}\, \vec{e} \in S'(E^3, E^3), \tag{3.198}$$

$$\vec{E}_{|||t=0} = \vec{e} \in S'(E^3, E^3), \tag{3.199}$$

$$\frac{\partial \vec{E}}{\partial t}_{|||t=0} = \mathrm{rot}\, \vec{g} \in S'(E^3, E^3). \tag{3.200}$$

Stawiając warunek początkowy Cauchy'ego dla równań Maxwella

$$\vec{B}_{|||t=0} = 0, \tag{3.201}$$

$$\vec{E}_{|||t=0} = 0. \tag{3.202}$$

dochodzimy do następującego warunku Cauchy'ego dla obu równań falowych

$$\vec{B}_{|||t=0} = 0, \tag{3.203}$$

$$\frac{\partial \vec{B}}{\partial t}_{|||t=0} = 0, \tag{3.204}$$

$$\vec{E}_{|||t=0} = 0, \tag{3.205}$$

$$\frac{\partial \vec{E}}{\partial t}_{|||t=0} = 0. \tag{3.206}$$

A zatem mamy $\vec{E} = \vec{B} = 0$, co wobec udowodnionej jednoznaczności rozwiązania warunku Cauchy'ego dla równania falowego dowodzi jednoznaczności rozwiązania warunku Cauchy'ego dla równań Maxwella w klasie $S'(E^4, E^3)$ a także regularności tego zagadnienia w sensie Hadamarda w tej klasie (korzystając oczywiście z liniowości równań i z ciągłości splotu). Zauważmy, że prezentowane tu rezultaty są prawdziwe także w szerszej klasie, tj. $\mathcal{D}'(E^4, E^3)$ przy stawianiu zagadnienia w $\mathcal{D}'(E^3, E^3)$ oraz przy użyciu zwykłego przecięcia dystrybucji z hiperpłaszczyzną (a nie tylko temperowanego).

Udowodniliśmy w ten sposób następujące twierdzenie

TWIERDZENIE 3.9. *Jedynym rozwiązaniem dystrybucyjnego zagadnienia Cauchy'ego w klasie $S'(E^4)$ dla jednorodnych równań Maxwella*

$$\begin{aligned} \frac{\partial \vec{B}'}{\partial t} + \operatorname{rot} \vec{E}' = 0\,, \\ \frac{\partial \vec{E}'}{\partial t} - \operatorname{rot} \vec{B}' = 0\,, \end{aligned} \tag{3.207}$$

$$\begin{aligned} \operatorname{div} \vec{B}' = 0\,, \\ \operatorname{div} \vec{E}' = 0\,, \end{aligned} \tag{3.208}$$

$$\begin{aligned} \vec{B}'_{|||t=0} = \vec{g} \in S'(E^3, E^3)\,, \\ \vec{E}'_{|||t=0} = \vec{e} \in S'(E^3, E^3)\,, \end{aligned} \tag{3.209}$$

tak, że $\operatorname{div} \vec{e} = \operatorname{div} \vec{g} = 0$ *są dystrybucje temperowane zadane przy pomocy funkcji dystrybucyjnych*

$$\overset{\{t\}}{\vec{E}'} = \vec{e} * \frac{\partial \overset{\{t\}}{u}}{\partial t} + \operatorname{rot} \vec{g} * \overset{\{t\}}{u}\,, \tag{3.210}$$

$$\overset{\{t\}}{\vec{B}'} = \vec{g} * \frac{\partial \overset{\{t\}}{u}}{\partial t} - \operatorname{rot} \vec{e} * \overset{\{t\}}{u}\,, \tag{3.211}$$

tak, że

$$\vec{E}'[\chi] = \int_{-\infty}^{+\infty} \overset{\{t\}}{\vec{E}'}[\chi(\cdot, t)]\, dt\,, \tag{3.212}$$

$$\vec{B}'[\chi] = \int_{-\infty}^{+\infty} \overset{\{t\}}{\vec{B}'}[\chi(\cdot, t)]\, dt\,. \tag{3.213}$$

gdzie $\chi \in S'(E^4)$.

Rozwiązanie to jest regularne w sensie Hadamarda ze względu na warunki początkowe w topologiach naturalnych dla wszystkich występujących tu dystrybucji.

W podobny sposób jak poprzednio możemy zająć się niejednorodnymi równaniami Maxwella wprowadzając źródła dla drugiego i czwartego równania. Równania te przyjmą następującą postać:

$$\frac{\partial \vec{B}}{\partial t} + \operatorname{rot} \vec{E} = 0 , \qquad \frac{\partial \vec{E}}{\partial t} - \operatorname{rot} \vec{B} = -4\pi \vec{j} , \tag{3.214}$$

$$\operatorname{div} \vec{B} = 0 , \qquad \operatorname{div} \vec{E} = 4\pi\rho , \tag{3.215}$$

gdzie mamy $\frac{\partial \rho}{\partial t} + \operatorname{rot} \vec{j} = 0$ $\rho \in S'(E^4)$, $\vec{j} \in S'(E^3, E^3)$.

Działając operatorem „rot" na obie strony obu pierwszych równań (podobnie jak w przypadku jednorodnym) mamy:

$$\vec{\nabla}^2 \vec{E} - \frac{\partial^2 \vec{E}}{\partial t^2} = 4\pi \left(\vec{\nabla}\rho + \frac{\partial \vec{j}}{\partial t} \right) , \tag{3.216}$$

$$\vec{\nabla}^2 \vec{B} - \frac{\partial^2 \vec{B}}{\partial t^2} = 4\pi \operatorname{rot} \vec{j} . \tag{3.217}$$

Mamy zatem dwa niejednorodne równania falowe dla $\vec{E}$ i $\vec{B}$.

Stawiamy zagadnienie początkowe Cauchy'ego w klasie $S'(E^4, E^3)$ ($S'(E^4, E^3)$ oznacza dystrybucje o wartościach w E^3) takie, że :

$$\vec{B}_{|||t=0} = \vec{g} \in S'(E^3, E^3) , \tag{3.218}$$

$$\vec{E}_{|||t=0} = \vec{c} \in S'(E^3, E^3) . \tag{3.219}$$

Tak , aby

$$\overset{\{t\}}{\vec{E}} = \vec{c} * \frac{\partial \overset{\{t\}}{u}}{\partial t} + \operatorname{rot} \vec{g} * \overset{\{t\}}{u} + 4\pi \left(\vec{\nabla}\rho + \frac{\partial \vec{j}}{\partial t} \right) * E , \tag{3.220}$$

$$\overset{\{t\}}{\vec{B}} = \vec{g} * \frac{\partial \overset{\{t\}}{u}}{\partial t} - \operatorname{rot} \vec{c} * \overset{\{t\}}{u} + 4\pi \operatorname{rot} \vec{j} * E . \tag{3.221}$$

gdzie E jest rozwiązaniem elementarnym Hadamarda równania falowego, generowanym przez funkcję dystrybucyjną $\overset{\{t\}}{E} = \frac{1}{2} \operatorname{sgn}(t) \overset{\{t\}}{u}_{|\kappa=0}$.

$$\Box_3 E = \delta_4 , \tag{3.222}$$

$$E_{|||t=0} = 0 , \tag{3.223}$$

$$\frac{\partial}{dt} E_{|||t=0} = 0 , \tag{3.224}$$

gdzie $\overset{\{t\}}{u}$ jest funkcją dystrybucyjną z Twierdzenia 2.2. Dla warunków początkowych mamy następujące warunki:

$$\operatorname{div} \vec{g} = 0\,, \tag{3.225}$$

$$\operatorname{div} \vec{e} = 4\pi\rho_{|||t=0} \qquad (\text{np. } \rho[\sigma] = \int_{-\infty}^{+\infty} \overset{\{t\}}{\rho}[\sigma(\cdot,t)]\,dt,\ \sigma \in S(E^4))\,. \tag{3.226}$$

Zgodnie z twierdzeniami z Dodatku C w zastosowaniu do przypadku $\kappa \to 0$ mamy jednoznaczność rozwiązania warunku Cauchy'ego (dystrybucyjnego, oczywiście) dla równań Maxwella (niejednorodnych) w klasie $S'(E^4, E^3)$ i regularność tego rozwiązania w sensie Hadamarda dla warunków początkowych z $S'(E^3, E^3)$ oraz prawych stron $S'(E^4)$, $S'(E^3, E^3)$ takich, że nośnik odpowiednich dystrybucji występujących po prawych stronach jest zawarty w zbiorze $E^3 \times \{t, t \in R, t > 0\}$ oraz spełnione są warunki

$$\operatorname{div} \vec{e} = 4\pi\rho_{|||t=0} \qquad (\text{np } = 0) \tag{3.227}$$

oraz

$$\frac{\partial\rho}{\partial t} + \operatorname{div} \vec{j} = 0, \qquad \text{dla } t > 0\,. \tag{3.228}$$

Rozwiązanie jest regularne w sensie Hadamarda. (Co wynika z ciągłości splotu.)

Udowodniliśmy w ten sposób następujące twierdzenie:

TWIERDZENIE 3.10. *Jedynym rozwiązaniem dystrybucyjnego zagadnienia Cauchy'ego w klasie dystrybucji temperowanych dla niejednorodnych równań Maxwella*

$$\begin{aligned} \frac{\partial\vec{B}}{\partial t} + \operatorname{rot}\vec{E} &= 0\,, \\ \frac{\partial\vec{E}}{\partial t} - \operatorname{rot}\vec{B} &= -4\pi\vec{j}\,, \end{aligned} \tag{3.229}$$

$$\begin{aligned} \operatorname{div}\vec{B} &= 0\,, \\ \operatorname{div}\vec{E} &= 4\pi\rho\,, \end{aligned} \tag{3.230}$$

gdzie $\rho \in S'(E^3)$, $\vec{j} \in S'(E^3, E^3)$ *tak, że* $\operatorname{supp}\rho \subset \{(x,t), t \geq 0\}$, $\operatorname{supp}\vec{j} \subset \{(x,t), t \geq 0\}$ *wraz z warunkami początkowymi*

$$\begin{aligned} \vec{B}_{|||t=0} &= \vec{g} \in S'(E^3, E^3)\,, \\ \vec{E}_{|||t=0} &= \vec{e} \in S'(E^3, E^3)\,, \end{aligned} \tag{3.231}$$

$$\begin{aligned} \operatorname{div}\vec{e}\,' &= 4\pi\rho_{|||t=0}\,, \\ \operatorname{div}\vec{g}\,' &= 0, \qquad \textit{oraz} \end{aligned} \tag{3.232}$$

$$\frac{\partial\rho}{\partial t} + \operatorname{div}\vec{j} = 0 \tag{3.233}$$

są dystrybucje temperowane $S'(E^4)$ dane wzorami

$$\vec{E} = \vec{E}' + 4\pi\left(\vec{\nabla}\rho + \frac{\partial\vec{j}}{\partial t}\right) * E, \tag{3.234}$$

$$\vec{B} = \vec{B}' + 4\pi \operatorname{rot}\vec{j} * E, \tag{3.235}$$

gdzie $\vec{E}'$ i $\vec{B}'$ są dane w twierdzeniu poprzednim.

Rozwiązanie jest regularne w sensie Hadamarda ze względu na prawe strony i warunki początkowe w topologiach naturalnych dla wszystkich tu występujących dystrybucji.

Łatwo zauważyć, że gdy $\rho \in C^1_{(0,+\infty)\times E^3}$ oraz $\vec{e}, \vec{g}, \vec{j} \in C^2_{(0,+\infty)\times E^3}(E^3)$ (tj. są one funkcją klasy C^2 na zbiorze $(0,+\infty) \times E^3$ o wartościach odpowiednio w E^1 i E^3) tak, aby $\frac{\partial\rho}{\partial t} + \operatorname{div}\vec{j} = 0$, dla $t > 0$, $\operatorname{div}\vec{e} = 4\pi\rho(0,x,y,z)$ to otrzymujemy klasyczne rezultaty (będzie o tym mowa niżej).

Powyższe rozwiązania w przypadku gdy mamy nieciągłe prawe strony, tj. ρ i $\vec{j}$, ale klasy L^2 mogą nam opisywać propagację fal elektromagnetycznych wywołaną przez gwałtowne (a więc nieciągłe) zmiany rozkładów prądów i ładunków, wywoływane np. przebiciem dielektryka lub mechanicznym zniszczeniem anteny. To samo dotyczy warunków początkowych.

3c. Równanie Rarity–Schwingera, równanie liniowej teorii grawitacji i równanie falowe dla cząstki o spinie 5/2. Rozpatrzmy teraz tzw. równanie Rarity–Schwingera ([12]) i postawimy dla niego dystrybucyjne zagadnienie Cauchy'ego w klasie dystrybucji temperowanych $S'(E^4)$. Równanie Rarity–Schwingera opisuje nam ruch kwantowo-mechaniczny cząstki o spinie 3/2. Rozpatrzymy przypadek z $\kappa \neq 0$ (masowy) jak i bezmasowy $\kappa = 0$.

DEFINICJA 3.6. *Równaniem Rarity–Schwingera nazywamy równanie*

$$\gamma_5\gamma_\rho\partial_\sigma\psi_\nu\varepsilon^{\mu\nu\rho\sigma} + \kappa g^{\mu\nu}\psi_\nu = U^\mu, \qquad \psi_\nu(x) \in \mathbb{C}^4,\ x \in E^4 \tag{3.236}$$

wraz z warunkiem $\gamma^\mu\psi_\mu = 0$, gdzie $\mu,\rho,\sigma,\nu = 1,2,3,4$, $U^\mu(x) \in \mathbb{C}^4$.

Gdy $U^\mu \equiv 0$ nazywamy je jednorodnym równaniem Rarity–Schwingera. W przeciwnym razie zwane jest niejednorodnym.

Jest to zatem w swojej istocie układ równań różniczkowych liniowych pierwszego rzędu (hiperboliczny). Dla każdego ustalonego wskaźnika ν, ψ_ν przyjmuje wartości z $\mathbb{C}^4$.

Zatem będziemy szukać rozwiązania w $S'(E^4, \mathbb{C}^4)$ dla każdego $\nu = 1,2,3,4$. Jest to tzw. wektor-spinor. Stawiamy więc następujące zagadnienie Cauchy'ego dla równania jednorodnego

$$\gamma_5\gamma_\rho\partial_\sigma\psi_\nu\varepsilon^{\mu\nu\rho\sigma} + \kappa g^{\mu\nu}\psi_\nu = 0 \tag{3.237}$$

$$\gamma^\mu\psi_\mu = 0 \tag{3.238}$$

$$\psi_{\nu|||t=0} = \varphi_\nu \in S'(E^3, \mathbb{C}^4) \tag{3.239}$$
$$(\gamma^\nu \varphi_\nu = 0)$$

i szukamy $\psi_\nu \in S'(E^4, \mathbb{C}^4)$. Podziałajmy na obie strony równania Rarity–Schwingera następującym operatorem

$$(-\gamma_5 \gamma_\rho \varepsilon_\mu{}^{\nu\rho\sigma} \partial_\sigma + \kappa \delta_\mu{}^\nu) . \tag{3.240}$$

W wyniku otrzymujemy

$$(\Box_3 + \kappa^2)\psi_\mu = 0 \tag{3.241}$$

wraz z warunkami

$$\gamma^\mu \psi_\mu = 0 . \tag{3.242}$$

Zapostulujemy rozwiązanie powyższego problemu w następującej postaci

$$\overset{\{t\}}{\psi}_\mu = (-\gamma_5 \gamma_\rho \varepsilon_\mu{}^{\nu\rho\sigma} \partial_\sigma + \kappa \delta^\nu_\mu) \overset{\{t\}}{u} * \widehat{\varphi}_\nu , \tag{3.243}$$

gdzie $\widehat{\varphi}_\nu$ spełnia następujące nieosobliwe, niejednorodne równanie liniowe

$$\varepsilon^{\mu\nu\rho 4} \gamma_\rho \widehat{\varphi}_\nu = -\gamma_5 \varphi^\mu . \tag{3.244}$$

Zatem w postaci funkcji dystrybucyjnych ($\mu = 1, 2, 3, 4$).

Łatwo zauważyć, że powyższe funkcje dystrybucyjne generują dystrybucje temperowane

$$\psi_\mu[\chi] = \int\limits_{-\infty}^{+\infty} \overset{\{t\}}{\psi}_\mu[\chi(\cdot, t)]\, dt, \qquad \mu = 1, 2, 3, 4,\ \chi \in S'(E^4) . \tag{3.245}$$

oraz spełniają równanie i warunek początkowy. Rozwiązanie to jest ciągłe ze względu na warunki początkowe.

Udowodnimy, że jest to jedyne rozwiązanie w klasie $S'(E^4, \mathbb{C}^4)$. W tym celu rozpatrzymy następujący problem początkowy

$$(-\gamma_5 \gamma_\rho \partial_\sigma \psi_\nu \varepsilon^{\mu\nu\rho\sigma} + \kappa g^{\nu\mu} \psi_\nu) = 0 \tag{3.246}$$
$$\psi_{\nu|||t=0} = 0 \tag{3.247}$$

Zatem

$$(-\gamma_5 \gamma_\rho \partial_\sigma \psi_\nu \varepsilon^{\mu\nu\rho\sigma})_{|||t=0} = 0 . \tag{3.248}$$

Równocześnie łatwo zauważyć, że

$$(D_{x_\mu} \psi_\nu)_{|||t=0} = D_{x_\mu} (\psi_\nu)_{|||t=0} \tag{3.249}$$

dla $\mu = 1, 2, 3$.

Otrzymujemy, więc ostatecznie

$$(\gamma_\rho \partial_4 \psi_\nu \varepsilon^{\mu\nu\rho 4})_{|||t=0} = 0, \qquad \mu \neq 4 \tag{3.250}$$

czyli otrzymaliśmy następujący układ równań liniowych

$$\sum_{\rho,\nu=1}^{3} \gamma_\rho(\partial_4\psi_\nu)_{|||t=0}\varepsilon^{\mu\nu\rho 4} = 0 \qquad \mu = 1,2,3\,. \tag{3.251}$$

Jest niejednorodny układ równań liniowych i jest on nieosobliwy. Może on mieć wyłącznie rozwiązanie zerowe. Czyli

$$(\partial_4\psi_\nu)_{|||t=0} = 0 \quad \text{dla } \nu = 1,2,3\,. \tag{3.252}$$

Z drugiej strony mamy jednak, że $\gamma^\mu\psi_\mu = 0$, czyli $\gamma^\mu\partial_4\psi_\mu = 0$. Stąd zaś

$$\gamma^4(\partial_4\psi_\mu)_{|||t=0} = 0\,. \tag{3.253}$$

A zatem ogólnie

$$(\partial_4\psi_\nu)_{|||t=0} = 0\,. \tag{3.254}$$

Każda jednak składowa ψ_ν spełnia równanie Kleina–Gordona. Korzystając z warunku w Dodatku C otrzymujemy, że jedynym rozwiązaniem są dystrybucje zerowe $\psi_\nu = 0$.

Udowodniliśmy w ten sposób następujące twierdzenie

TWIERDZENIE 3.11. *Jedynym rozwiązaniem dystrybucyjnego problemu Cauchy'ego dla jednorodnego równania Rarity–Schwingera w klasie* $S'(E^4, \mathbb{C}^4)$

$$-\gamma_5\gamma_\rho\partial_\sigma\psi_\nu\varepsilon^{\mu\nu\rho\sigma} + \kappa^2 g^{\mu\nu}\psi_\nu = 0 \tag{3.255}$$

$$\psi_{\nu|||t=0} = \varphi_\nu \in S'(E^3, \mathbb{C}^4) \tag{3.256}$$

tak, że

$$\gamma^\mu\psi_\mu = 0, \qquad \mu,\nu,\rho,\sigma = 1,2,3,4\,. \tag{3.257}$$

są dystrybucje temperowane

$$\psi_\nu[\chi] = \int_{-\infty}^{+\infty} \overset{\{t\}}{\psi}_\nu[\chi(\cdot,t)]\,dt, \qquad \chi \in S(E^4) \tag{3.258}$$

zadane przez funkcje dystrybucyjne

$$\overset{\{t\}}{\psi}_\nu = (\gamma_5\gamma_\rho\partial_\sigma\psi_\nu\varepsilon^{\mu\nu\rho\sigma} + \kappa g^{\mu\nu})\overset{\{t\}}{u} * \widehat{\varphi}_\nu\,, \tag{3.259}$$

$\widehat{\varphi}_\nu$ spełnia równanie

$$\varepsilon^{\mu\nu\rho 4}\gamma_\rho\widehat{\varphi}_\nu = -\gamma_5\varphi^\mu \tag{3.260}$$

Rozwiązanie jest regularne w sensie Hadamarda ze względu na warunki początkowe i parametr κ w topologiach natrualnych dla wszystkich występujących tu dystrybucji i parametru.

Przejdźmy teraz do niejednorodnego równania Rarity–Schwingera

$$(-\gamma_5\gamma_\rho\partial_\sigma\varepsilon^{\mu\nu\rho\sigma} + \kappa g^{\mu\nu})\psi_\nu = U^\mu \tag{3.261}$$

gdzie $U^\mu \in S'(E^4, \mathbb{C}^4)$, $\mu = 1,2,3,4$ tak, że $\operatorname{supp} U^\mu \subset \{(x,y,z,t), t \geq 0\}$. Działając operatorem $(\gamma_5\gamma_\rho\partial_\sigma\varepsilon_\mu{}^{\nu\rho\sigma} + \kappa\delta_\mu^\nu)$ na obie strony równania otrzymujemy:

$$(\Box_3 + \kappa^2)\psi^\nu = (\gamma_5\gamma_\rho\partial_\sigma U^\mu\varepsilon_\mu{}^{\nu\rho\sigma} + \kappa U^\nu). \tag{3.262}$$

Zatem każda ze składowych ψ^ν musi spełniać niejednorodne równanie Kleina–Gordona. Zauważmy, że

$$\operatorname{supp}(\gamma_5\gamma_\rho\partial_\sigma U^\mu\varepsilon_\mu{}^{\nu\rho\sigma} + \kappa U^\mu) \subset \{(x,y,z,t), t \geq 0\} \tag{3.263}$$

i jest dystrybucją temperowaną na E^4.

Przyjmijmy zerowe warunki początkowe dla powyższego problemu dla równania Kleina–Gordona, tj.

$$\psi_{\nu|||t=0} = 0\,, \tag{3.264}$$

$$\left(\frac{\partial}{\partial t}\psi_\nu\right)_{|||t=0} = 0\,. \tag{3.265}$$

Zgodnie z wynikami dla niejednorodnego równania Kleina–Gordona z rozdziału 2 mamy, że dystrybucje temperowane

$$\chi_\nu = (\gamma_5\gamma_\rho\partial_\sigma U^\mu\varepsilon_\mu{}^{\nu\rho\sigma} + \kappa U^\nu) * E \tag{3.266}$$

spełniają równanie Kleina–Gordona. A zatem dystrybucja ta spełnia nasze niejednorodne równanie Rarity–Schwingera tak, że $\chi_{\nu|||t=0} = 0$. Zgodnie z ogólnymi zasadami konstruujemy ogólne rozwiązania Rarity–Schwingera w postaci $\Psi_\nu = \psi_\nu + \chi_\nu$. Aby jednak spełniać warunek $\Psi_\nu\gamma^\nu = 0$, musimy założyć, że $0 = -2\gamma_5[\gamma_\nu, \gamma_\rho]\partial_\sigma U^\mu\varepsilon_\mu{}^{\nu\rho\sigma} + \kappa\gamma_\nu U^\nu$. Zgodnie z tym, że jedynym rozwiązaniem w klasie $S'(E^4, \mathbb{C}^4)$ z zerowymi warunkami początkoowymi i zerowymi prawymi stronami dla równania Kleina–Gordona jest dystrybucja zerowa mamy jednoznaczność rozwiązania w tej klasie dla niejednorodnego równania Rarity–Schingera. Rozwiązanie to jest ciągłe ze względu na warunki początkowe i prawe strony; co wynika z własności splotu. Jest również ciągłe ze względu na parametr κ, w topologiach naturalnych dla występujących tu dystrybucji i parametry. Wynika to z własności splotu (ciągłości). Jest one więc regularne w sensie Hadamarda.

Udowodniliśmy więc następujące twierdzenie

TWIERDZENIE 3.12. *Jedynym rozwiązaniem w klasie $S'(E^4, \mathbb{C}^4)$ dystrybucyjnego warunku Cauchy'ego dla niejednorodnego równania Rarity–Schwingera*

$$-\gamma_5\gamma_\rho\partial_\sigma\Psi_\nu\varepsilon^{\mu\nu\rho\sigma} + \kappa g^{\mu\nu}\Psi_\nu = U^\mu\,, \tag{3.267}$$

$$\Psi_{\nu|||t=0} = \varphi_\nu \in S'(E^3, \mathbb{C}^4) \qquad \mu,\rho,\sigma,\nu = 1,2,3,4 \tag{3.268}$$

gdzie

$$\operatorname{supp} U^\mu \subset \{(x,y,z,t), t \geq 0\} \tag{3.269}$$

(*wystarczy założyć, że* $\operatorname{supp}(\gamma_5\gamma_\rho\partial_\sigma U^\mu\varepsilon_\mu{}^{\nu\rho\sigma} + \kappa U^\nu) \subset \{(x,y,z,t,), t \geq 0\}$), $U^\mu \in S'(E^4, \mathbb{C}^4)$, $\mu = 1,2,3,4$

$$\gamma^\mu\varphi_\mu = 0 \tag{3.270}$$

$$-2\gamma_5[\gamma_\nu,\gamma_\rho]\partial_\sigma U^\mu \varepsilon_\mu{}^{\mu\nu\rho\sigma} + \kappa\gamma_\nu U^\nu = 0 \tag{3.271}$$

są dystrybucje temperowane

$$\Psi_\nu = \psi_\nu + (\gamma_5\gamma_\rho\partial_\sigma U^\mu \varepsilon_\mu{}^{\mu\nu\rho\sigma} + \kappa U^\nu) * E \tag{3.272}$$

gdzie ψ_ν jest dane wzorem z poprzedniego twierdzenia. Rozwiązanie jest regularne w sensie Hadamarda w topologiach naturalnych ze względu na występujące tu dystrybucje oraz ze względu na parametr κ.

Przejdźmy teraz do przypadku bezmasowego $\kappa = 0$.

DEFINICJA 3.7. *Bezmasowym równaniem Rarity–Schwingera nazywamy*

$$\gamma_\rho\partial_{[\sigma}\psi_{\nu]}\varepsilon^{\mu\nu\rho\sigma} = U^\mu, \ \psi_\nu(x) \in \mathbb{C}^4, \ x \in E^4 \tag{3.273}$$

plus warunek

$$\gamma^\mu\psi_\mu = 0, \quad \mu,\nu,\rho,\sigma = 1,2,3,4, \ U^\mu(x) \in \mathbb{C}^4 . \tag{3.274}$$

Gdy $U^\mu \equiv 0$ nazywamy je jednorodnym, bezmasowym, w przeciwnym razie niejednorodnym bezmasowym.

Zauważmy, że obecnie mamy następującą symetrię tego równania. Mianowicie zmieniając

$$\psi_\nu \to \psi_\nu + \partial_\nu\chi = \psi'_\nu \tag{3.275}$$

gdzie χ przyjmuje wartość w $\mathbb{C}^4$ otrzymujemy to samo równanie

$$\gamma_\rho\partial_{[\sigma}\psi'_{\nu]}\varepsilon^{\mu\nu\rho\sigma} = 0 \tag{3.276}$$

i ten sam warunek jeśli założymy, że:

$$\partial_\mu(\gamma^\mu\chi) = 0, \quad \mu = 1,2,3,4 . \tag{3.277}$$

Korzystając z tej swobody możemy zawsze spełnić warunek $\gamma^\mu\psi_\mu$ w następujący sposób. Jeśli $\partial^\mu\psi_\mu = \varphi \neq 0$, to $0 = \gamma^\mu\psi'_\mu$,

$$\psi'_\mu = \psi_\mu - \partial_\mu\chi \tag{3.278}$$

tak, że

$$\varphi = \partial_\mu(\gamma^\mu\chi) . \tag{3.279}$$

Swobodę tę nazywamy swobodą cechowania (gauge). Jest ona podobna do swobody (symetrii) cechowania w elektrodynamice. Zajmiemy się teraz dystrybucyjnym zagadnieniem Cauchy'ego w klasie dystrybucji temperowanych $S'(E^4,\mathbb{C}^4)$ dla jednorodnego i niejednorodnego, bezmasowego równania Rarity–Schwingera i sformułujemy dwa twierdzenia.

TWIERDZENIE 3.13. *Jedynym rozwiązaniem dystrybucyjnego zagadnienia Cauchy'ego dla jednorodnego, bezmasowego równania Rarity–Schwingera w klasie $S'(E^4,\mathbb{C}^4)$*

$$\gamma_\rho\partial_{[\sigma}\psi_{\nu]}\varepsilon^{\mu\nu\rho\sigma} = 0, \tag{3.280}$$

$$\gamma^\mu \psi_\mu = 0 \tag{3.281}$$

$$\psi_{\mu|||t=0} = \varphi_\mu \in S'(E^3, \mathbb{C}^4) \tag{3.282}$$

$\mu, \nu, \rho, \sigma = 1, 2, 3, 4$, *tak, że* $\gamma^\mu \varphi_\mu = 0$ *są dystrybucje temperowane*

$$\psi_\nu[\sigma] = \int_{-\infty}^{+\infty} \overset{\{t\}}{\psi}_\nu[\sigma(\cdot, t)]\, dt, \qquad \sigma \in S(E^4) \tag{3.283}$$

zadane poprzez funkcje dystrybucyjne

$$\overset{\{t\}}{\psi}_\nu = g_{\lambda\nu}(\gamma_\rho \partial_\sigma \varepsilon^{\mu\lambda\rho\sigma}) \overset{\{t\}}{u} * \widehat{\varphi}_\mu , \tag{3.284}$$

gdzie $\widehat{\varphi}_\nu$ *spełnia następujące liniowe niejednorodne (nieosobliwe) równanie*

$$\gamma_\rho \varepsilon^{\mu\nu\rho 4} \widehat{\varphi}_\nu = \varphi^\mu . \tag{3.285}$$

Rozwiązanie to jest regularne w sensie Hadamarda ze względu na warunki początkowe.

Dowód możemy otrzymać przechodząc z $\kappa \to 0$ w twierdzeniu lub otrzymać go analogiczną metodą jak w dowodzie twierdzenia biorąc $\kappa = 0$ i korzystając z własności równania falowego przedstawionego w pracy [6].

TWIERDZENIE 3.14. *Jedynym rozwiązaniem dystrybucyjnego problemu Cauchy'ego w klasie* $S'(E^4, \mathbb{C}^4)$ *dla niejednorodnego, bezmasowego równania Rarity-Schwingera*

$$\gamma_\rho \partial_{[\sigma} \psi'_{\nu]} \varepsilon^{\mu\nu\rho\sigma} = U^\mu , \tag{3.286}$$

$$\gamma^\mu \psi'_\mu = 0 \tag{3.287}$$

$$\psi'_{\mu|||t=0} = \varphi_\mu \in S'(E^3, \mathbb{C}^4) \tag{3.288}$$

taką, że $\gamma^\mu \varphi_\mu = 0$

$$\operatorname{supp} U^\mu \subset \{(x, y, z, t), t \geq 0\} , \tag{3.289}$$

$U^\mu \in S'(E^4, \mathbb{C}^4)$, *oraz*

$$\gamma_\mu \gamma_\rho \partial_\sigma U_\nu \varepsilon^{\mu\nu\rho\sigma} = 0 , \tag{3.290}$$

$$U_\nu = g_{\nu\mu} U^\mu , \quad \mu, \nu, \rho, \sigma = 1, 2, 3, 4 \tag{3.291}$$

są dystrybucje temperowane zadane poprzez funkcje dystrybucyjne:

$$\overset{\{t\}'}{\psi}_\nu = \overset{\{t\}}{\psi}_\nu + g_{\lambda\nu} \gamma_\rho \partial_\sigma \varepsilon^{\mu\lambda\rho\sigma} \overset{\{t\}}{E} * \varphi_\mu \tag{3.292}$$

gdzie $\overset{\{t\}}{\psi}_\nu$ *jest dane wzorem z poprzedniego twierdzenia*

$$\psi'_\mu[\chi] = \int_{-\infty}^{+\infty} \overset{\{t\}}{\psi}_\mu[\chi(\cdot, t)]\, dt \qquad \chi \in S(E^4) \tag{3.293}$$

Rozwiązanie jest regularne w sensie Hadamarda ze względu na warunki początkowe i prawe strony w topologiach naturalnych dla wszystkich występujących tu dystrybucji.

Dowód twierdzenia wynika z analogicznego twierdzenia dla niejednorodnego równania Rarity–Schwingera przy $\kappa \to 0$. Można go również otrzymać niezależnie podobną metodą jak w dowodzie poprzedniego biorąc $\kappa = 0$ i korzystając z własności równania falowego z pracy [6].

Zauważmy teraz rzecz charakterystyczną dla bezmasowego równania Rarity–Schwingera, podobną do własności bezmasowego równania Diraca (Weyla). Możemy podobnie jak tam wprowadzić dwie wielkości

$$\psi_{\mu 1} = \frac{1}{2}(J - \gamma_5)\psi_\mu, \tag{3.294}$$

$$\psi_{\mu 2} = \frac{1}{2}(J + \gamma_5)\psi_\mu. \tag{3.295}$$

Robiąc to samo dla warunków początkowych

$$\varphi_{\mu 1} = \frac{1}{2}(J - \gamma_5)\varphi_\mu, \tag{3.296}$$

$$\varphi_{\mu 1} = \frac{1}{2}(J + \gamma_5)\varphi_\mu, \tag{3.297}$$

oraz dla prawych stron

$$U_1^\mu = \frac{1}{2}(J - \gamma_5)\varphi_\mu, \tag{3.298}$$

$$U_2^\mu = \frac{1}{2}(J + \gamma_5)\varphi_\mu, \tag{3.299}$$

wtedy otrzymamy dwa niezależne równania Rarity–Schwingera typu Weyla

$$\gamma_\rho \partial_\sigma \psi_{\nu i} \varepsilon^{\mu\nu\rho\sigma} = U_i^\mu \qquad i = 1,2 \tag{3.300}$$

wraz z warunkami początkowymi

$$\psi_{\mu i}|||_{t=0} = \varphi_{\mu i} \in S'(E^3, \mathbb{C}^4) \tag{3.301}$$

oraz z warunkiem

$$\gamma^\mu \psi_{\mu i} = 0 = \gamma^\mu \varphi_{\mu i}, \qquad i = 1,2. \tag{3.302}$$

W tym jednak wypadku jest wygodniej skorzystać ze związku między macierzami Diraca γ^μ i Pauliego σ^i w celu uproszczenia równania, w taki sposób, że

$$\psi_\mu = \begin{pmatrix} \psi_{1\mu} \\ \psi_{2\mu} \end{pmatrix} = \begin{pmatrix} \chi_\mu \\ \pi_\mu \end{pmatrix} \tag{3.303}$$

$\chi_\mu, \pi_\mu \in S'(E^4, \mathbb{C}^2)$

$$\sigma_\rho \partial_\sigma \chi_\mu \varepsilon^{\mu\nu\rho\sigma} = 0 \tag{3.304}$$

$$\sigma^\mu \chi_\mu = 0 \tag{3.305}$$

$$\chi_\rho|||_{t=0} = \varphi_{1\rho} \in S'(E^4, \mathbb{C}^2) \tag{3.306}$$

oraz

$$\overline{\sigma}_\rho \partial_\sigma \pi_\mu \varepsilon^{\mu\nu\rho\sigma} = 0 \tag{3.307}$$

$$\overline{\sigma}^\rho \pi_\rho = 0 \tag{3.308}$$

$$\pi_{\rho|||t=0} = \varphi_{2\rho} \in S'(E^4, \mathbb{C}^2) \tag{3.309}$$

gdzie

$$\sigma^\rho = (\vec{\sigma}, -I), \tag{3.310}$$

$$\overline{\sigma}^\rho = (-\vec{\sigma}, -I). \tag{3.311}$$

Nie będziemy tego rozwijać tu szerzej.

Bezmasowe równanie Rarity–Schwingera opisuje nam ruch kwantowo-mechaniczny cząstki o spinie 3/2 i helicity (skrętności) ±3/2 (tj. rzut spinu na kierunek pędu wynosi ±3/2). Przykładem takiej cząstki jest gravitino (hipotetyczna, do tej pory nieobserwowana, stowarzyszone z grawitonem w supergrawitacji). W przypadku masowym ($\kappa \neq 0$) cząstki takie istnieją. Są to np. slawne cząstki Ω^- z klasyfikacji Gell–Manna $SU(3)$ dla widm hadronowych, oraz rezonans Δ^{++}. Otrzymane przez nas rozwiązania uogólnione mogą służyć jako przestrzenie stanów uogólnionych dla tych cząstek w relatywistycznej mechanice kwantowej i kwantowej teorii pola. Przestrzeń stanów uogólnionych tj. w sensie S' (dystrybucji temperowanych) daje nam właściwą przestrzeń stanów w tych teoriach. Wymienione tu dystrybucje służące do konstrukcji rozwiązań równania Rarity–Schwingera mają ważne zastosowania w relatywistycznym rachunku zaburzeń, gdzie konstruuje się amplitudy przejść równych procesów fizycznych związanych z rozpraszaniem i produkcją takich cząstek w ramach techniki diagramów Feynmana. Niejednorodne równanie Rarity–Schwingera opisuje nam ruch kwantowo-mechaniczny pola (cząstki) o spinie 3/2 w obecności zewnętrznych źródeł prowadzących do produkcji lub anihilacji takich cząstek. Rozwiązania tego równania dają nam funkcje falowe (w sensie uogólnionym) dla takich procesów fizycznych.

Przejdźmy teraz do równania dla cząstki bezmasowej o spinie 2 ([13]). Przypadku z różną o zera masą nie będziemy rozpatrywać z uwagi na to, że nie ma on na razie żadnego zastosowania. Przypadek bezmasowy opisuje nam ruch kwantowo-mechaniczny grawitonu, hipotetycznego przenośnika oddziaływań grawitacyjnych, np. w ogólnej teorii względności. Równanie to jest tzw. równaniem fal grawitacyjnych w liniowej teorii grawitacji otrzymanej z równań Einsteina poprzez ich linearyzację Wszystkie dotychczasowe eksperymenty poszukujące fal grawitacyjnych bazują na tym równaniu. Otrzymujemy je w następujący sposób, zgodnie z pracą [13].

Bierzemy niejednorodne równanie Einsteina

$$R_{\mu\nu} - \frac{1}{2}\overline{g}_{\mu\nu} R = \frac{8\pi G}{c^4} T_{\mu\nu} \tag{3.312}$$

gdzie $\overline{g}_{\mu\nu}$ jest metryką czasoprzestrzeni, $R_{\mu\nu}$ jest tensorem Ricci wygenerowanym przez $\overline{g}_{\mu\nu}$ (Riemanowskim, oczywiście), R skalarem krzywizny, $T_{\mu\nu}$ jest tensorem energii – pędu pól ciężkich (lub materii), c – prędkością światła w próżni, a G – Newtonowską stałą grawitacyjną. Zakładamy małe zaburzenie metryki czasoprzestrzeni $\overline{g}_{\mu\nu}$

$$\overline{g}_{\mu\nu} = g_{\mu\nu} + h_{\mu\nu} \tag{3.313}$$

tak, że $|h_{\mu\nu}| \ll 1$. Wprowadzamy to do równań Eisteina i odrzucamy wszystkie człony oprócz liniowych. Otrzymujemy wtedy następujące równanie.

$$\Box_3\gamma_{\mu\nu} = g^{\lambda\rho}(\gamma_{\lambda\mu,\nu\rho} + \gamma_{\lambda\nu,\mu\rho}) + g_{\mu\nu}g^{\lambda\rho}g^{\alpha\beta}\gamma_{\lambda\alpha,\alpha\beta} = \frac{16\pi G}{c^4}T_{\mu\nu} \tag{3.314}$$

gdzie $,\alpha$ oznacza różniczkowanie względem x^α, $\frac{\partial}{\partial x^\alpha}$,

$$\gamma_{\mu\nu} = h_{\mu\nu} - \frac{1}{2}g_{\mu\nu}h, \qquad h = g^{\alpha\beta}h_{\alpha\beta}. \tag{3.315}$$

Zauważmy jednak, że $\gamma_{\mu\nu}$ podlega transformacji cechowania pochodzącej od zlinearyzowanej transformacji układu współrzędnych w OTW (Ogólnej Teorii Względności). Mianowicie

$$\gamma_{\mu\nu} \to \gamma_{\mu\nu} + (g_{\mu\rho}\xi^{\rho}{}_{,\nu} + g_{\nu\rho}\xi^{\rho}{}_{,\mu} - g_{\mu\nu}\xi^{\alpha}{}_{,\alpha}). \tag{3.316}$$

W ten sposób zmieniając układ współrzędnych możemy uprościć równanie i przyjmując warunek odpowiadający warunkowi Lorentza w elektrodynamice

$$g^{\lambda\nu}\overline{\gamma}_{\mu\nu,\lambda} = 0 \tag{3.317}$$

Warunek ten jest zlinearyzowanym warunkiem de Dondera. W ten sposób otrzymujemy

DEFINICJA 3.8. *Równaniem liniowej teorii grawitacji nazywamy równanie*

$$\Box_3\overline{\gamma}_{\mu\nu} = -\frac{16\pi G}{c^4}t_{\mu\nu}, \qquad \overline{\gamma}_{\mu\nu}(x) \in E^1 \tag{3.318}$$

gdzie $t_{\mu\nu}$ jest tensorem energii źródeł w przyjętym układzie współrzędnych oraz mamy spełnione warunki $g^{\lambda\nu}\overline{\gamma}_{\mu\nu,\lambda} = 0$ i $g^{\lambda\nu}t_{\mu\nu,\lambda} = 0$, $x \in E^4$.

Sformułujemy teraz dystrybucyjne zagadnienie Cauchy'ego w klasie dystrybucji temperowanych dla równania liniowej teorii grawitacji. W tym celu postawimy warunek początkowy dla równania jednorodnego

$$\Box_3\overline{\gamma}_{\mu\nu} = 0, \qquad \overline{\gamma}_{\mu\nu} = \overline{\gamma}_{\nu\mu} \tag{3.319}$$

$$g^{\lambda\nu}\overline{\gamma}_{\mu\nu,\lambda} = 0 \tag{3.320}$$

$$\overline{\gamma}_{\mu\nu|||t=0} = a_{\mu\nu} = a_{\nu\mu} \in S'(E^3) \tag{3.321}$$

$$\frac{\partial}{\partial t}\overline{\gamma}_{\mu\nu|||t=0} = b_{\mu\nu} = b_{\nu\mu} \in S'(E^3) \tag{3.322}$$

$$\Box_3\overline{\gamma}_{\mu\nu} \equiv g^{\lambda\rho}\overline{\gamma}_{\mu\nu,\lambda\rho} \qquad \mu,\nu,\lambda,\rho = 1,2,3,4. \tag{3.323}$$

Mamy więc do czynienia z równaniem falowym dla $\overline{\gamma}_{\mu\nu}$. Rozwiązniem tego problemu jest oczywiście funkcja dystrybucyjna

$$\overset{\{t\}}{\overline{\gamma}}_{\mu\nu} = a_{\mu\nu} * \frac{\partial \overset{\{t\}}{u}}{\partial t} + b_{\mu\nu} * \overset{\{t\}}{u} \tag{3.324}$$

gdzie $\overset{\{t\}}{u}$ jest funkcją dystrybucyjną dla równania falowego z pracy [6] lub można ją otrzymać poprzez $\kappa \to 0$ z dystrybucji dla równania Kleina–Gordona.

Jednakże funkcja dystrybucyjna musi spełniać także warunek dodatkowy

$$g^{\lambda\nu}\overline{\gamma}_{\mu\nu,\lambda} = 0\,. \tag{3.325}$$

Wydaje się to być spełnione w następujący sposób

$$b_{4\nu} = \sum_{i=1}^{3} \frac{\partial}{\partial x^i} a_{i\nu}\,, \tag{3.326}$$

$$\Delta_3 a_{4\nu} = \sum_{i=1}^{3} \frac{\partial}{\partial x^i} b_{i\nu}\,. \tag{3.327}$$

Stąd mamy

$$\Delta_3 a_{44} = \sum_{i,j=1}^{3} \frac{\partial^2}{\partial x^i \partial x^j} a_{ij}\,, \tag{3.328}$$

$$\Delta_3 b_{44} = \sum_{i,j=1}^{3} \frac{\partial^2}{\partial x^i \partial x^j} b_{ij}\,, \tag{3.329}$$

oraz

$$b_{4j} = b_{j4} = \sum_{i=1}^{3} \frac{\partial}{\partial x^i} a_{ij}\,, \tag{3.330}$$

$$\Delta_3 a_{4j} = \Delta_3 a_{j4} = \sum_{i=1}^{3} \frac{\partial}{\partial x^i} b_{ij}\,. \tag{3.331}$$

Wprowadźmy następujące oznaczenia. Niech $a_{44} = a$, $b_{44} = b$

$$\overline{b} = (b_{41}, b_{42}, b_{43}) = (b_{14}, b_{24}, b_{34})\,, \tag{3.332}$$

$$\overline{a} = (a_{41}, a_{42}, a_{43}) = (a_{14}, a_{24}, a_{34})\,. \tag{3.333}$$

Mamy wtedy

$$\Delta_3 a = \sum_{i,j=1}^{3} \frac{\partial^2}{\partial x^i \partial x^j} a_{ij}\,, \tag{3.334}$$

$$\Delta_3 b = \sum_{i,j=1}^{3} \frac{\partial^2}{\partial x^i \partial x^j} b_{ij}\,, \tag{3.335}$$

$$(\vec{b})_j = \sum_{i=1}^{3} \frac{\partial}{\partial x^i} a_{ij}, \tag{3.336}$$

$$\Delta_3(\vec{a})_j = \sum_{i=1}^{3} \frac{\partial}{\partial x^i} b_{ij}. \tag{3.337}$$

W ten sposób może być spełniony warunek dodatkowy poprzez narzucenie więzów na warunki początkowe. Zatem rozwiązanie spełnia równanie i warunek dodatkowy, oraz warunki początkowe. Jest to jedyne rozwiązanie na mocy własności równania falowego znanego z pracy [6]. Jest ono równocześnie regularne w sensie Hadamarda ze względu na warunki początkowe w klasie $S'(E^3)$ w topologiach naturalnych dla wszystkich występujących tu dystrybucji.

W ten sposób udowodniliśmy następujące twierdzenie

TWIERDZENIE 3.15. *Jedynym rozwiązaniem dystrybucyjnego zagadnienia Cauchy'ego w klasie dystrybucji temperowanych $S'(E^4)$ dla równania jednorodnego liniowej teorii grawitacji*

$$\Box_3 \overline{\gamma}_{\mu\nu} = 0, \quad \overline{\gamma}_{\mu\nu} = \overline{\gamma}_{\nu\mu} \tag{3.338}$$

z warunkiem dodatkowym

$$g^{\lambda\mu} \overline{\gamma}_{\mu\nu,\lambda} = 0 \tag{3.339}$$

$$\overline{\gamma}_{\mu\nu|||t=0} = a_{\mu\nu} = a_{\nu\mu} \in S'(E^3) \tag{3.340}$$

$$\frac{\partial}{\partial t} \overline{\gamma}_{\mu\nu|||t=0} = b_{\mu\nu} = b_{\nu\mu} \in S'(E^3) \tag{3.341}$$

tak, że

$$\Delta_3 a = \sum_{i,j=1}^{3} \frac{\partial^2}{\partial x^i \partial x^j} a_{ij}, \tag{3.342}$$

$$\Delta_3 b = \sum_{i,j=1}^{3} \frac{\partial^2}{\partial x^i \partial x^j} b_{ij}, \tag{3.343}$$

$$(\vec{b})_j = \sum_{i=1}^{3} \frac{\partial}{\partial x^i} a_{ij}, \tag{3.344}$$

$$\Delta_3(\vec{a})_j = \sum_{i=1}^{3} \frac{\partial}{\partial x^i} b_{ij}. \tag{3.345}$$

gdzie $a_{44} = a$, $b_{44} = b$, $\vec{a} = (a_{41}, a_{42}, a_{43}) = (a_{14}, a_{24}, a_{34})$ $\vec{b} = (b_{41}, b_{42}, b_{43}) = (b_{14}, b_{24}, b_{34})$ *są dystrybucje temperowane*

$$\overline{\gamma}_{\mu\nu}[\sigma] = \int_{-\infty}^{+\infty} \overset{\{t\}}{\overline{\gamma}}_{\mu\nu}[\sigma(\cdot, t)]\, dt, \qquad \sigma \in S(E^4) \tag{3.346}$$

zadane przez funkcje dystrybucyjne

$$\overset{\{t\}}{\overline{\gamma}}_{\mu\nu} = a_{\mu\nu} * \frac{\partial \overset{\{t\}}{u}}{\partial t} + b_{\mu\nu} * \overset{\{t\}}{u} \tag{3.347}$$

Rozwiązanie jest regularne w sensie Hadamarda ze względu na warunki początkowe w topologiach naturalnych dla wszystkich występujących tu dystrybucji.

Przejdźmy teraz do niejednorodnego równania liniowej teorii grawitacji z warunkiem dodatkowym dla zerowych warunków początkowych

$$\Box_3 \overline{\gamma}'_{\mu\nu} = -\frac{16\pi G}{c^4} t_{\mu\nu}, \qquad \overline{\gamma}_{\mu\nu} = \overline{\gamma}_{\nu\mu} \tag{3.348}$$

$$g^{\lambda\mu} \overline{\gamma}'_{\nu\mu,\lambda} = 0, \qquad \overline{\gamma}'_{\nu\mu|||t=0} = \frac{\partial}{\partial t} \overline{\gamma}'_{\nu\mu|||t=0} = 0 \tag{3.349}$$

$$t_{\mu\nu} = t_{\nu\mu}, \qquad g^{\lambda\mu} t_{\nu\mu,\lambda} = 0\,. \tag{3.350}$$

Zakładamy, że

$$\operatorname{supp} t_{\nu\mu} \subset \{(x,y,z,t), t \geq 0\} \qquad t_{\nu\mu} \in S'(E^4)\,. \tag{3.351}$$

Zgodnie z teorią równania falowego z pracy [6] mamy,

$$\overline{\gamma}'_{\mu\nu} = -\frac{16\pi G}{c^4} t_{\mu\nu} * E \in S'(E^4)\,. \tag{3.352}$$

Łatwo sprawdzić, że $\overline{\gamma}'_{\mu\nu}$ spełnia warunek dodatkowy. Zgodnie z ogólną procedurą konstruujemy ogólne rozwiąznie dla niejednorodnego równania liniowej teorii grawitacji w postaci

$$\overline{\gamma}''_{\mu\nu} = \overline{\gamma}_{\mu\nu} + \overline{\gamma}'_{\mu\nu} \tag{3.353}$$

Z uwagi na własności równania falowego udowodnione w parcy [6] jest to rozwiązanie jedyne w klasie $S'(E^4)$ dla danych warunków początkowych. Jest ono równocześnie regularne w sensie Hadamarda ze względu na warunki początkowe i prawe strony w topologiach naturalnych dla wszystkich występujących tu dystrybucji.

Udowodniliśmy w ten sposób twierdzenie

TWIERDZENIE 3.16. *Jedynym rozwiązaniem dystrybucyjnego zagadnienia Cauchy'ego w klasie dystrybucji $S'(E^4)$ dla niejednorodnego równania liniowej teorii grawitacji*

$$\Box_3 \overline{\gamma}''_{\mu\nu} = -\frac{16\pi G}{c^4} t_{\mu\nu}, \qquad t_{\mu\nu} = t_{\nu\mu} \qquad \overline{\gamma}''_{\mu\nu} = \overline{\gamma}''_{\nu\mu} \tag{3.354}$$

wraz z warunkiem dodatkowym

$$g^{\mu\lambda} \overline{\gamma}''_{\mu\nu,\lambda} = 0 \tag{3.355}$$

$$\overline{\gamma}''_{\mu\nu|||t=0} = a_{\mu\nu} \in S'(E^3) \tag{3.356}$$

$$\frac{\partial}{\partial t} \overline{\gamma}''_{\mu\nu|||t=0} = b_{\mu\nu} \in S'(E^3) \tag{3.357}$$

tak że

$$\Delta_3 a = \sum_{i,j=1}^{3} \frac{\partial^2}{\partial x^i \partial x^j} a_{ij}, \tag{3.358}$$

$$\Delta_3 b = \sum_{i,j=1}^{3} \frac{\partial^2}{\partial x^i \partial x^j} b_{ij}, \tag{3.359}$$

$$(\vec{b})_j = \sum_{i=1}^{3} \frac{\partial}{\partial x^i} a_{ij}, \tag{3.360}$$

$$\Delta_3(\vec{a})_j = \sum_{i=1}^{3} \frac{\partial}{\partial x^i} b_{ij}. \tag{3.361}$$

gdzie $a_{44} = a$, $b_{44} = b$, $\vec{a} = (a_{41}, a_{42}, a_{43}) = (a_{14}, a_{24}, a_{34})$ $\vec{b} = (b_{41}, b_{42}, b_{43}) = (b_{14}, b_{24}, b_{34})$

$$\operatorname{supp} t_{\mu\nu} \subset \{(x,y,z,t), t \geq 0\}, \qquad t_{\mu\nu} \in S'(E^4) \tag{3.362}$$

oraz

$$g^{\mu\lambda} t_{\mu\nu,\lambda} = 0 \tag{3.363}$$

są dystrybucje temperowane $S'(E^4)$

$$\gamma''_{\mu\nu} = \gamma_{\mu\nu} - \frac{16\pi G}{c^4} t_{\mu\nu} * E \tag{3.364}$$

gdzie $\gamma_{\mu\nu}$ *jest dystrybucją temperowaną z poprzedniego twierdzenia.*
Rozwiązanie jest regularne w sensie Hadamarda ze względu na warunki początkowe i prawe strony w topologiach naturalnych dla wszystkich występujących tu dystrybucji.

Przejdźmy teraz do następnego równania. Jest to równanie dla cząstki (masowej i bezmasowej) o spinie 5/2. Pierwszy raz zostało ono zbadane przez J. Schwingera ([12]). Opisuje ono ruch kwantowo-mechaniczny cząstki o spinie 5/2.

DEFINICJA 3.9. *Bezmasowym równaniem Schwingera dla cząstki o spinie 5/2 nazywamy*

$$-\gamma^\lambda \partial_\lambda \psi_{\mu\nu} - 2\gamma_\nu \gamma^\rho \partial_\rho \gamma^\lambda \psi_{\lambda\mu} + 4\gamma_\nu \partial_\lambda \psi_{\lambda\mu} + \frac{1}{2} g_{\mu\nu} \gamma^\lambda \partial_\lambda g^{\rho\sigma} \psi_{\rho\sigma} + \\ - g_{\mu\nu} \partial^\rho \gamma^\sigma \psi_{\rho\sigma} = U_{\mu\nu}, \qquad \psi_{\mu\nu}(x), U_{\mu\nu}(x) \in \mathbb{C}^4 \tag{3.365}$$

gdzie $\psi_{\mu\nu} = \psi_{\nu\mu}$ *jest tensorem symetrycznym ze względu na wskaźniki* μ, ν *oraz należy do* $\mathbb{C}^4$ *przy ustalonych wskaźnikach* μ, ν, $\mu, \nu, \rho\sigma, \lambda = 1, 2, 3, 4$. *Jest to tzw. dwuwskaźnikowy symetryczny tensor – spinor,* $U_{\mu\nu} = U_{\nu\mu}$.

Operator po lewej stronie równania oznaczymy przez S. Operator S ma następującą postać

$$S^{\eta\xi}{}_{\mu\nu} = \gamma^\lambda \partial_\lambda \delta^\eta_\mu \delta^\xi_\nu - 2\gamma_\nu \gamma^\rho \partial_\rho \gamma_\lambda g^{\lambda\eta} \delta^\xi_\mu + 4\gamma_\nu \partial_\lambda g^{\xi\lambda} \delta^\eta_\mu + \\ + \frac{1}{2} g_{\mu\nu} \gamma^\lambda \partial_\lambda g^{\rho\sigma} \delta^\eta_\rho \delta^\xi_\sigma - g_{\mu\nu} \partial^\rho \gamma^\sigma \delta^\eta_\rho \delta^\xi_\sigma . \tag{3.366}$$

Łatwo otrzymać, ze $S^2 = \Box_3$. Równanie łatwo uogólniamy na przypadek z masą różną od zera.

DEFINICJA 3.10. *Równaniem Schwingera dla cząstki o spinie 5/2 nazywamy równanie*

$$-iS^{\lambda\rho}{}_{\mu\nu}\psi_{\lambda\rho} + \kappa\psi_{\mu\nu} = U_{\mu\nu}, \qquad \kappa > 0,\ \psi_{\mu\nu}(x) \in \mathbb{C}^4,\ x \in E^4 . \tag{3.367}$$

Gdy $U_{\mu\nu} \equiv 0$ *nazywamy je jednorodnym, w pozostałym przypadku niejednorodnym.*

Zajmiemy się dystrybucyjnym zagadnieniem Cauchy'ego dla obu tych równań w klasie dystrybucji temperowanych, korzystając z własności rozwiązań równania Kleina–Gordona. W tym celu rozpatrzymy następujące zagadnienie początkowe

$$-iS^{\lambda\rho}{}_{\mu\nu}\psi_{\lambda\rho} + \kappa\psi_{\mu\nu} = 0, \qquad \psi_{\mu\nu} \in S'(E^4, C^4) \tag{3.368}$$

$$\psi_{\mu\nu|||t=0} = \varphi_{\mu\nu} \in S'(E^3, C^4) \qquad \lambda,\rho,\mu,\nu = 1,2,3,4 \tag{3.369}$$

dla równania jednorodnego.

Znajdziemy jego rozwiązanie i udowodnimy jego jednoznaczność w klasie S', oraz regularność w sensie Hadamarda ze względu na warunki początkowe. W tym celu zapostulujemy rozwiązanie w postaci funkcji dystrybucyjnej generującą dystrybucję temperowaną

$$\overset{\{t\}}{\psi}{}_{\mu\nu} = (iS^{\lambda\rho}{}_{\mu\nu} + \kappa\delta^\lambda_\mu\delta^\rho_\nu)\overset{\{t\}}{u} * \widehat{\varphi}_{\lambda\rho} \tag{3.370}$$

taka, że

$$\psi_{\mu\nu}[\chi] = \int_{-\infty}^{+\infty} \overset{\{t\}}{\psi}{}_{\mu\nu}[\chi(\cdot,t)]\, dt \qquad \chi \in S(E^4, \mathbb{C}^4) \tag{3.371}$$

Rozwiązanie to spełnia równanie z następującymi warunkami początkowymi

$$\psi_{\mu\nu|||t=0} = \varphi_{\mu\nu} \in S'(E^3, \mathbb{C}^4) \tag{3.372}$$

gdzie

$$\varphi_{\mu\nu} = i\{-\gamma^4\widehat{\varphi}_{\mu\nu} - 2\gamma_\nu\gamma^4\gamma^\lambda\widehat{\varphi}_{\mu\lambda} - 4\gamma_\nu\widehat{\varphi}_{4\mu} + \\ + \frac{1}{2}g_{\mu\nu}\gamma^4 g^{\rho\sigma}\widehat{\varphi}_{\rho\sigma} + g_{\mu\nu}\gamma^\sigma\widehat{\varphi}_{4\sigma}\} . \tag{3.373}$$

Otrzymaliśmy więc układ niejednorodnych równań liniowych na $\widehat{\varphi}_{\mu\nu} = \widehat{\varphi}_{\nu\mu}$. Rozwiązując ten układ znajdujemy $\widehat{\varphi}_{\mu\nu}$ konieczne w konstrukcji rozwiązania. Zauważmy, że dla $\widehat{\varphi}_{\mu\nu} \equiv 0$ mamy również $\varphi_{\mu\nu} = 0$. Wystarczy, że istnieje jedno rozwiązanie tego układu dla dowolnego $\varphi_{\mu\nu} \not\equiv 0$.

Mamy w ten sposób rozwiązanie problemu początkowego w klasie S'. Udowodnimy teraz jego jednoznaczności. W tym celu rozpatrzymy następujące zagadnienie początkowe

$$-iS^{\rho\sigma}{}_{\mu\nu}\psi_{\rho\sigma} + \kappa\psi_{\mu\nu} = 0 \tag{3.374}$$

$$\psi_{\mu\nu|||t=0} = 0 \tag{3.375}$$

Działając operatorem $(iS + \kappa)$ na obie strony równania otrzymujemy

$$(\Box_3 + \kappa^2)\psi_{\mu\nu} = 0 \tag{3.376}$$

Z drugiej strony mamy, że

$$(\partial_k\psi_{\mu\nu})_{|||t=0} = \partial_k(\psi_{\mu\nu})_{|||=0} = 0 \tag{3.377}$$

Zatem mamy:

$$\begin{aligned}
&-\gamma^4\left(\frac{\partial}{\partial t}\overset{\{t\}}{\psi}{}_{\mu\nu}\right)_{|t=0} - 2\gamma^\lambda\gamma_\nu\gamma^4\left(\frac{\partial}{\partial t}\overset{\{t\}}{\psi}{}_{\mu\nu}\right)_{|t=0} + \\
&-4\gamma_\nu\left(\frac{\partial}{\partial t}\overset{\{t\}}{\psi}{}_{4\mu}\right)_{|t=0} + \frac{1}{2}g_{\mu\nu}g^{\rho\sigma}\gamma^4\left(\frac{\partial}{\partial t}\overset{\{t\}}{\psi}{}_{\rho\sigma}\right)_{|t=0} + \\
&+g_{\mu\nu}\gamma^\sigma\left(\frac{\partial}{\partial t}\overset{\{t\}}{\psi}{}_{4\sigma}\right)_{|t=0} = 0\,.
\end{aligned} \tag{3.378}$$

Stąd znajdujemy, że

$$\left(\frac{\partial}{\partial t}\overset{\{t\}}{\psi}{}_{\mu\nu}\right)_{|t=0} = 0 = (D_t\psi_{\mu\nu})_{|||t=0}\,. \tag{3.379}$$

Mamy zatem następujące zagadnienie

$$(\Box_3 + \kappa^2)\psi_{\mu\nu} = 0 \tag{3.380}$$

$$\psi_{\mu\nu|||t=0} = 0 \tag{3.381}$$

$$(D_t\psi_{\mu\nu})_{|||t=0} = 0 \tag{3.382}$$

Zatem na mocy twierdzenia udowodnionego w Dodatku C otrzymujemy, że $\psi \equiv 0$.

W ten sposób udowodniliśmy twierdzenie

TWIERDZENIE 3.17. *Jedynym rozwiązaniem dystrybucyjnego zagadnienia Cauchy'ego w klasie S' dla jednorodnego równania Schwingera dla spinu 5/2*

$$-iS^{\rho\lambda}{}_{\mu\nu}\psi_{\rho\lambda} + \kappa\psi_{\mu\nu} = 0 \tag{3.383}$$

$$\psi_{\mu\nu|||t=0} = \varphi_{\mu\nu} \in S'(E^3, \mathbb{C}^4) \qquad \mu,\nu,\lambda,\rho = 1,2,3,4 \tag{3.384}$$

$$\psi_{\nu\mu} = \psi_{\mu\nu} \in S'(E^4, \mathbb{C}^4) \tag{3.385}$$

jest dystybucja temperowana

$$\psi_{\mu\nu}[\chi] = \int_{-\infty}^{+\infty\{t\}} \psi_{\mu\nu}[\chi(\cdot,t)]\,dt \qquad \chi \in S(E^4, \mathbb{C}^4) \tag{3.386}$$

zadana przez funkcję dystrybucyjną

$$\overset{\{t\}}{\psi}_{\mu\nu} = (iS^{\rho\sigma}{}_{\mu\nu} + \kappa\delta^{\rho}{}_{\mu}\delta^{\sigma}{}_{\nu})\overset{\{t\}}{u} * \widehat{\varphi}_{\rho\sigma} \tag{3.387}$$

gdzie $\widehat{\varphi}_{\rho\sigma}$ *jest rozwiązaniem układu równań liniowych*

$$\begin{aligned}\varphi_{\mu\nu} = i\{&-\gamma^4\widehat{\varphi}_{\mu\nu} - 2\gamma_\nu\gamma^4\gamma^\lambda\widehat{\varphi}_{\mu\nu} - 4\gamma_\mu\widehat{\varphi}_{4\mu} + \\ &+ \frac{1}{2}g_{\mu\nu}\gamma^4 g^{\rho\sigma}\widehat{\varphi}_{\rho\sigma} + g_{\mu\nu}\gamma^\sigma\widehat{\varphi}_{4\sigma}\}\,.\end{aligned} \tag{3.388}$$

(*układ ten posiada tylko jedno rozwiązanie*).

Rozwiązanie jest regularne w sensie Hadamarda ze względu na warunki początkowe i parametr κ *w topologiach naturalnych dla wszystkich występujących tu dystrybucji i parametru. W szczególności dla* $\kappa = 0$ *otrzymujemy rozwiązanie dla bezmasowego równania cząstki o spinie* 5/2.

Przejdźmy teraz do przypadku niejednorodnego równania dla cząstki o spinie 5/2.

Mamy następujący problem

$$(iS^{\rho\sigma}{}_{\mu\nu} + \kappa\delta^{\rho}{}_{\mu}\delta^{\sigma}{}_{\nu})\psi''_{\rho\sigma} = U_{\mu\nu} \tag{3.389}$$

$$\psi''_{\rho\sigma|||t=0} = 0 \tag{3.390}$$

$$U_{\mu\nu} \in S'(E^4, \mathbb{C}^4), \quad \operatorname{supp} U_{\mu\nu} \subset \{(x,y,z,t), t > 0\}\,. \tag{3.391}$$

Działając na obie strony równania operatorem $(iS + \kappa)$ otrzymujemy

$$(\Box_3 + \kappa^2)\psi''_{\mu\nu} = (iS^{\rho\sigma}{}_{\mu\nu} + \kappa\delta^{\rho}_{\mu}\delta^{\sigma}_{\nu})U_{\rho\sigma} \tag{3.392}$$

oraz, że

$$\operatorname{supp}(iS^{\rho\sigma}{}_{\mu\nu} + \kappa\delta^{\rho}_{\mu}\delta^{\sigma}_{\nu})U_{\rho\sigma} \subset \{(x,y,z,t), t > 0\}\,. \tag{3.393}$$

zatem rozwiązanie tego problemu jest następujące

$$\psi''_{\mu\nu} = (iS^{\rho\sigma}{}_{\mu\nu} + \kappa\delta^{\rho}_{\mu}\delta^{\sigma}_{\nu})E * U_{\rho\sigma} \tag{3.394}$$

Jest to równocześnie rozwiązanie jedyne, bowiem jedynym rozwiązaniem przy zerowych warunkach początkowych i zerowych prawych stronach jest rozwiązanie zerowe.

Udowodniliśmy w ten sposób następujące twierdzenie

TWIERDZENIE 3.18. *Jedynym rozwiązaniem dystrybucyjnego zagadnienia Cauchy'ego w klasie dystrybucji temperowanych dla niejednorodnego równania cząstki o spinie* 5/2 (*w przypadku masowym i bezmasowym*)

$$(-iS^{\lambda\rho}{}_{\mu\nu} + \kappa\delta^{\lambda}_{\mu}\delta^{\rho}_{\nu})\psi'_{\lambda\rho} = U_{\mu\nu} \tag{3.395}$$

$$U_{\mu\nu} \in S'(E^4, \mathbb{C}^4), \tag{3.396}$$

$$\operatorname{supp} U_{\mu\nu} \subset \{(x, y, z, t), t > 0\} \tag{3.397}$$

$\lambda, \rho, \mu, \nu = 1, 2, 3, 4$

$$\psi'_{\lambda\rho|||t=0} = \varphi_{\mu\nu} \tag{3.398}$$

jest dystybucja temperowana

$$\psi'_{\mu\nu} = \psi_{\mu\nu} + (iS^{\rho\sigma}{}_{\mu\nu} + \kappa\delta^\rho_\mu\delta^\sigma_\nu)E * U_{\rho\sigma} \tag{3.399}$$

gdzie $\psi_{\mu\nu}$ jest dstrybucją z poprzedniego twierdzenia.

Rozwiązanie jest regularne w sensie Hadamarda ze względu na warunki początkowe i prawe strony w topologiach naturalnych.

Rozwiązania powyższych problemów dają nam funkcje falowe (w sensie uogólnionym) dla cząstki o spinie 5/2 w relatywistycznej mechanice kwantowej. W przypadku bezmasowym opisuje nam funkcję falową tejże cząstki w dwóch możliwych stanach skrętnościowych o spinie 5/2.

Cząstki o spinie 5/2 występują w przyrodzie. Są nimi pewne rezonanse w fizyce hadronów.

3d. Równania Diraca–Fierza. Przejdźmy teraz do równania falowego dla cząstki (pola) o wyższym spinie ($s \geq 5/2$). Używąc będziemy formalizmu spinorów dwukomponentowych ($\mathbb{C}^2$) ([14, 15]).

Celem przybliżenia Czytelnikowi występujących tu pojęć weźmy pod uwagę spinor z jednym wskaźnikiem

$$\xi^A, \quad A = 1, 2, \quad \xi^A \in \mathbb{C}. \tag{3.400}$$

Transformuje się on następująco

$$\begin{pmatrix} \xi^{1'} \\ \xi^{2'} \end{pmatrix} = \begin{pmatrix} \alpha, & \beta \\ \gamma, & \delta \end{pmatrix} \begin{pmatrix} \xi^1 \\ \xi^2 \end{pmatrix} \tag{3.401}$$

gdzie $\alpha\delta - \beta\gamma = 1, \alpha, \beta, \gamma, \delta \in \mathbb{C}$ czyli względem grupy $SL(2, \mathbb{C})$, która jest lokalnie izomorficzna grupie $SO(1,3)$ (spójnej skladowej jedności grupy Lorentza).

Do podnoszenia i opuszczania wskaźników używamy tensora ε_{AB}.

$$\varepsilon_{AB} = \begin{pmatrix} 0 & 1 \\ -1 & 0 \end{pmatrix}, \quad \varepsilon_{AB}\varepsilon^{BC} = \delta^C_A \quad A, B, C = 1, 2. \tag{3.402}$$

Spinory ze wskaźnikami kropkowanymi transformują się następująco

$$\begin{pmatrix} \xi^{\dot{1}'} \\ \xi^{\dot{2}'} \end{pmatrix} = \begin{pmatrix} \alpha^*, & \beta^* \\ \gamma^*, & \delta^* \end{pmatrix} \begin{pmatrix} \xi^{\dot{1}} \\ \xi^{\dot{2}} \end{pmatrix} \tag{3.403}$$

a więc tak jak $(\xi^A)^*$, gdzie $*$ jest sprzężeniem zespolonym. Opuszczanie i podnoszenie wskaźników kropkowanych dokonujemy przy pomocy

$$\varepsilon_{\dot{A}\dot{B}} = (\varepsilon_{AB})^* = \varepsilon_{AB} \tag{3.404}$$

$$\varepsilon_{\dot{A}\dot{B}} = \begin{pmatrix} 0 & 1 \\ -1 & 0 \end{pmatrix}, \quad \varepsilon_{\dot{A}\dot{B}}\varepsilon^{\dot{B}\dot{C}} = \delta^{\dot{C}}_{\dot{B}} \tag{3.405}$$

Zauważmy, że pole ξ^A opisuje nam cząstkę (pole) o spinie $\frac{1}{2}$. Ma bowiem $2s+1 = 2$ stopnie swobody.

Pole o spinie $s \geq 5/2$ będziemy opisywać przy pomocy pary symetrycznych spinorów

$$\eta^{\dot{Q}\ldots\dot{T}}{}_{A\ldots D} \quad \text{i} \quad \xi^{\dot{D}\ldots\dot{T}}{}_{B\ldots D} \tag{3.406}$$

gdzie $A, D, B = 1, 2$, $\dot{Q}, \dot{T}, \dot{D} = \dot{1}, \dot{2}$. Spinory te są symetryczne względem wszystkich wskaźników, w każdej grupie kropkowanych lub niekropkowanych, położonych w wierszu górnym lub dolnym. Ich walencja wynosi odpowiednio

$$\begin{pmatrix} 0 & p \\ q+1 & 0 \end{pmatrix}, \quad \begin{pmatrix} 0 & p+1 \\ q & 0 \end{pmatrix}. \tag{3.407}$$

Oznacza to, że w pierwszym spinorze mamy 0 — wskaźników niekropkowanych w górnym wierszu i p — kropkowanych, a w dolnym wierszu $(q+1)$ — niekropkowanych i 0 — kropkowanych. Dla drugiego spinora mamy odpowiednio. Spin cząstki (pola) wynosi

$$s = \frac{1}{2}(p+q+1), \qquad p, q = 0, 1, \ldots \tag{3.408}$$

W przypadku spinu połówkowego (fermionów) przyjmujemy $p = q$, czyli $s = p + \frac{1}{2}$ $p = 0, 1, 2, \ldots$. W przypadku spinu całkowitego (bozonów) $q = p - 1$ i mamy

$$s = p, \qquad p = 0, 1, \ldots \tag{3.409}$$

Spinory symetryczne (w kropkowanych i niekropkowanych wskaźnikach) realizują skończenie–wymiarowe, nieprzywiedlne reprezentacje grupy Lorentza (tj. dokładnie $SL(2, C)$). Są one oczywiście nieunitarne (grupa Lorentza jest niezwarta) i odpowiadają wszystkim spinom $s = 0, 1/2, 1, 3/2, 2, 5/2, \ldots$

DEFINICJA 3.11. *Równaniami Diraca–Fierza nazywamy*

$$\partial^{A\dot{P}}\eta^{\dot{Q}\ldots\dot{T}}{}_{AB,\ldots D} = \kappa\xi^{\dot{P}\dot{Q}\ldots\dot{T}}{}_{B\ldots D} = U^{\dot{P}\dot{Q}\ldots\dot{T}}{}_{B\ldots D} \tag{3.410}$$

$$\partial_{A\dot{P}}\xi^{\dot{P}\dot{Q}\ldots\dot{T}}{}_{B\ldots D} = -\kappa\eta^{\dot{Q}\ldots\dot{T}}{}_{AB\ldots D} = V^{\dot{Q}\ldots\dot{T}}{}_{AB\ldots D} \tag{3.411}$$

$\eta^{\dot{Q}\ldots\dot{T}}{}_{B\ldots D}(x)$, $\xi^{\dot{P}\dot{Q}\ldots\dot{T}}{}_{AB\ldots D}(x)$, $U^{\dot{P}\dot{Q}\ldots\dot{T}}{}_{B\ldots D}(x)$, $V^{\dot{Q}\ldots\dot{T}}{}_{B\ldots D}(x) \in \mathbb{C}^2$, $x \in E^4$.

Gdy U i V znikają tożsamościowo, równania nazywamy jednorodnymi, w przeciwnym razie niejednorodnymi.

Związek między zwykłymi pochodnymi i wypisanymi tu wyżej jest następujący

$$\partial^{A\dot{B}} = (\partial^\mu\sigma_\mu)^{A\dot{B}} = \left(-\vec{\nabla}\cdot\vec{\sigma} + \frac{\partial}{\partial t}\right)^{A\dot{B}} \qquad \sigma_\mu = (\vec{\sigma}, I). \tag{3.412}$$

Mamy również warunki dodatkowe

$$\partial^{A}{}_{\dot{Q}}\eta^{\dot{Q}\dot{R}\ldots\dot{T}}{}_{AB\ldots D} = 0 \tag{3.413}$$

$$\partial^{B}{}_{\dot{P}}\xi^{\dot{P}\dot{Q}\ldots\dot{T}}{}_{B\ldots D} = 0 \tag{3.414}$$

spełnione na mocy symetrii wskaźników powyższych spinorów (zgodnie z pracami [14] i [15]).

Korzystając z powyższych równań i definicji $\partial^{A\dot{B}}$ łatwo otrzymujemy

$$(\Box_3 + \kappa^2)\eta^{\dot{Q}\ldots\dot{T}}{}_{A\ldots D} = 0 \tag{3.415}$$

$$(\Box_3 + \kappa^2)\xi^{\dot{D}\ldots\dot{T}}{}_{B\ldots D} = 0 \tag{3.416}$$

Postawimy teraz dystrybucyjne zagadnienie Cauchy'ego dla równań falowych dla cząstki (polu) o spinie $s = \frac{1}{2}(p+q+1)$.

Zadajmy więc warunki początkowe w klsie $S'(E^3)$

$$\eta^{\dot{Q}\ldots\dot{T}}{}_{A\ldots D|||t=0} = \chi^{\dot{Q}\ldots\dot{T}}{}_{A\ldots D} \in S'(E^3, \mathbb{C}) \tag{3.417}$$

$$\xi^{\dot{D}\ldots\dot{T}}{}_{B\ldots D|||t=0} = \psi^{\dot{D}\ldots\dot{T}}{}_{B\ldots D} \in S'(E^3, \mathbb{C}) \tag{3.418}$$

Mamy jednak, że

$$\partial_{A\dot{B}}\partial^{C\dot{B}} = \delta^{C}_{A}\Box_3 . \tag{3.419}$$

Zadajemy więc rozwiązanie w następujący sposób

$$\overset{\{t\}}{\eta}{}^{\dot{Q}\ldots\dot{T}}{}_{A\ldots D} = -\kappa I_{(A|\dot{D}|}\overset{\{t\}}{u} * \psi^{\dot{D}\ldots\dot{Q}\dot{T}}{}_{BD)} + \frac{\partial\overset{\{t\}}{u}}{\partial t} * \chi^{\dot{Q}\ldots\dot{T}}{}_{A\ldots D} \tag{3.420}$$

$$\overset{\{t\}}{\xi}{}^{\dot{P}\dot{Q}\ldots\dot{T}}{}_{B\ldots D} = -\partial^{A\dot{D}} I_{(A|\dot{D}|}\overset{\{t\}}{u} * \psi^{\dot{D}\ldots\dot{Q}\dot{T}}{}_{B\ldots D} + \frac{1}{\kappa}\partial^{A(\dot{P}}\frac{\partial\overset{\{t\}}{u}}{\partial t} * \chi^{\dot{Q}\dot{T})}{}_{AB\ldots D} \tag{3.421}$$

a więc przy pomocy funkcji dystrybucyjnych. $\overset{\{t\}}{u}$ jest funkcją dystrybucyjną z Twierdzenia 2.2. Łatwo zauważyć, że funkcje te spełniają powyższe równania. Spełniają również zadane warunki początkowe. Warunki dodatkowe są również spełnione ze względu na symetrię spinorów.

Rozpatrzmy teraz powyższe równania z zerowymi warunkami początkowymi, tj.

$$\begin{aligned} \partial^{A\dot{P}}\eta^{\dot{Q}\ldots\dot{T}}{}_{AB\ldots D} &= \kappa\xi^{\dot{P}\dot{Q}\ldots\dot{T}}{}_{B\ldots D} \\ \partial_{A\dot{P}}\xi^{\dot{P}\dot{Q}\ldots\dot{T}}{}_{B\ldots D} &= -\kappa\eta^{\dot{Q}\ldots\dot{T}}{}_{AB\ldots D} \end{aligned} \tag{3.422}$$

$$\eta^{\dot{Q}\ldots\dot{T}}{}_{AB\ldots D}|||_{t=0} = 0$$
$$\xi^{\dot{P}\dot{Q}\ldots\dot{T}}{}_{B\ldots D}|||_{t=0} = 0\,. \tag{3.423}$$

Korzystając z równań i warunków początkowych łatwo dostajemy, że

$$\left(\frac{\partial}{\partial t}\eta^{\dot{Q}\ldots\dot{T}}{}_{AB\ldots D}\right)_{|||t=0} = 0 \tag{3.424}$$
$$\left(\frac{\partial}{\partial t}\xi^{\dot{P}\dot{Q}\ldots\dot{T}}{}_{B\ldots D}\right)_{|||t=0} = 0 \tag{3.425}$$

Z drugiej strony wiemy, że oba spinory symetryczne spełniają niezależne równania Kleina–Gordona

$$(\Box_3 + \kappa^2)\eta^{\dot{Q}\ldots\dot{T}}{}_{AB\ldots D} = 0 \tag{3.426}$$
$$(\Box_3 + \kappa^2)\xi^{\dot{P}\dot{Q}\ldots\dot{T}}{}_{B\ldots D} = 0 \tag{3.427}$$

Zatem jedynym rozwiązaniem powyższych równań są spinory zerowe w klasie $S'(E^4)$ (na mocy twierdzenia udowodnionego w Dodatku C)

$$\eta^{\dot{Q}\ldots\dot{T}}{}_{AB\ldots D} = 0 \tag{3.428}$$
$$\xi^{\dot{P}\dot{Q}\ldots\dot{T}}{}_{B\ldots D} = 0\,. \tag{3.429}$$

Zauważmy jeszcze, że prezentowane rozwiązanie jest ciągłe ze względu na warunki początkowe (ciągłość splotu). Zatem rozwiązanie jest jedyne w klasie $S'(E^4)$.

W ten sposób udowodniliśmy twierdzenie

TWIERDZENIE 3.19. *Jedynym rozwiązaniem w klasie dystrybucji $S'(E^4)$ dla dystrybucyjnego zagadnienia Cauchy'ego układu równań falowych dla spinu $s = \frac{1}{2}(p+q+1)$:*

$$\partial^{A\dot{P}}\eta^{\dot{Q}\ldots\dot{T}}{}_{AB\ldots D} = \kappa\xi^{\dot{P}\dot{Q}\ldots\dot{T}}{}_{B\ldots D}\,,$$
$$\partial_{A\dot{D}}\xi^{\dot{P}\dot{Q}\ldots\dot{T}}{}_{B\ldots D} = -\kappa\eta^{\dot{Q}\ldots\dot{T}}{}_{AB\ldots D}\,,$$

gdzie

$$\xi^{\dot{P}\dot{Q}\ldots\dot{T}}{}_{B\ldots D} \in S'(E^4,\mathbb{C})\,, \tag{3.430}$$
$$\eta^{\dot{Q}\ldots\dot{T}}{}_{AB\ldots D} \in S'(E^4,\mathbb{C})\,, \tag{3.431}$$

są symetrycznymi spinorami dwukomponentowymi ze względu na kropkowane i niekropkowane wskaźniki. Wskaźniki przybierają wartości 1, 2 *lub* $\dot{1}$, $\dot{2}$.

$$\eta^{\dot{Q}\ldots\dot{T}}{}_{A\ldots D}|||_{t=0} = \chi^{\dot{Q}\ldots\dot{T}}{}_{A\ldots D} \in S'(E^3,\mathbb{C}) \tag{3.432}$$
$$\xi^{\dot{D}\ldots\dot{T}}{}_{B\ldots D}|||_{t=0} = \psi^{\dot{D}\ldots\dot{T}}{}_{B\ldots D} \in S'(E^3,\mathbb{C}) \tag{3.433}$$

(χ *i* ψ *są symetrycznymi spinorami oddzielnie ze względu na kropkowane i niekropkowane wskaźniki) są dystrybucje temperowane*

$$\eta^{\dot{Q}\ldots\dot{T}}{}_{A\ldots D}[\chi] = \int_{-\infty}^{+\infty} \overset{\{t\}}{\eta}{}^{\dot{Q}\ldots\dot{T}}{}_{A\ldots D}[\chi(\cdot,t)]\,dt \tag{3.434}$$

$$\xi^{\dot{D}\ldots\dot{T}}{}_{B\ldots D}[\chi] = \int_{-\infty}^{+\infty} \overset{\{t\}}{\xi}{}^{\dot{D}\ldots\dot{T}}{}_{B\ldots D}[\chi(\cdot,t)]\,dt \tag{3.435}$$

$\chi \in S(E^4)$, *gdzie*

$$\overset{\{t\}}{\eta}{}^{\dot{Q}\ldots\dot{T}}{}_{A\ldots D} = -\kappa I_{(A|\dot{D}|}\overset{\{t\}}{u} * \psi^{\dot{D}\ldots\dot{Q}\dot{T}}{}_{B\ldots D)} + \\ + \frac{\partial \overset{\{t\}}{u}}{\partial t} * \chi^{\dot{Q}\ldots\dot{T}}{}_{A\ldots D}, \tag{3.436}$$

$$\overset{\{t\}}{\xi}{}^{\dot{P}\dot{Q}\ldots\dot{T}}{}_{B\ldots D} = -\partial^{A(\dot{P}} I_{(A|\dot{D}|}\overset{\{t\}}{u} * \psi^{\dot{D}\ldots\dot{Q}\dot{T}}{}_{B\ldots D)} \\ + \frac{1}{\kappa}\partial^{A(\dot{P}}\frac{\partial \overset{\{t\}}{u}}{\partial t} * \chi^{\dot{Q}\dot{T})}{}_{B\ldots D}\,. \tag{3.437}$$

Rozwiązanie to jest regularne w sensie Hadamarda ze względu na warunki początkowe w topologiach naturalnych ze względu na występujące tu dystrybucje. Dla funkcji falowych fermionowych przyjmujemy $p = q$. *Dla bozonowych* $q = p-1$. $\overset{\{t\}}{u}$ *jest funkcją dystrybucyjną z Twierdzenia 2.2. Rozwiązanie jest również regularne ze względu na parametr* κ.

Weźmy teraz pod uwagę przypadek z $\kappa = 0$. Mamy wtedy równania

$$\partial^{A\dot{P}}\eta^{\dot{Q}\ldots\dot{T}}{}_{AB\ldots D} = 0, \quad \text{oraz} \tag{3.438}$$

$$\partial_{A\dot{D}}\xi^{\dot{P}\dot{Q}\ldots\dot{T}}{}_{B\ldots D} = 0\,. \tag{3.439}$$

Są one zupełnie niezależne. Możemy więc rozpatrywać wyłącznie jedno z nich, np. pierwsze. Korzystając z poprzedniego twierdzenia, oraz z ciągłości rozwiązania względem parametru κ otrzymujemy następujące twierdzenie

TWIERDZENIE 3.20. *Jedynym rozwiązaniem w klasie* $S'(E^4)$ *dystrybucyjnego zagadnienia Cauchy'ego w klasie* $S'(E^3)$ *dla równania falowego dla bezmasowej cząstki (pola) o spinie* $s = \frac{1}{2}(p+q+1)$

$$\partial^{A\dot{P}}\eta^{\dot{Q}\ldots\dot{T}}{}_{AB\ldots D} = 0 \tag{3.440},$$

$$\eta^{\dot{Q}\ldots\dot{T}}{}_{AB\ldots D}|||_{t=0} = \chi^{\dot{Q}\ldots\dot{T}}{}_{AB\ldots D} \in S'(E^3,\mathbb{C}),$$

$$\eta^{\dot{Q}\ldots\dot{T}}{}_{AB\ldots D} \in S'(E^4),$$

$$A,B\ldots D = 1,2, \quad \dot{Q},\dot{T},\dot{P}\ldots = \dot{1},\dot{2},$$

gdzie χ i η są spinorami symetrycznymi we wskaźnikach kropkowanych i niekropkowanych niezależnie jest dystrybucja temperowana

$$\eta^{\dot{Q}\ldots\dot{T}}{}_{AB\ldots D}[\chi] = \int_{-\infty}^{+\infty} \overset{\{t\}}{\eta}{}^{\dot{Q}\ldots\dot{T}}{}_{AB\ldots D}[\chi(\cdot,t)]\,dt \qquad \chi \in S(E^4), \tag{3.441}$$

generowana przez funkcję dystrybucyjną

$$\overset{\{t\}}{\eta}{}^{\dot{Q}\ldots\dot{T}}{}_{AB\ldots D} = \frac{\partial \overset{\{t\}}{u}}{\partial t} * \chi^{\dot{Q}\ldots\dot{T}}{}_{AB\ldots D} \tag{3.442}$$

Rozwiązanie to jest regularne w sensie Hadamarda ze względu na warunki początkowe w topologiach naturalnych dla wszystkich występujących tu dystrybucji.

Przejdźmy teraz do niejednorodnego systemu równań dla cząstki o dowolnym spinie $s = \frac{1}{2}(p + q + \frac{1}{2})$. Mamy następujące równania

$$\partial^{A\dot{P}}\eta'^{\dot{Q}\ldots\dot{T}}{}_{AB,\ldots D} - \kappa\xi'^{\dot{P}\dot{Q}\ldots\dot{T}}{}_{B\ldots D} = U^{\dot{P}\dot{Q}\ldots\dot{T}}{}_{B\ldots D}, \tag{3.443}$$

$$\partial_{A\dot{P}}\xi'^{\dot{P}\dot{Q}\ldots\dot{T}}{}_{B\ldots D} + \kappa\eta'^{\dot{Q}\ldots\dot{T}}{}_{AB\ldots D} = V^{\dot{Q}\ldots\dot{T}}{}_{AB\ldots D}, \tag{3.444}$$

gdzie U i V są symetrycznymi spinorami w indeksach kropkowanych i niekropkowanych niezależnie. U iV są równocześnie dystrybucjami temperowanymi na E^4 o nośniku zawartym w zbiorze $\{(x,y,z,t), t \geq 0\}$.

Postawimy teraz zagadnienie początkowe w klasie $S'(E^4)$ dla zerowych warunków początkowych, dla niejednorodnego równania falowego (systemu równań) o spinie s. Zapostulujemy jego postać następująco:

$$\eta'^{\dot{Q}\ldots\dot{T}}{}_{AB\ldots D} = \partial_{\dot{P}(A}U^{\dot{P}\dot{Q}\ldots\dot{T}}{}_{B\ldots D)} * E + \kappa V^{\dot{Q}\ldots\dot{T}}{}_{B\ldots D} * E, \tag{3.445}$$

$$\xi'^{\dot{P}\dot{Q}\ldots\dot{T}}{}_{B\ldots D} = \kappa\partial^{(\dot{P}|A|}V^{\dot{Q}\ldots\dot{T})}{}_{AB\ldots D} * E - \kappa V^{\dot{P}\dot{Q}\ldots\dot{T}}{}_{B\ldots D} * E. \tag{3.446}$$

Rozwiązanie to spełnia równanie i zerowe warunki początkowe. Możemy więc sformułować następujące twierdzenie.

TWIERDZENIE 3.21. *Jedynym rozwiązaniem dystrybucyjnego zagadnienia Cauchy'ego dla układu niejednorodnych równań falowych dla cząstki o spinie $s = \frac{1}{2}(p + q + 1)$ w klasie dystrybucji $S'(E^4)$ dla danych Cauchy'ego w klasie $S'(E^3)$:*

$$\partial^{A\dot{P}}\eta''^{\dot{Q}\ldots\dot{T}}{}_{AB\ldots D} - \kappa\xi^{\dot{P}\dot{Q}\ldots\dot{T}}{}_{B\ldots D} = U^{\dot{P}\dot{Q}\ldots\dot{T}}{}_{B\ldots D}, \tag{3.447}$$

$$\partial_{A\dot{P}}\xi''^{\dot{P}\dot{Q}\ldots\dot{T}}{}_{B\ldots D} + \kappa\eta^{\dot{Q}\ldots\dot{T}}{}_{AB\ldots D} = V^{\dot{Q}\ldots\dot{T}}{}_{AB\ldots D}, \tag{3.448}$$

gdzie U i V są symetrycznymi spinorami w indeksach kropkowanych i niekropkowanych niezależnie. U i V są równoczęśnie dystrybucjami temperowanymi na E^4 o nośnikach zawartych w zbiorze $\{(x,y,z,t), t \geq 0\}$

$$\eta''^{\dot{Q}\ldots\dot{T}}{}_{AB\ldots D|||t=0} = \chi^{\dot{Q}\ldots\dot{T}}{}_{AB\ldots D} \in S'(E^3,\mathbb{C}) \tag{3.449}$$

$$\xi''^{\dot{D}\ldots\dot{T}}{}_{B\ldots D|||t=0} = \psi^{\dot{D}\ldots\dot{T}}{}_{B\ldots D} \in S'(E^3,\mathbb{C}) \tag{3.450}$$

są dystrybucje temperowane

$$\eta''^{\dot{Q}...\dot{T}}{}_{AB...D} = \eta'^{\dot{Q}...\dot{T}}{}_{AB...D} + \eta^{\dot{Q}...\dot{T}}{}_{AB...D} \tag{3.451}$$

$$\xi''^{\dot{D}...\dot{T}}{}_{AB...D} = \xi'^{\dot{D}...\dot{T}}{}_{AB...D} + \xi^{\dot{D}...\dot{T}}{}_{AB...D} \tag{3.452}$$

gdzie η', ξ', η i ξ są zadane wzorami z poprzednich dwóch twierdzeń. Rozwiązanie jest regularne w sensie Hadamarda ze względu na warunki początkowe i prawe strony w topologiach natruralnych dla wszystkich występujących tu dystrybucji.

W przypadku bezmasowym ($\kappa = 0$) rozpatrujemy tylko jedno równanie np. pierwsze dla spinora η, mamy wtedy

$$\partial^{A\dot{P}} \eta^{\dot{Q}...\dot{T}}{}_{AB...D} = V^{\dot{P}\dot{Q}...\dot{T}}{}_{B...D} \tag{3.453}$$

i ogólne rozwiązanie ma postać:

$$\overset{\{t\}}{\eta}{}^{\dot{Q}...\dot{T}}{}_{AB...D} = \partial_{\dot{P}(A} V^{\dot{P}\dot{Q}...\dot{T}}{}_{B...D)} * E + \frac{\partial \overset{\{t\}}{u}}{\partial t} * \chi^{\dot{Q}...\dot{T}}{}_{AB...D)} \tag{3.454}$$

gdzie $\overset{\{t\}}{u}$ jest funkcją dystrybucyjną z Twierdzenia 2.2 w przypadku $\kappa = 0$ (lub odpowiednią funkcją dystrybucyjną z pracy [6]). Dystrybucje temperowane klasy $S'(E^3, \mathbb{C})$, χ są symetryczne ze względu na wskaźniki kropkowane i niekropkowane, niezależnie. Rozwiązanie jest jedyne i regularne w sensie Hadamarda ze względu na prawe strony w topologiach naturalnych dla wszystkich występujących tu dystrybucji.

Rozwiązanie jest generowane przez poniższą funkcję dystrybucyjną

$$\eta^{\dot{Q}...\dot{T}}{}_{AB...D}[\chi] = \int_{-\infty}^{+\infty} \overset{\{t\}}{\eta}{}^{\dot{Q}...\dot{T}}{}_{AB...D}[\chi(\cdot, t)]\, dt \qquad \chi \in S(E^4) \tag{3.455}$$

spełnia ono następujące warunki początkowe

$$\eta^{\dot{Q}...\dot{T}}{}_{AB...D|||t=0} = \chi^{\dot{Q}...\dot{T}}{}_{AB...D} \in S'(E^3, \mathbb{C}). \tag{3.456}$$

Podejście wykorzystujące dwukomponentowe spinory jest bardzo ogólne i można dzięki niemu otrzymać wszystkie przypadku tj. każdej wartości spinu s, zarówno całkowitego jak i połówkowego, zarówno w przypadku masowym, jak i bazmasowym ($\kappa = 0$).

Odpowiada to wszystkim nieprzywiedlnym reprezentacjom grupy Poicare'a. Jednakże w zastosowaniach dla spinów $s = 0, \frac{1}{2}, 1, 3/2, 2, 5/2$ wygodniej jest używać tradycyjnej notacji bispinów (spinorów Diraca), spinorów Weyla, czterowektorów i zwykłych trójwymiarowych wektorów. Z całą pewnością istnieją cząstki o spinach wyższych niż $5/2$. Odpowiadają im stany wzbudzone rezonansów hadronowych. Są nimi również jądra atomowe o wyższych spinach rozpatrywane w relatywistycznej fizyce jądrowej. Nie widać by istniała jakaś górna granica na wartość spinu. Z drugiej strony jednak pewne ograniczenia wynikające z konsystencji teorii supergrawitacji, związane z rozpatrywaniem oddziaływania cząstek ze spinem s między sobą, a w szczególności z grawitacją (spin 2 – przypadek bezmasowy), oraz z polem elektromagnetycznym (spin 1 – przypadek bezmasowy) prowadzą do wniosku, że fizyka kończy się na spinie 2. (Może być przypadek bezmasowy (grawitino) lub masowy – konieczny do tworzenia wielkiej unifikacji oddziaływań podstawowych). Istnienie cząstek o wyższym spinie niż 2 nie przeczy tej konkluzji, bowiem są to cząstki złożone. W przypadku hadronów o wyższym spinie niż 2, mamy do czynienia z cząstkami złożonymi z kwarków. Jądra atomowe są oczywiście również złożone. Tym razem z nukleonów. W pracy rozpatrywaliśmy przypadek spinu 2 w przypadku bezmasowym (równanie liniowej teorii grawitacji).

Dla zainteresowanego Czytelnika przedstawimy związek równania falowego dla cząstki o spinie $\frac{1}{2}$ (tj. równania Diraca) z równaniem Diraca–Fierza dla spinu $\frac{1}{2}$. W tym celu należy wprowadzić transformację spinorów dla inwersji przestrzennych, tj. dla przekształcenia

$$P:(x,y,z)\to(-x,-y,-z) \tag{3.457}$$

W ten sposób mamy

$$P:\xi_A\to -i\eta^{\dot{A}},\qquad \eta^{\dot{A}}\to -i\xi_A \tag{3.458}$$

W podobny sposób mamy

$$\xi^{AB}\to -\eta_{\dot{A}\dot{B}} \tag{3.459}$$

$$\eta^{A\dot{B}}\to -\xi_{\dot{A}B} \tag{3.460}$$

Para $(\xi_A,\eta_{\dot{A}})$ nazywana jest bispinorem rzędu pierwszego (spinorem Diraca).

Biorąc $\xi=\begin{pmatrix}\xi^1\\ \xi^2\end{pmatrix}$, $\eta=\begin{pmatrix}\eta_{\dot{1}}\\ \eta_{\dot{2}}\end{pmatrix}$, oraz $\psi=\begin{pmatrix}\xi\\ \eta\end{pmatrix}$ definiujemy bispinor Diraca. Zauważmy jeszcze, że $P:\partial^{\dot{A}B}\to\partial_{A\dot{B}}$. W ten sposób system równań Diraca–Firza przechodzi w siebie po transformacji inwersji przestrzeni (w przypadku jednorodnym). W przypadku niejednorodnym powinniśmy założyć odpowiednie zachowanie się prawych stron równań ze względu na transformację inwersji przestrzeni. Korzystając ze związku między zwykłymi pochodnymi ∂_μ i $\partial^{\dot{A}B}$, oraz definicji macierzy Diraca γ_μ poprzez macierz Pauliego σ_i łatwo otrzymujemy z równania Diraca–Fierza równanie Diraca dla bispinora ψ. W podobny sposób możemy otrzymać równanie Weyla, Rarity–Schwingera, falowe dla cząstki o spinie 5/2, Maxwella, liniowej teorii grawitacji, Proca, masywnego grawitonu, itp.

Przestrzeń bispinorów Diraca B, to $\mathbb{C}^4$ wyposażone w iloczyn skalarny $(\cdot,\cdot)$ taki, że

$$(x,y)=\sum_{ij=1}^{4}A_{ij}x_i^*y_j,\qquad x=\begin{pmatrix}x_1\\ x_2\\ x_3\\ x_4\end{pmatrix},\ y=\begin{pmatrix}y_1\\ y_2\\ y_3\\ y_4\end{pmatrix} \tag{3.461}$$

a symetryczna macierz A ma następujące własności

$$A\gamma^\mu A^{-1} = \gamma^{\mu+}, \qquad \mu = 1,2,3,4. \tag{3.462}$$

Można przyjąć dla używanej przez nas reprezentacji, że $A = \gamma^4$.

Rozpatrzymy teraz dwa ważne przypadki równań

3e. Równania Maxwella w cechowaniu Coulomba i równanie dla masywnego grawitonu

DEFINICJA 3.12. *Równaniami Maxwella w cechowaniu Coulomba nazywamy układ równań*

$$\frac{\partial^2 \vec{A}}{\partial t^2} - \Delta_3 \vec{A} = 0, \qquad \vec{A}(x) \in E^3,\ x \in E^4 \tag{3.463}$$

$$\operatorname{div} \vec{A} = 0 \tag{3.464}$$

gdzie $\vec{E} = -\dot{\vec{A}}$, $\vec{H} = \operatorname{rot} \vec{A}$

DEFINICJA 3.13. *Równaniem falowym dla masywnego grawitonu nazywamy następujące równanie*

$$\Box_3 \overline{\gamma}_{\mu\nu} + \kappa^2 \overline{\gamma}_{\mu\nu} = -\frac{4\pi G}{c^4} t_{\mu\nu}, \qquad \kappa > 0$$

gdzie $\overline{\gamma}_{\nu\mu}(x) = \overline{\gamma}_{\mu\nu}(x) \in E^1$, $t_{\mu\nu}(x) = t_{\nu\mu}(x) \in E^1$, $x \in E^4$

$$g^{\mu\nu} \overline{\gamma}_{\mu\lambda,\nu} = 0 \tag{3.465}$$

$$g^{\mu\nu} t_{\mu\lambda,\nu} = 0. \tag{3.466}$$

Sformułujemy dla tych równań dystrybucyjne zagadnienie Cauchy'ego w klasie dystrybucji S' i udowodnimy jego jednoznaczność, oraz regularność w tej klasie. Zajmiemy się najpierw pierwszym równaniem. Mamy

$$\frac{\partial^2 \vec{A}}{\partial t^2} - \Delta_3 \vec{A} = 0, \qquad \vec{A} \in S'(E^4, E^3) \tag{3.467}$$

$$\operatorname{div} \vec{A} = 0 \tag{3.468}$$

$$\vec{A}_{|||t=0} = \vec{a} \in S'(E^3, E^3) \tag{3.469}$$

$$\left(\frac{\partial \vec{A}}{\partial t}\right)_{|||t=0} = \vec{b} \in S'(E^3, E^3) \tag{3.470}$$

w ten sposób konstruujemy rozwiązanie

$$\overset{\{t\}}{\vec{A}} = \vec{a} * \frac{\partial \overset{\{t\}}{u}}{\partial t} + \vec{b} * \overset{\{t\}}{u} \tag{3.471}$$

Warunki dodatkowe $\operatorname{div}\vec{A} = 0$ łatwo spełniamy biorąc

$$\operatorname{div}\vec{a} = \operatorname{div}\vec{b} = 0\,. \tag{3.472}$$

Rozwiązanie spełnia równanie i warunki początkowe, oraz warunek cechowania Coulomba.

Równocześnie jest to jedyne rozwiązanie tego problemu w klasie S' i regularne w sensie Hadamarda, na mocy twierdzenia z parcy [6] dla równania falowego. W ten sposób udowodniliśmy twierdzenie

TWIERDZENIE 3.22. *Jedynym rozwiązaniem dystrybucyjnego problemu Cauchy'ego w klasie S' dla równań Maxwella w cechowaniu Coulomba*

$$\frac{\partial^2\vec{A}}{\partial t^2} - \Delta_3\vec{A} = 0, \tag{3.473}$$

$$\operatorname{div}\vec{A} = 0 \tag{3.474}$$

$$\vec{A}_{|||t=0} = \vec{a} \in S'(E^3, E^3) \tag{3.475}$$

$$\left(\frac{\partial\vec{A}}{\partial t}\right)_{|||t=0} = \vec{b} \in S'(E^3, E^3) \tag{3.476}$$

tak że $\operatorname{div}\vec{a} = \operatorname{div}\vec{b} = 0$ *jest dystrybucja z* $S'(E^4, E^3)$

$$\vec{A}[\sigma] = \int_{-\infty}^{+\infty\{t\}} \vec{A}[\sigma(\cdot, t)]\,dt \qquad \sigma \in S'(E^4) \tag{3.477}$$

generowaną przez funkcję dystrybucyjną

$$\overset{\{t\}}{\vec{A}} = \vec{a} * \frac{\partial \overset{\{t\}}{u}}{\partial t} + \vec{b} * \overset{\{t\}}{u} \tag{3.478}$$

Rozwiązanie jest regularne w sensie Hadamarda w topologiach naturalnych dla wszystkich występujących tu dystrybucji.

Przejdźmy teraz do równania falowego dla masywnego grawitonu ($\kappa > 0$). Rozpatrzymy najpierw przypadek równania jednorodnego

$$(\Box_3 + \kappa^2)\overline{\gamma}_{\mu\nu} = 0, \qquad \gamma_{\mu\nu} = \gamma_{\nu\mu} \in S'(E^4) \tag{3.479}$$

$$g^{\mu\lambda}\overline{\gamma}_{\mu\nu,\lambda} = 0, \qquad \mu, \nu, \lambda = 1, 2, 3, 4 \tag{3.480}$$

$$\overline{\gamma}_{\mu\nu|||t=0} = a_{\mu\nu} \in S'(E^3), \qquad a_{\mu\nu} = a_{\nu\mu} \tag{3.481}$$

$$\left(\frac{\partial}{\partial t}_{\mu\nu}\right)_{|||t=0} = b_{\mu\nu} \in S'(E^3), \qquad b_{\mu\nu} = b_{\nu\mu} \tag{3.482}$$

Postulujemy rozwiązanie w następującej postaci funkcji dystrybucyjnej $\overset{\{t\}}{\overline{\gamma}} = a_{\mu\nu} * \frac{\partial \overset{\{t\}}{u}}{\partial t} + b_{\mu\nu} * \overset{\{t\}}{u}$. Spełnia ono równanie i warunki początkowe.

Musi ono spełniać warunek

$$g^{\mu\lambda} \overset{\{t\}}{\gamma}_{\mu\nu,\lambda} = 0 \tag{3.483}$$

Mamy

$$0 = \frac{\partial \overset{\{t\}}{\gamma}_{\mu\nu}}{\partial x^{\mu}} = \frac{\partial \overset{\{t\}}{u}}{\partial t} * \Big(\sum_{i=1}^{3} a_{i\nu,i} - b_{4\nu} \Big) +$$

$$+ \overset{\{t\}}{u} * \Big(-\kappa^2 a_{4\nu} + \Delta_3 a_{4\nu} + \sum_{i=1}^{3} b_{i\nu,i} \Big) \tag{3.484}$$

Dla $t = 0$ mamy

$$\frac{\partial \overset{\{t\}}{\gamma}_{\mu\nu}}{\partial x^{\mu}}_{|||t=0} = \frac{\partial \overset{\{t\}}{u}}{\partial t}_{|||t=0} * \Big(\sum_{i=1}^{3} a_{i\nu,i} + b_{4\nu} \Big)$$

$$= \sum_{i=1}^{3} a_{i\nu,i} + b_{4\nu} = 0 \tag{3.485}$$

Czyli

$$0 = \frac{\partial \overset{\{t\}}{\gamma}_{\mu\nu}}{\partial x^{\mu}} = \overset{\{t\}}{u} * \Big(-\kappa^2 a_{4\nu} + \Delta_3 a_{4\nu} + \sum_{i=1}^{3} b_{i\nu,i} \Big) \tag{3.486}$$

Stąd

$$-\kappa^2 a_{4\nu} + \Delta_3 a_{4\nu} + \sum_{i=1}^{3} b_{i\nu,i} = 0 \tag{3.487}$$

Ostatecznie otrzymujemy

$$b = \vec{\nabla} \cdot \vec{a} = \operatorname{div} \vec{a} \tag{3.488}$$

$$(\vec{b})_j = \sum_{i=1}^{3} \frac{\partial a_{ij}}{\partial x^i} \tag{3.489}$$

$$-\kappa^2 a + \Delta_3 a - \sum_{i,j=1}^{3} \frac{\partial^2 a_{ij}}{\partial x^i \partial x^j} = 0 \tag{3.490}$$

$$-\kappa^2 (\vec{a})_j + \Delta_3 (\vec{a})_j - \sum_{i=1}^{3} \frac{\partial b_{ij}}{\partial x^i} = 0 \tag{3.491}$$

gdzie wprowadziliśmy następujące oznaczenia

$$a = a_{44}, \qquad b = b_{44} \tag{3.492}$$

$$\vec{b} = (b_{14}, b_{24}, b_{34}) = (b_{41}, b_{42}, b_{43}) \tag{3.493}$$

$$\vec{a} = (a_{14}, a_{24}, a_{34}) = (a_{41}, a_{42}, a_{43}) \tag{3.494}$$

Rozwiązanie jest regularne w sensie Hadamarda i jedyne co wynika z Twierdzenia 2.3.

W ten sposób udowodniliśmy następujące twierdzenie

TWIERDZENIE 3.23. *Jedynym rozwiązaniem dystrybucyjnego zagadnienia Cauchy'ego w klasie dystrybucji temperowanych dla jednorodnego równania falowego masywnego grawitonu*

$$(\Box_3 + \kappa^2)\overline{\gamma}_{\mu\nu} = 0, \quad \overline{\gamma}_{\mu\nu} = \overline{\gamma}_{\nu\mu} \in S'(E^4) \tag{3.495}$$

$$g^{\mu\lambda}\overline{\gamma}_{\mu\nu,\lambda} = 0, \tag{3.496}$$

$$\overline{\gamma}_{\mu\nu|||t=0} = a_{\mu\nu} = a_{\nu\mu} \in S'(E^3), \tag{3.497}$$

$$\left(\frac{\partial\overline{\gamma}_{\mu\nu}}{\partial t}\right)_{|||t=0} = b_{\mu\nu} = a_{\nu\mu} \in S'(E^3), \tag{3.498}$$

tak że

$$b = \vec{\nabla}\cdot\vec{a} = \operatorname{div}\vec{a} \tag{3.499}$$

$$(\vec{b})_j = \sum_{i=1}^{3}\frac{\partial a_{ij}}{\partial x^i} \tag{3.500}$$

$$-\kappa^2 a + \Delta_3 a - \sum_{i,j=1}^{3}\frac{\partial^2 a_{ij}}{\partial x^i\partial x^j} = 0 \tag{3.501}$$

$$-\kappa^2(\vec{a})_j + \Delta_3(\vec{a})_j - \sum_{i=1}^{3}\frac{\partial b_{ij}}{\partial x^i} = 0 \tag{3.502}$$

gdzie

$$a = a_{44}, \quad b = b_{44}, \quad a_{ij} = a_{ji},\ b_{ij} = b_{ji},\ i,j = 1,2,3 \tag{3.503}$$

$$\vec{b} = (b_{14}, b_{24}, b_{34}) = (b_{41}, b_{42}, b_{43}) \tag{3.504}$$

$$\vec{a} = (a_{14}, a_{24}, a_{34}) = (a_{41}, a_{42}, a_{43}) \tag{3.505}$$

jest dystrybucją temperowaną

$$\overline{\gamma}_{\mu\nu}[\sigma] = \int_{-\infty}^{+\infty} \overset{\{t\}}{\overline{\gamma}}_{\mu\nu}[\sigma(\cdot,t)]\,dt \tag{3.506}$$

generowaną przez funkcję dystrybucyjną

$$\overset{\{t\}}{\overline{\gamma}}_{\mu\nu} = a_{\mu\nu} * \frac{\partial \overset{\{t\}}{u}}{\partial t} + b_{\mu\nu} * \overset{\{t\}}{u}. \tag{3.507}$$

Rozwiązanie jest regularne w sensie Hadamarda ze względu na warunki początkowe w topologiach natruralnych dla wszystkich występujących tu dystrybucji. Jest ono również regularne ze względu na parametr κ.

Dla $\kappa = 0$ otrzymujemy Twierdzenie 3.15.

Rozpatrzmy teraz niejednorodne równania falowe dla masywnego grawitonu przy zerowych warunkach początkowych

$$(\Box_3 + \kappa^2)\overline{\gamma}'_{\mu\nu} = -\frac{4\pi G}{c^4} t_{\mu\nu} \tag{3.508}$$

$$\overline{\gamma}'_{\mu\nu|||t=0} = 0 \tag{3.509}$$

$$\left(\frac{\partial \overline{\gamma}'_{\mu\nu}}{\partial t}\right)_{|||t=0} = 0 \tag{3.510}$$

$$\overline{\gamma}'_{\mu\nu} = \overline{\gamma}'_{\mu\nu}, \qquad t_{\mu\nu} = t_{\nu\mu}, \tag{3.511}$$

$$\operatorname{supp} t_{\mu\nu} \subset \{(x,y,z,t), t \geq 0\}, \subset E^4\,, \tag{3.512}$$

$$g^{\mu\lambda}\overline{\gamma}'_{\mu\nu,\lambda} = 0, \tag{3.513}$$

$$g^{\mu\lambda} t_{\mu\nu,\lambda} = 0, \tag{3.514}$$

$$t_{\mu\nu}, \overline{\gamma}'_{\mu\nu} \in S'(E^4) \tag{3.515}$$

Każda ze składowych $\overline{\gamma}_{\mu\nu}$ spełnia równanie Kleina–Gordona, zatem rozwiązaniem będzie dystrybucja temperowana

$$\overline{\gamma}'_{\mu\nu} = -\frac{4\pi G}{c^4} t_{\mu\nu} * E\,, \tag{3.516}$$

gdzie E jest dystrybucją (2.72) z Twierdzenia 2.5. Warunek $g^{\mu\lambda}\overline{\gamma}'_{\mu\nu,\lambda} = 0$ jest automatycznie spełniony. Konstruując rozwiązanie w postaci $\overline{\gamma}''_{\mu\nu} = \overline{\gamma}_{\mu\nu} + \overline{\gamma}'_{\mu}$ możemy rozwiązać dowolny problem Cauchy'ego w klasie dystrybucji temperowanych dla niejednorodnego równania falowego dla masywnego grawitonu, korzystając z twierdzenia poprzedniego i z liniowości równania. Rozwiązanie to jest jednoznaczne i regularne w sensie Hadamara. Jednoznaczność i regularność w sensie Hadamara wynika z Twierdzenia 2.5.

Udowodniliśmy w ten sposób twierdzenie

TWIERDZENIE 3.24. *Jedynym rozwiązaniem dystrybucyjnego problemu Cauchy'ego w klasie dystrybucji temperowanych dla niejednorodnego równania falowego dla masywnego grawitonu*

$$(\Box_3 + \kappa^2)\overline{\gamma}''_{\mu\nu} = -\frac{4\pi G}{c^4} t_{\mu\nu} \tag{3.517}$$

$$g^{\mu\lambda}\overline{\gamma}''_{\mu\nu,\lambda} = 0, \qquad \overline{\gamma}''_{\mu\nu} = \overline{\gamma}''_{\nu\mu} \in S'(E^4) \tag{3.518}$$

$$t_{\mu\nu} = t_{\nu\mu} \in S'(E^4) \tag{3.519}$$

$$g^{\mu\nu} t_{\mu\nu,\lambda} = 0, \tag{3.520}$$

$$\operatorname{supp} t_{\mu\nu} \subset \{(x,y,z,t), t \geq 0\}\,, \tag{3.521}$$

$$\overline{\gamma}''_{\mu\nu|||t=0} = a_{\mu\nu} = a_{\nu\mu} \in S'(E^3) \tag{3.522}$$

$$\left(\frac{\partial}{\partial t}\overline{\gamma}''_{\mu\nu}\right)_{|||t=0} = b_{\mu\nu} = b_{\nu\mu} \in S'(E^3) \tag{3.523}$$

tak że

$$b = \vec{\nabla} \cdot \vec{a} = \operatorname{div} \vec{a} \tag{3.524}$$

$$(\vec{b})_j = \sum_{i=1}^{3} \frac{\partial a_{ij}}{\partial x^i} \tag{3.525}$$

$$-\kappa^2 a + \Delta_3 a - \sum_{i,j=1}^{3} \frac{\partial^2 a_{ij}}{\partial x^i \partial x^j} = 0 \tag{3.526}$$

$$-\kappa^2 (\vec{a})_j + \Delta_3 (\vec{a})_j - \sum_{i=1}^{3} \frac{\partial b_{ij}}{\partial x^i} = 0 \tag{3.527}$$

gdzie

$$a = a_{44}, \qquad b = b_{44} \tag{3.528}$$

$$\vec{b} = (b_{14}, b_{24}, b_{34}) = (b_{41}, b_{42}, b_{43}) \tag{3.529}$$

$$\vec{a} = (a_{14}, a_{24}, a_{34}) = (a_{41}, a_{42}, a_{43}) \tag{3.530}$$

jest dystrybucją temperowana

$$\overline{\gamma}''_{\mu\nu} = \overline{\gamma}_{\mu\nu} - \frac{4\pi G}{c^4} t_{\mu\nu} * E\,, \tag{3.531}$$

gdzie $\overline{\gamma}_{\mu\nu}$ jest dystrybucją z poprzedniego twierdzenia.

Rozwiązanie jest regularne w sensie Hadamarda ze względu na warunki początkowe w topologiach natruralnych dla wszystkich występujących tu dystrybucji. Jest również regularne ze względu na parametr κ. Zauważmy, że dla $\kappa = 0$ otrzymujemy wyniki Twierdzenia 3.16.

3f. Równania dla uogólnionych pól Maxwella i hamiltonowska postać równania Kleina–Gordona. Przedstawimy teraz równania dla tzw. uogólnionych pól Maxwella. Są one definiowane dla funkcji na E^4 będącymi całkowicie antysymetrycznymi tensorami tj. dla $h_{\mu_1\mu_2\ldots\mu_n} = h_{[\mu_1\mu_2\ldots\mu_n]}$, $m_i = 1,2,3,4$, $i = 1,2,\ldots,n$, $n = 1,2\ldots$ W związku z tym, że na E^4 każdy tensor całkowicie antysymetryczny zeruje się dla $n \geq 5$ będziemy zakładać, że $n \leq 4$. W przypadku $n = 4$, $h_{\mu_1\mu_2\mu_3\mu_4} = \chi\varepsilon_{\mu_1\mu_2\mu_3\mu_4}$ gdzie $\varepsilon_{\mu_1\mu_2\mu_3\mu_4}$ jest całkowicie antysymetrycznym tensorem Levi–Civity. Wtedy oczywiście $h_{\mu_1\mu_2\mu_3\mu_4}$ sprowadzi się do pola skalarnego χ czyli do pola Kleina–Gordona. Zatem będziemy rozpatrywać $1 \leq n \leq 3$. Ale w przypadku $n = 1$ mamy oczywiście przypadek pola Proca (lub Maxwella). Zatem ostatecznie $n = 2,3$. Dla takiego pola wprowadzimy pojęcie natężenia pola

$$F_{\mu_{n+1}\mu_1\mu_2\ldots\mu_n} = \partial_{[\mu_{n+1}} h_{\mu_1\ldots\mu_n]} \tag{3.532}$$

Warunek Lorentza dla pola $h_{\mu_1\ldots\mu_n}$ wygląda następująco

$$\partial^{\mu_n} h_{\mu_1\ldots\mu_n} = 0 \tag{3.533}$$

Definicja 3.14. *Równaniem bezmasowego uogólnionego pola Maxwella nazywamy*

$$\partial^{\mu_{n+1}} F_{\mu_{n+1}\mu_1\mu_2\ldots\mu_n} = V_{\mu_1\ldots\mu_n} \tag{3.534}$$

gdzie $V_{\mu_1\mu_2\ldots\mu_n} = V_{[\mu_1\mu_2\ldots\mu_n]}$,

$$F_{\mu_{n+1}\mu_1\mu_2\mu_n} = \partial_{[\mu_{n+1}} h_{\mu_1\ldots\mu_n]} \tag{3.535}$$

tak, że $\partial^{\mu_1} V_{\mu_1\ldots\mu_n} = 0$, $n = 2,3$, $\mu_1, \ldots, \mu_n = 1,2,3,4$

$$h_{\mu_1\ldots\mu_n} = h_{[\mu_1\ldots\mu_n]} \in R \tag{3.536}$$

W przypadku gdy $V_{\mu_1\mu_2\ldots\mu_n} \equiv 0$ *nazywamy je jednorodnym, w przeciwnym razie mamy do czynienia z niejednorodnym równaniem dla uogólnionego pola Maxwella.*

Łatwo zauważyć, że z powyższego równania otrzymujemy

$$\Box_3 h_{\mu_1\ldots\mu_n} = V_{\mu_1\ldots\mu_n} \tag{3.537}$$

jeśli założymy dodatkowo warunek Lorentza

$$\partial^{\mu_1} h_{\mu_1\ldots\mu_n} = 0 \tag{3.538}$$

Definicja 3.15. *Równaniem dla masywnego uogólnionego pola Maxwella nazywamy*

$$\partial^{\mu_{n+1}} F_{\mu_{n+1}\mu_1\ldots\mu_n} + \kappa^2 h_{\mu_1\mu_2\ldots\mu_n} = V_{\mu_1\ldots\mu_n} \tag{3.539}$$

gdzie $\kappa > 0$ *oraz*

$$h_{\mu_1\ldots\mu_n} = h_{[\mu_1\ldots\mu_n]} \tag{3.540}$$

$$V_{\mu_1\ldots\mu_n} = V_{[\mu_1\ldots\mu_n]} \tag{3.541}$$

$$\partial^{\mu_1} V_{\mu_1\ldots\mu_n} = 0 \tag{3.542}$$

$$F_{\mu_{n+1}\mu_1\ldots\mu_n} = \partial_{[\mu_{n+1}} h_{\mu_1\ldots\mu_n]} \tag{3.543}$$

Zakładając warunek Lorentza

$$\partial^{\mu_1} h_{\mu_1\ldots\mu_n} = 0 \tag{3.544}$$

otrzymujemy łatwo

$$(\Box_3 + \kappa^2) h_{\mu_1\mu_2\ldots\mu_n} = V_{\mu_1\mu_2\ldots\mu_n} \tag{3.545}$$

Równanie to będziemy nazywać jednorodnym gdy $V_{\mu_1\mu_2\ldots\mu_n} \equiv 0$, *w przeciwnym razie zaś niejednorodnym.*

Uogólnione pola Maxwella występują w supersymetrii i supergrawitacji [11, 16] $n = 2,3$, oraz w niesymetrycznej teorii grawitacji dla $n = 2$ [17, 18]. W tej ostatniej występują w przypadku bezmasowym $n = 0$ i opisują pola o spinie 0 związane z dodatkowymi oddziaływaniami grawitacyjnymi (tzw. „skewon field"). Dla powyżej określonych równań postawimy dystrybucyjne zagadnienie Cauchy'ego w klasie dystrybucji temperowanych. Będziemy zakładać warunek Lorentza. Zatem mamy następujące dwa problemy P1 i P2:

P1:

$$(\Box+\kappa^2)h_{\mu_1\mu_2\ldots\mu_n}=0, \qquad n=2,3 \tag{3.546}$$
$$h_{\mu_1\mu_2\ldots\mu_n}|||_{t=0}=a_{\mu_1\ldots\mu_n}\in S'(E^3) \tag{3.547}$$
$$\left(\frac{\partial}{\partial t}h_{\mu_1\ldots\mu_n}\right)_{|||t=0}=b_{\mu_1\ldots\mu_n}\in S'(E^3) \tag{3.548}$$

tak, że

$$a_{[\mu_1\ldots\mu_n]}=a_{\mu_1\ldots\mu_n} \tag{3.549}$$
$$b_{[\mu_1\ldots\mu_n]}=b_{\mu_1\ldots\mu_n} \tag{3.550}$$
$$h_{\mu_1\mu_2\ldots\mu_n}=h_{[\mu_1\ldots\mu_n]}\in S'(E^4) \tag{3.551}$$
$$\mu_i=1,2,3,4,\ i=1,2,\ldots,n$$
$$\partial^{\mu_1}h_{\mu_1\mu_2\ldots\mu_n}=0 \tag{3.552}$$

P2:

$$(\Box+\kappa^2)h_{\mu_1\mu_2\ldots\mu_n}=V_{\mu_1\ldots\mu_n} \tag{3.553}$$
$$V_{\mu_1\ldots\mu_n}=V_{[\mu_1\ldots\mu_n]}\in S'(E^4) \tag{3.554}$$
$$\partial^{\mu_1}V_{\mu_1\ldots\mu_n}=0 \tag{3.555}$$
$$h_{\mu_1\mu_2\ldots\mu_n}|||_{t=0}=a_{\mu_1\ldots\mu_n} \tag{3.556}$$
$$\left(\frac{\partial}{\partial t}h_{\mu_1\ldots\mu_n}\right)_{|||t=0}=b_{\mu_1\ldots\mu_n} \tag{3.557}$$

wszystkie pozostałe założenia są takie same jak w P1.

Zapostulujemy rozwiązanie problemu P1 w następującej postaci

$$\overset{\{t\}}{h}_{\mu_1\ldots\mu_n}=a_{\mu_1\ldots\mu_n}*\frac{\partial\overset{\{t\}}{u}}{\partial t}+b_{\mu_1\ldots\mu_n}*\overset{\{t\}}{u} \tag{3.558}$$

Musimy jednak spełnić warunek Lorentza. $\overset{\{t\}}{u}$ jest funkcją dystrybucyjną z Twierdzenia 2.1.

$$\partial^{\mu_1}h_{\mu_1\ldots\mu_n}=0 \tag{3.559}$$

Wydaje się to być spełnione w następujący sposób

$$\vec{\nabla}\vec{a}_{\mu_1\ldots\mu_{n-1}}=\widehat{b}_{\mu_1\ldots\mu_{n-1}} \tag{3.560}$$
$$\Delta_3\widehat{a}_{\mu_1\ldots\mu_{n-1}}=\kappa^2\widehat{a}_{\mu_1\ldots\mu_{n-1}}+\vec{\nabla}\vec{b}_{\mu_1\ldots\mu_{n-1}} \tag{3.561}$$

gdzie

$$(\vec{a}_{\mu_1\ldots\mu_{n-1}})_i=a_{i\mu_1\ldots\mu_{n-1}}, \qquad i=1,2,3 \tag{3.562}$$
$$\widehat{b}_{\mu_1\ldots\mu_{n-1}}=b_{4\mu_1\ldots\mu_{n-1}} \tag{3.563}$$
$$\widehat{a}_{\mu_1\ldots\mu_{n-1}}=a_{4\mu_1\ldots\mu_{n-1}} \tag{3.564}$$

$$(\vec{b}_{\mu_1\ldots\mu_{n-1}})_i = b_{i\mu_1\ldots\mu_{n-1}}, \qquad i = 1,2,3 \tag{3.565}$$

Korzystając z Twierdzenia 2.4 dowodzimy jednoznaczności i istnienia tego rozwiązania w klasie S' oraz jego regularności w sensie Hadamarda. $\overset{\{t\}}{u}$ jest funkcją dystrybucujną dla równania Kleina–Gordona z Twierdzenia 2.1.

Udowodniliśmy w ten sposób następujące twierdzenia

TWIERDZENIE 3.25. *Jedynym rozwiązaniem w klasie S' dystrybucyjnego zagadnienia Cauchy'ego dla jednorodnego równania uogólnionego pola Maxwella*

$$\partial_{\mu_{n+1}} F_{\mu_{n+1}\mu_1\ldots\mu_n} + \kappa^2 h_{\mu_1\ldots\mu_n} = 0, \qquad \kappa \geq 0 \tag{3.566}$$

$$h_{\mu_1\ldots\mu_n} = h_{[\mu_1\ldots\mu_n]} \in S'(E^4) \tag{3.567}$$

$$h_{\mu_1\ldots\mu_n}|_{|||t=0} = a_{\mu_1\mu_2\ldots\mu_n} = a_{[\mu_1\ldots\mu_n]} \in S'(E^3) \tag{3.568}$$

$$\left(\frac{\partial}{\partial t} h_{\mu_1\ldots\mu_n}\right)_{|||t=0} = b_{\mu_1\mu_2\ldots\mu_n} = b_{[\mu_1\mu_2\ldots\mu_n]} \in S'(E^3) \tag{3.569}$$

gdzie

$$F_{\mu_{n+1}\mu_1\ldots\mu_n} = \partial_{[\mu_{n+1}} h_{\mu_1\ldots\mu_n]}, \qquad n = 2,3 \tag{3.570}$$

$$\mu_1, \ldots, \mu_{n+1} = 1,2,3,4$$

tak, że

$$\vec{\nabla}\vec{a}_{\mu_1\ldots\mu_{n-1}} = \widehat{b}_{\mu_1\ldots\mu_{n-1}} \tag{3.571}$$

$$\Delta_3 \widehat{a}_{\mu_1\ldots\mu_{n-1}} = \kappa^2 \widehat{a}_{\mu_1\ldots\mu_{n-1}} + \vec{\nabla}\vec{b}_{\mu_1\ldots\mu_{n-1}} \tag{3.572}$$

$$(\vec{a}_{\mu_1\ldots\mu_{n-1}})_i = a_{i\mu_1\ldots\mu_{n-1}}, \qquad i = 1,2,3 \tag{3.573}$$

$$\widehat{b}_{\mu_1\ldots\mu_{n-1}} = b_{4\mu_1\ldots\mu_{n-1}} \tag{3.574}$$

$$\widehat{a}_{\mu_1\ldots\mu_{n-1}} = a_{4\mu_1\ldots\mu_{n-1}} \tag{3.575}$$

$$(\vec{b}_{\mu_1\ldots\mu_{n-1}})_i = b_{i\mu_1\ldots\mu_{n-1}}, \qquad i = 1,2,3 \tag{3.576}$$

są dystrybucje temperowane

$$h_{\mu_1\ldots\mu_n}[\chi] = \int_{-\infty}^{+\infty} \overset{\{t\}}{h}_{\mu_1\ldots\mu_n}[\chi(\cdot,t)]\,dt, \qquad \chi \in S(E^4) \tag{3.577}$$

zadane przez funkcje dystrybucyjne

$$\overset{\{t\}}{h}_{\mu_1\ldots\mu_n} = a_{\mu_1\ldots\mu_n} * \frac{\partial \overset{\{t\}}{u}}{\partial t} + b_{\mu_1\ldots\mu_n} * \overset{\{t\}}{u} \tag{3.578}$$

Rozwiązanie spełnia warunek Lorentza

$$\partial_{\mu_1} h_{\mu_1\ldots\mu_n} = 0 \tag{3.579}$$

oraz jest regularne w sensie Hadamarda ze względu na warunki początkowe i parametr κ w topologiach naturalnych dla wszystkich występujących tu dystrybucji i liczb.

Przejdźmy teraz do problemu P2 i rozpatrzmy go dla zerowych warunków początkowych tj. dla

$$a_{\mu_1\ldots\mu_n} = b_{\mu_1\ldots\mu_n} = 0 \tag{3.580}$$

Rozwiązaniem tego problemu jest dystrybucja

$$E * V_{\mu_1\ldots\mu_n} \tag{3.581}$$

przy założeniu, że $\operatorname{supp} V_{\mu_1\ldots\mu_n} \subset \{(x,t), t \geq 0\}$ i E jest dystybucją dla równania Kleina–Gordona z Twierdzenia 2.5. W ten sposób korzystając z liniowości równaniamożemy rozpatrzyć P2 przy dowolnych warunkach początkowych spełniających założenia Twierdzenia 3. Rozwiązaniem P2 jest wtedy dystrybucja

$$h'_{\mu_1\ldots\mu_n} = h_{\mu_1\ldots\mu_n} + E * V_{\mu_1\ldots\mu_n} \tag{3.582}$$

Rozwiązanie to spełnia warunek Lorentza, warunki początkowe i jest regularne w sensie Hadamarda, co wynika z założeń tyczących $V_{\mu_1\ldots\mu_n}$, oraz z Twierdzenia 2.5.

Udowodniliśmy w ten sposób następujące twierdzenie

TWIERDZENIE 3.26. *Jedynem rozwiązaniem problemu Cauchy'ego niejednorodnego równania uogólnionego pola Maxwella w klasie dystrybucji temperowanych*

$$\partial^{\mu_{n+1}} F'_{\mu_{n+1}\mu_1\ldots\mu_n} + \kappa^2 h'_{\mu_1\ldots\mu_n} = V_{\mu_1\mu_2\ldots\mu_n} \tag{3.583}$$

wraz z warunkiem Lorentza

$$\partial^{\mu_1} h'_{\mu_1\ldots\mu_n} = 0 \tag{3.584}$$

$$h'_{\mu_1\ldots\mu_n} = h'_{[\mu_1\mu_2\ldots\mu_n]} \in S'(E^4) \tag{3.585}$$

$$F_{\mu_{n+1}\mu_1\mu_2\ldots\mu_n} = \partial_{[\mu_{n+1}} h_{\mu_1\ldots\mu_n]} \tag{3.586}$$

$$h_{\mu_1\ldots\mu_n}|||t=0 = a_{\mu_1\mu_2\ldots\mu_n} = a_{[\mu_1\ldots\mu_n]} \in S'(E^3) \tag{3.587}$$

$$\left(\frac{\partial}{\partial t} h_{\mu_1\ldots\mu_n}\right)_{|||t=0} = b_{\mu_1\mu_2\ldots\mu_n} = b_{[\mu_1\ldots\mu_n]} \in S'(E^3) \tag{3.588}$$

$n = 2, 3,\ \mu_1, \mu_2 \ldots \mu_{n+1} = 1, 2, 3, 4$ *tak, że*

$$\vec{\nabla}\vec{a}_{\mu_1\ldots\mu_{n-1}} = \widehat{b}_{\mu_1\ldots\mu_{n-1}} \tag{3.589}$$

$$\Delta_3 \widehat{a}_{\mu_1\ldots\mu_{n-1}} = \kappa^2 \widehat{a}_{\mu_1\ldots\mu_{n-1}} + \vec{\nabla} b_{\mu_1\ldots\mu_{n-1}} \tag{3.590}$$

gdzie

$$(\vec{a}_{\mu_1\ldots\mu_{n-1}})^i = a_{i\mu_1\ldots\mu_{n-1}}, \qquad i = 1, 2, 3 \tag{3.591}$$

$$\widehat{b}_{\mu_1\ldots\mu_{n-1}} = b_{4\mu_1\ldots\mu_{n-1}} \tag{3.592}$$

$$\widehat{a}_{\mu_1\ldots\mu_{n-1}} = a_{4\mu_1\ldots\mu_{n-1}} \tag{3.593}$$

$$(\vec{b}_{\mu_1\ldots\mu_{n-1}})^i = b_{i\mu_1\ldots\mu_{n-1}}, \qquad i = 1, 2, 3 \tag{3.594}$$

oraz tak, że

$$\operatorname{supp} V_{\mu_1\ldots\mu_n} \subset \{(x,t), t \geq 0\} \tag{3.595}$$

są dystrybucje temperowane

$$h'_{\mu_1\mu_2\ldots\mu_n} = h_{\mu_1\mu_2\ldots\mu_n} + E * V_{\mu_1\mu_2\ldots\mu_n} \tag{3.596}$$

gdzie $h_{\mu_1\mu_2\ldots\mu_n}$ jest dystrybucją z poprzedniego twierdzenia.

Rozwiązanie jest regularne w sensie Hadamarda dla warunków początkowych i prawych stron oraz dla parametru κ w topologiach naturalnych dla wszystkich występujących tu dystrybucji i liczb.

Przechodząc do granicy z $\kappa \to 0$ w wszystkich występujących tu wyróżnieniach otrzymamy rozwiązanie problemów P1 *i* P2 *dla bezmasowego równania uogólnionego pola Maxwella.*

Zgodnie z pracą A. Aurilli i Y. Takahashi [16] dla przypadku $n = 2$ z masą otrzymujemy pole Proca w innej notacji (spin 1), w przypadku bezmasowym pole o spinie 0, (bezmasowe). W przypadku $n = 3$ dla masy różnej od zera pole o spinie 0. Przypadek bezmasowy dla $n = 3$ prowadzi do stałego rozwiązania i jest nieinteresujący. Wszystko to jest prawdziwe gdy pola są określone na jednospójnej rozmaitości o wymiarze 4 i bez źródeł zewnętrznych (przypadek równań jednorodnych). W naszym przypadku na E^4 jest to spełnione, bowiem E^4 jest jednospójne. Pole w przypadku $n = 3$ może być wykorzystane w QCD w problemie „confinement" (uwięzienia) kwarków, a także w kosmologii ([16]).

W przypadku równania Kleina–Gordona, którego klasyczne rozwiązania przyjmują wartości zespolone, tj. w $\mathbb{C}$ wygodnie jest używać jego następującej postaci zwanej hamiltonowską.

DEFINICJA 3.16. *Hamiltonowską postacią równania Kleina–Gordona nazywamy*

$$\left(i\frac{\partial}{\partial t} - \widehat{H}\right)\Psi = V \tag{3.597}$$

gdzie

$$\Psi(x) = \begin{pmatrix} \varphi(x) \\ \chi(x) \end{pmatrix} \in \mathbb{C}^2, \quad x \in E^4 \tag{3.598}$$

$$V(x) \in \mathbb{C}^2 \tag{3.599}$$

$$\widehat{H} = -(\tau_3 + i\tau_2)\vec{\nabla}^2 + \kappa^2\tau_3\,, \tag{3.600}$$

gdzie τ_k, $k = 1,2,3$ są macierzami Pauliego

$$\tau_1 = \begin{pmatrix} 0 & 1 \\ 1 & 0 \end{pmatrix}, \quad \tau_2 = \begin{pmatrix} 0 & -i \\ i & 0 \end{pmatrix}, \quad \tau_3 = \begin{pmatrix} 1 & 0 \\ 0 & -1 \end{pmatrix} \tag{3.601}$$

$$\tau_k^2 = I = \begin{pmatrix} 1 & 0 \\ 0 & 1 \end{pmatrix}, \quad k = 1,2,3 \tag{3.602}$$

$$\tau_k\tau_l = -\tau_l\tau_k = i\tau_m \tag{3.603}$$

$k, l, m = 1,2,3$ w kolejności cyklicznej.

Równanie nazywamy jednorodnym gdy $V \equiv 0$, w przeciwnym razie nazywamy je niejednorodnym.

Korzystając z Twierdzeń 2.4 i 2.5 sformulujemy i udowodnimy istnienie i jednoznaczność dystrybucyjnego zagadnienia Cauchy'ego dla tego równania w klasie dystrybucji temperowanych na E^4. W tym rozpatrzymy równanie jednorodne wraz z problemem Cauchy'ego

$$\left(i\frac{\partial}{\partial t} - \hat{H}\right)\Psi = 0, \qquad \Psi \in S'(E^4, \mathbb{C}^2) \tag{3.604}$$

$$\Psi_{|||t=0} = a \in S'(E^3, \mathbb{C}^2) \tag{3.605}$$

Postulujemy postać rozwiązania w sposób natępujący

$$\Psi[\rho] = \int_{-\infty}^{+\infty} \overset{\{t\}}{\Psi}[\rho(\cdot, t)]\, dt, \qquad \Psi \in S'(E^4, \mathbb{C}^2), \tag{3.606}$$

gdzie

$$\overset{\{t\}}{\Psi} = -i\left(i\frac{\partial}{\partial t} + \hat{H}\right)(\overset{\{t\}}{u} * a), \qquad \rho \in S(E^4) \tag{3.607}$$

$\overset{\{t\}}{u}$ jest funkcją dystrybucyjną z Twierdzenia 2.4.

Rozwiązanie to spelnia równanie oraz warunek początkowy.

W celu udowodnienia jednoznacznościrozpatrzmy następujące zagadnienie początkowe

$$\left(i\frac{\partial}{\partial t} + \hat{H}\right)\Psi = 0 \tag{3.608}$$

$$\Psi_{|||t=0} = 0 \tag{3.609}$$

Korzystając z równania otrzymujemy również

$$\left(\frac{\partial}{\partial t}\Psi\right)_{|||t=0} = 0 \tag{3.610}$$

Wykorzystujemy tu fakt, że

$$(\vec{\nabla}^2\Psi)_{|||t=0} = \vec{\nabla}^2\Psi_{|||t=0} = 0 \tag{3.611}$$

Działając na obie strony równania operatorem $(i\frac{\partial}{\partial t} + \hat{H})$ otrzymujemy

$$(\Box_3 + \kappa^2)\Psi = 0 \tag{3.612}$$

czyli otrzymujemy zagadnienie Cauchy'ego dla równania Kleina–Gordona przy zerowych warunkach początkowych. Zatem na mocy Twierdzenia 2.5 jedynym rozwiązaniem jest dystrybucja zerowa $\Psi \equiv 0$. Korzystając z liniowości naszego równania dochodzimy do jednoznaczności problemu Cauchy'ego. Regularność w sensie Hadamarda rozwiązania wynika z ciągłości splotu. Udowodniliśmy w ten sposób następujące twierdzenie

TWIERDZENIE 3.27. *Jedynym rozwiązanie dystrybucyjnego zagadnienia Cauchy'ego w klasie dystrybucji temperowanych dla hamiltonowskiej postaci równania Kleina-Gordona:*

$$\left(i\frac{\partial}{\partial t} + \widehat{H}\right)\Psi = 0, \qquad \Psi \in S'(E^4, \mathbb{C}^2) \tag{3.613}$$

$$\Psi_{|||t=0} = a \in S'(E^3, \mathbb{C}^2) \tag{3.614}$$

jest dystrybucja temperowana

$$\Psi[\rho] = \int_{-\infty}^{+\infty} \overset{\{t\}}{\Psi}[\rho(\cdot, t)]\, dt \qquad \rho \in S(E^4) \tag{3.615}$$

zadana funkcją dystrybucyjną

$$\overset{\{t\}}{\Psi} = -i\left(i\frac{\partial}{\partial t} + \widehat{H}\right)(\overset{\{t\}}{u} * a) \tag{3.616}$$

Rozwiązanie jest regularne w sensie Hadamarda dla warunków początkowych w topologiach natruralnych dla wszystkich występujących tu dystrybucji. Jest ono również regularne ze względu na parametr κ.

Przejdźmy teraz do niejednorodnego równania Kleina-Gordona w postaci hamiltonowskiej i sformułujmy dla niego problem początkowy w klasie dystrybucji temperowanych tak, że $\operatorname{supp} V \subset \{(x,t), t \geq 0\}$ i $V \in S'(E^4, \mathbb{C}^2)$. W tym celu rozpatrzmy to równanie przy zerowych warunkach początkowych

$$\left(i\frac{\partial}{\partial t} + \widehat{H}\right)\Psi' = V \tag{3.617}$$

$$\Psi'_{|||t=0} = 0 \tag{3.618}$$

Łatwo zauważyć, że dystrybucja

$$\Psi' = \left(i\frac{\partial}{\partial t} + \widehat{H}\right)V * E \tag{3.619}$$

spełnia równanie i warunek początkowy. E jest dystrybucją z Twierdzenia 2.5. Jest to równocześnie jedyne rozwiązanie tego problemu z uwagi na Twierdzenie 2.5, bowiem działając na obie strony równania operatorem $(i\frac{\partial}{\partial t} + \widehat{H})$ dochodzimy do

$$(\Box_3 + \kappa^2)\Psi' = \left(i\frac{\partial}{\partial t} + \widehat{H}\right)V \tag{3.620}$$

oraz otrzymujemy z samego równania

$$\left(\frac{\partial}{\partial t}\Psi'\right)_{|||t=0} = 0 \tag{3.621}$$

Rozwiązanie to jest regularne w sensie Hadamarda ze względu na prawe strony, co wynika z ciągłości splotu. Zatem mamy następujące twierdzenie

TWIERDZENIE 3.28. *Jedynym rozwiązaniem dystrybucyjnego zagadnienia Cauchy'ego w klasie dystrybucji temperowanych dla niejednorodnego równania Kleina–Gordona w postaci hamiltonowskiej:*

$$\left(i\frac{\partial}{\partial t} - \hat{H}\right)\Psi'' = V, \quad \Psi'' \in S'(E^4, \mathbb{C}^2)$$

$$V \in S'(E^4, \mathbb{C}^2)i \tag{3.622}$$

$$\operatorname{supp} V \subset \{(x,t), t \geq 0\} \tag{3.623}$$

$$\Psi''_{|||t=0} = a \in S'(E^3, \mathbb{C}^2) \tag{3.624}$$

jest dystrybucja temperowana

$$\Psi'' = \Psi + \left(\frac{\partial}{\partial t} + \hat{H}\right)V * E \tag{3.625}$$

gdzie Ψ *jest dystrybucją z poprzedniego twierdzenia. Rozwiązanie jest regularne w sensie Hadamarda ze względu na warunki początkowe i prawe strony w topologiach naturalnych dla wszystkich występujących tu dystrybucji. Jest ono również regularne w tym sensie ze względu na parametr* κ.

Dowód twierdzenia został przedstawiony wyżej, oprócz jednoznaczności. Ta ostatnia zaś jest prostym wnioskiem z liniowości równania oraz z tego, że dla zerowych warunków początkowych i zerowych prawych stron ma ono wyłącznie rozwiązanie zerowe. Regularność w sensie Hadamarda wynika z ciągłości splotu.

Równanie Kleina–Gordona w postaci hamiltonowskiej jest równaniem falowym opisującym ruch kwantowo-mechaniczny cząstki bez spinu naładowanej elektrycznie. Jest ono bardzo wygodne wtedy gdy chcemy rozseparować stopnie swobody związane z istnieniem antycząstek.

Jeśli $\Psi = \begin{pmatrix} \varphi \\ \chi \end{pmatrix}$ odpowiada ładunkowi dodatniemu, to $\Psi_c = \begin{pmatrix} \chi^* \\ \varphi * \end{pmatrix}$ ładunkowi ujemnemu, $\Psi_c = \tau_1 \Psi^*$.

3g. Równania Duffina–Kemmera, Kählera–Królikowskiego i Duffina–Kemmera–Petiau. Zajmijmy się teraz zagadnieniem początkowym Cauchy'ego w klasie S' dla trzech ważnych równań relatywistycznej teorii kwantów, tj. dla równania Duffina–Kemmera, Kählera–Królikowskiego i Duffina–Kemmera–Petiau.

DEFINICJA 3.17. *Równaniem Duffina–Kemmera nazywamy:*

$$(i\beta^\mu \partial_\mu - \kappa)\psi = V, \quad \mu = 1,2,3,4, \ \psi(x), \ V(x) \in \mathbb{C}^n, \ x \in E^4, \tag{3.626}$$

gdzie β^μ *są macierzami* $n \times n$ *o wartościach zespolonych tak, że*

$$\beta^\mu \beta^\nu \beta^\lambda + \beta^\lambda \beta^\nu \beta^\mu = \beta^\mu g^{\nu\lambda} + \beta^\lambda g^{\nu\mu} \quad \mu, \nu, \lambda = 1,2,3,4. \tag{3.627}$$

W przypadku gdy $V \equiv 0$ mówimy o równaniu jednorodnym, w przeciwnym wypadku jest to równanie niejednorodne.

Możliwe są również inne własności algebry macierzy (ogólniejsze) β, tj.

$$\beta^\mu \beta^\nu \beta^\lambda = g^{(\mu\nu}\beta^{\lambda)}, \qquad \mu,\nu,\lambda = 1,2,3,4 \tag{3.628}$$

które prowadzą do równań z większym od 10 wymiarem przestrzeni $\mathbb{C}^n$ ($n > 10$). Szczegółowo rozpatrywane przypadki z $n = 5$ i $n = 10$ odpowiadają nieprzywiedlnym reprezentacjom tzw. algebry Duffina–Kemmera. Odpowiadają one odpowiednio sumom prostym reprezentacji grupy Lorentza $D(0,0) \oplus D(\frac{1}{2},\frac{1}{2})$ i $D(0,1) \oplus D(1,0)$. Dla $n = 5$ równanie Duffina–Kemmera sprowadza się do równania Kleina–Gordona dla pola skalarnego, w drugim wypadku ($n = 10$) do zespolonego pola wektorowego z masą (pola Proca). Macierze te w przypadku $n = 5$, $n = 10$ są najniższymi nieprzywiedlnymi reprezentacjami algebry Duffina–Kemmera. Mają one następującą postać w obu przypadkach:

Dla $n = 5$

$$\beta^1 = \begin{bmatrix} 0 & 0 & i & 0 & 0 \\ 0 & 0 & 0 & 0 & 0 \\ i & 0 & 0 & 0 & 0 \\ 0 & 0 & 0 & 0 & 0 \\ 0 & 0 & 0 & 0 & 0 \end{bmatrix}, \quad \beta^2 = \begin{bmatrix} 0 & 0 & 0 & i & 0 \\ 0 & 0 & 0 & 0 & 0 \\ 0 & 0 & 0 & 0 & 0 \\ i & 0 & 0 & 0 & 0 \\ 0 & 0 & 0 & 0 & 0 \end{bmatrix},$$
$$\beta^3 = \begin{bmatrix} 0 & 0 & 0 & 0 & i \\ i & 0 & 0 & 0 & 0 \\ 0 & 0 & 0 & 0 & 0 \\ 0 & 0 & 0 & 0 & 0 \\ 0 & 0 & 0 & 0 & 0 \end{bmatrix}, \quad \beta^4 = \begin{bmatrix} 0 & i & 0 & 0 & 0 \\ 0 & 0 & 0 & 0 & 0 \\ 0 & 0 & 0 & 0 & 0 \\ 0 & 0 & 0 & 0 & 0 \\ -i & 0 & 0 & 0 & 0 \end{bmatrix}, \tag{3.629}$$

Dla $n = 10$

$$\beta^1 = \begin{bmatrix} 0 & 0 & 0 & 0 & 0 & i & 0 & 0 & 0 & 0 \\ 0 & 0 & 0 & 0 & 0 & 0 & 0 & 0 & 0 & 0 \\ 0 & 0 & 0 & 0 & 0 & 0 & -i & 0 & 0 & 0 \\ 0 & 0 & 0 & 0 & 0 & 0 & 0 & i & 0 & 0 \\ 0 & 0 & 0 & 0 & 0 & 0 & 0 & 0 & 0 & 0 \\ 0 & 0 & 0 & i & 0 & 0 & 0 & 0 & 0 & 0 \\ 0 & 0 & -i & 0 & 0 & 0 & 0 & 0 & 0 & 0 \\ i & 0 & 0 & 0 & 0 & 0 & 0 & 0 & 0 & 0 \\ 0 & 0 & 0 & 0 & 0 & 0 & 0 & 0 & 0 & 0 \\ 0 & 0 & 0 & 0 & 0 & 0 & 0 & 0 & 0 & 0 \end{bmatrix} \tag{3.630}$$

$$
\beta^2 = \begin{bmatrix}
0 & 0 & 0 & 0 & -i & 0 & 0 & 0 & 0 & 0 \\
0 & 0 & 0 & 0 & 0 & 0 & i & 0 & 0 & 0 \\
0 & 0 & 0 & 0 & 0 & 0 & 0 & 0 & 0 & 0 \\
0 & 0 & 0 & 0 & 0 & 0 & 0 & 0 & i & 0 \\
0 & 0 & 0 & -i & 0 & 0 & 0 & 0 & 0 & 0 \\
0 & 0 & 0 & 0 & 0 & 0 & 0 & 0 & 0 & 0 \\
0 & i & 0 & 0 & 0 & 0 & 0 & 0 & 0 & 0 \\
0 & 0 & 0 & 0 & 0 & 0 & 0 & 0 & 0 & 0 \\
i & 0 & 0 & 0 & 0 & 0 & 0 & 0 & 0 & 0 \\
0 & 0 & 0 & 0 & 0 & 0 & 0 & 0 & 0 & 0
\end{bmatrix} \tag{3.631}
$$

$$
\beta^3 = \begin{bmatrix}
0 & 0 & 0 & 0 & 0 & 0 & 0 & 0 & 0 & 0 \\
0 & 0 & 0 & 0 & 0 & -i & 0 & 0 & 0 & 0 \\
0 & 0 & 0 & 0 & i & 0 & 0 & 0 & 0 & 0 \\
0 & 0 & 0 & 0 & 0 & 0 & 0 & 0 & 0 & i \\
0 & 0 & i & 0 & 0 & 0 & 0 & 0 & 0 & 0 \\
0 & -i & 0 & 0 & 0 & 0 & 0 & 0 & 0 & 0 \\
0 & 0 & 0 & 0 & 0 & 0 & 0 & 0 & 0 & 0 \\
0 & 0 & 0 & 0 & 0 & 0 & 0 & 0 & 0 & 0 \\
0 & 0 & 0 & 0 & 0 & 0 & 0 & 0 & 0 & 0 \\
i & 0 & 0 & 0 & 0 & 0 & 0 & 0 & 0 & 0
\end{bmatrix} \tag{3.632}
$$

$$
\beta^4 = \begin{bmatrix}
0 & 0 & 0 & 0 & 0 & 0 & 0 & 0 & 0 & i \\
0 & 0 & 0 & 0 & 0 & 0 & 0 & i & 0 & 0 \\
0 & 0 & 0 & 0 & 0 & 0 & 0 & 0 & i & 0 \\
0 & 0 & 0 & 0 & 0 & 0 & 0 & 0 & 0 & 0 \\
0 & 0 & 0 & 0 & 0 & 0 & 0 & 0 & 0 & 0 \\
0 & 0 & 0 & 0 & 0 & 0 & 0 & 0 & 0 & 0 \\
0 & 0 & 0 & 0 & 0 & 0 & 0 & 0 & 0 & 0 \\
0 & -i & 0 & 0 & 0 & 0 & 0 & 0 & 0 & 0 \\
0 & 0 & -i & 0 & 0 & 0 & 0 & 0 & 0 & 0 \\
0 & 0 & 0 & -i & 0 & 0 & 0 & 0 & 0 & 0
\end{bmatrix} \tag{3.633}
$$

(Zgodnie z [19–23]). Oczywiście istnieją wyżej wymiarowe nieprzywiedlne reprezentacje tej algebry.

Przejdźmy teraz do jednorodnego równania Duffina–Kemmera i rozpatrzmy dla niego dystrybucyjne zagadnienie Cauchy'ego w klasie dystrybucji temperowanych. Mamy:

$$
(i\beta^\mu \partial_\mu - \kappa)\psi = 0, \qquad \psi \in S'(E^4, \mathbb{C}^n) \tag{3.634}
$$

$$
\psi_{|||t=0} = \chi \in S'(E^3, \mathbb{C}^n)\,. \tag{3.635}
$$

Postulujemy rozwiązanie w następującej postaci za pomocą funkcji dystrybucyjnej:

$$\left(\frac{1}{\kappa}\Box_3 - \frac{1}{\kappa}\beta^\mu\beta^\nu\partial_\mu\partial_\nu + i\beta^\mu\partial_\mu + \kappa\right)\overset{\{t\}}{u} * \widetilde{\chi} = \overset{\{t\}}{\psi} \tag{3.636}$$

$$\psi[\rho] = \int_{-\infty}^{+\infty} \overset{\{t\}}{\psi}[\rho(\cdot,t)]\,dt, \qquad \rho \in S(E^4) \tag{3.637}$$

gdzie $\overset{\{t\}}{u}$ jest funkcją dystrybucyjną z Twierdzenia 2.4, a $\widetilde{\chi}$ spełnia następujące równanie

$$\left(-\frac{1}{\kappa}\{\vec{\beta},\beta^4\}\vec{\nabla}\widetilde{\chi} + i\beta^4\widetilde{\chi}\right) = \chi \tag{3.638}$$

gdzie $\vec{\beta} = (\beta^1,\beta^2,\beta^3)$, $\{a,b\} = ab + ba$, ψ spełnia równanie i warunki początkowe. Łatwo zauważymy, że korzystając z konkretnych postaci macierzy β^μ dla $n = 5$ lub $n = 10$ i biorąc w pierwszym przypadku $\psi = (\varphi, \partial_\mu\varphi)$, a w drugim przypadku $\psi(A_\mu, F_{\mu\nu} = \partial_\mu A_\nu - \partial_\nu A_\mu)$, że dochodzimy do zagadnienia początkowego dla równania Kleina–Gordona i Proca.

Pozostaje jeszcze kwestja jednoznacznośćci rozwiązania. W tym celu rozpatrzymy następujące zagadnienie

$$(i\beta^\mu\partial_\mu - \kappa)\psi = 0 \tag{3.639}$$

$$\psi_{|||t=0} = 0 \tag{3.640}$$

Działając operatorem $(\frac{1}{\kappa}\Box_3 - \frac{1}{\kappa}\beta^\mu\beta^\nu\partial_\mu\partial_\nu + i\beta^\mu\partial_\mu + \kappa)$ na obie strony równania otrzymujemy, że

$$(\Box_3 + \kappa^2)\psi = 0 \tag{3.641}$$

$$\psi_{|||t=0} = 0 \tag{3.642}$$

Korzystając z równania otrzymamy

$$\beta^4\left(\frac{\partial\psi}{\partial t}\right)_{|||t=0} = 0 \tag{3.643}$$

W przypadku gdy β^4 jest odwracalne otrzymujemy po prostu $(\frac{\partial\psi}{\partial t})_{|||t=0} = 0$, co w połączeniu z równaniem Kleina–Gordona dla ψ i warunkiem początkowym daje na mocy Twierdzenia 2.5 to, że jedynym rozwiązaniem jest dystrybucja zerowa $\psi = 0$. Korzystając z liniowości równania otrzymujemy żądaną jednoznaczność.

W przypadku $n = 5$ i $n = 10$ β^4 nie jest odwracalne. Wtedy jednak zerowe zagadnienie Cauchy'ego dla równania Kleina–Gordona i Proca otrzymujemy bezpośrednio z równania.

Udowodniliśmy w ten sposób następujące twierdzenie:

Twierdzenie 3.29. *Jedynym rozwiązaniem zagadnienia Cauchy'ego jednorodnego równania Duffina–Kemmera w klasic dystrybucji temperowanych S':*

$$(i\beta^\mu\partial_\mu - \kappa)\psi = 0, \qquad \mu = 1,2,3,4,\ \kappa > 0 \tag{3.644}$$

$$\psi \in S'(E^4, \mathbb{C}^n) \tag{3.645}$$

$$\psi_{|||t=0} = \chi \in S'(E^3, \mathbb{C}^n) \tag{3.646}$$

jest dystrybucja temperowana

$$\psi[\rho] = \int_{-\infty}^{+\infty} \overset{\{t\}}{\psi}[\rho(\cdot,t)]\,dt, \qquad \rho \in S'(E^4) \tag{3.647}$$

zadana poprzez funkcję dystrybucyjną

$$\overset{\{t\}}{\psi} = \left(\frac{1}{\kappa}\Box_3 - \frac{1}{\kappa}\beta^\mu\beta^\nu\partial_\mu\partial_\nu + i\beta^\mu\partial_\mu + \kappa\right)(\overset{\{t\}}{u} * \widetilde{\chi}) \tag{3.648}$$

gdzie $\widetilde{\chi}$ spełnia następujące równanie

$$\left(i\beta^4\widetilde{\chi} - \frac{1}{\kappa}\{\vec{\beta},\beta_u\}\vec{\nabla}\widetilde{\lambda}\right) = \chi, \tag{3.649}$$

gdzie $\vec{\beta} = (\beta^1,\beta^2,\beta^3)$, $\{a,b\} = ab + ba$

Rozwiązanie jest regularne w sensie Hadamarda ze względu na warunki początkowe w topologiach naturalnych dla wszystkich występujących tu dystrybucji. Jest również regularne ze względu na parametr κ.

Przejdźmy teraz do równania niejednorodnego i rozpatrzmy jego warunek początkowy dla zerowych danych. Mamy

$$(i\beta^\mu\partial_\mu - \kappa)\psi' = V, \qquad \psi' \in S'(E^4, \mathbb{C}^4) \tag{3.650}$$

$$\psi'_{|||t=0} = 0 \tag{3.651}$$

gdzie $V \in S'(E^4, \mathbb{C}^n)$ i $\operatorname{supp} V \subset \{(x,t), t \geq 0\}$.

Postulujemy rozwiązanie w postaci

$$\psi' = \left(\frac{1}{\kappa}\Box_3 - \frac{1}{\kappa}\beta^\mu\beta^\nu\partial_\mu\partial_\nu + i\beta^\mu\partial_\mu + \kappa\right)(V * E), \tag{3.652}$$

gdzie E jest dystrybucją z Twierdzenia 2.5. Tak zapostulowana dystrybucja spełnia równanie i warunki początkowe. Jest również jedynym rozwiązaniem tego problemu na mocy liniowości równania, oraz tego, że dla $V = 0$ i zerowych warunków początkowych na mocy poprzedniego twierdzenia otrzymamy wyłącznie rozwiązanie zerowe.

Rozpatrzmy teraz zagadnienie Cauchy'ego w klasie S' dla równania niejednorodnego, tj.

$$(i\beta^\mu\partial_\mu - \kappa)\psi'' = V \in S'(E^4, \mathbb{C}^4) \tag{3.653}$$

$$\psi''_{|||t=0} = \chi \in S'(E^3, \mathbb{C}^n), \tag{3.654}$$

$$\operatorname{supp} V \subset \{(x,t), t \geq 0\}, \ \psi'' \in S'(E^4, \mathbb{C}^n) \tag{3.655}$$

Postulujemy rozwiązanie w następującej postaci

$$\psi' = \psi + \left(\frac{1}{\kappa}\Box_3 - \frac{1}{\kappa}\beta^\mu\beta^\nu\partial_\mu\partial_\nu + i\beta^\mu\partial_\mu + \kappa\right)(V * E). \tag{3.656}$$

gdzie ψ jest dystrybucją z poprzedniego twierdzenia. ψ'' spełnia równanie i warunki początkowe. Jest to równocześnie jedyne rozwiązanie w klasie S' z uwagi na to, że dla zerowych warunków początkowych i zerowych prawych stron jedynym rozwiązaniem w tej klasie, na mocy poprzedniego twierdzenia jest dystrybucja zerowa. Rozwiązanie jest regularne w sensie Hadamarda, z uwagi na ciągłość splotu. Udowodniliśmy w ten sposób następujące twierdzenie

TWIERDZENIE 3.30. *Jedynym rozwiązaniem dystrybucyjnego zagadnienia Cauchy'ego dla niejednorodnego równania Duffina–Kemmera pierwszego rzędu w klasie S':*

$$(i\beta^\mu\partial_\mu - \kappa)\psi'' = V, \qquad \psi'' \in S'(E^4,\mathbb{C}^n) \tag{3.657}$$

$$V \in S'(E^4,\mathbb{C}^n), \qquad \operatorname{supp} V \subset \{(x,t), t \geq 0\} \tag{3.658}$$

$$\psi''_{|||t=0} = \chi \in S'(E^3,\mathbb{C}^n) \tag{3.659}$$

jest dystrybucja temperowana

$$\psi'' = \psi + \left(\frac{1}{\kappa}\Box_3 - \frac{1}{\kappa}\beta^\mu\beta^\nu\partial_\mu\partial_\nu + i\beta^\mu\partial_\mu + \kappa\right)(E * V) \tag{3.660}$$

gdzie ψ jest dystrybucją z poprzedniego twierdzenia. Rozwiązanie jest regularne w sensie Hadamarda ze względu na warunki początkowe i prawe strony w topologiach naturalnych dla wszystkich występujących tu dystrybucji. Jest również regularne ze względu na parametr κ. E jest oczywiście dystrybucją z Twierdzenia 2.5.

Przedstawimy teraz dystrybucyjne zagadnienie Cauchy'ego dla równania Kählera–Królikowskiego i jego rozwiązanie. W tym celu zdefiniujemy równanie Kählera–Królikowskiego ([24], [25], [26–31]).

DEFINICJA 3.18. *Równaniem Kählera–Królikowskiego nazywamy*

$$(-i\Gamma^\mu\partial_\mu + \widehat{\kappa})\psi = V\,, \tag{3.661}$$

gdzie

$$\psi(x), V(x) \in \mathbb{C}^{4^N}, \qquad N = 1,2,\dots, \ x \in E^4 \tag{3.662}$$

$$\{\Gamma^\mu,\Gamma^\nu\} = \Gamma^\mu\Gamma^\nu - \Gamma^\nu\Gamma^\mu = 2g^{\mu\nu} \qquad \mu,\nu = 1,2,3,4. \tag{3.663}$$

Γ^μ są macierzami $4N \times 4N$.

Macierze Γ^μ, $\mu = 1,2,3,4$ mogą być zrealizowane przez ciąg algebr Clifforda

$$\Gamma^\mu = \frac{1}{\sqrt{N}}\sum_{i=1}^{N}\gamma_i^\mu, \qquad N = 1,2,\dots \tag{3.664}$$

gdzie

$$\{\gamma_i^\mu,\gamma_j^\nu\} = \gamma_i^\mu\gamma_j^\nu - \gamma_j^\nu\gamma_i^\mu = 2\delta_{ij}g^{\mu\nu} \tag{3.665}$$

$i,j = 1,2,\dots,N$, $\mu,\nu = 1,2,3,4$, $N = 1,2,\dots$

Można je również reprezentować w następujący sposób

$$\Gamma^\mu = \gamma^\mu \otimes \underbrace{J \otimes J \otimes \ldots \otimes J}_{N-1\,\text{razy}} \tag{3.666}$$

gdzie γ^μ są zwykłymi macierzami Diraca, a J jest macierzą jednostkową 4×4. W ten sposób

$$\psi = \psi_{a_1 a_2 \ldots a_N}, \quad a_i = 1,2,3,4,\ i = 1,2,\ldots,N \tag{3.667}$$

a_i są indeksami bispinorowymi Diraca.

W przypadku gdy $V \equiv 0$ mówimy o równaniu jednorodnym, w przeciwnym przypadku o niejednorodnym. Macierz γ^μ działa tylko na pierwszy indeks a_i, czyli a_1.

Powyższe równanie staje się zwykłym równaniem Diraca gdy $N = 1$, zaś oryginalnym równaniem Kählera gdy $N = 2$. Przypadek dowolnego $N = 1,2,\ldots$ był po raz pierwszy rozpatrywany przez W. Królikowskiego ([26–29, 31]).

W ogólności $\hat{\kappa} \neq \kappa J$, gdzie J jest macierzą jednostkową $4N \times 4N$. Zauważmy jeszcze, że możemy zamiast sumy macierzy γ_i^μ wziąć kombinację (tzw. Jacobiego) $\sum_{i=1}^{N} c_i \gamma_i^\mu$, tak, że $\sum_{i=1}^{N} c_i^2 = 1$, $c_i \in E^1$. $N-1$ z nich są liniowo niezależne razem z wyjściową. Np. w przypadku gdy $N = 3$ mamy

$$\Gamma_1^\mu = \frac{1}{\sqrt{3}}(\gamma_1^\mu + \gamma_2^\mu + \gamma_3^\mu) \tag{3.668}$$

$$\Gamma_2^\mu = \frac{1}{\sqrt{2}}(\gamma_1^\mu - \gamma_2^\mu) \tag{3.669}$$

$$\Gamma_3^\mu = \frac{1}{\sqrt{6}}(\gamma_1^\mu + \gamma_2^\mu - 2\gamma_3^\mu) \tag{3.670}$$

co jest równoważne

$$\Gamma_1^\mu = \gamma^\mu \otimes J \otimes J \tag{3.671}$$

$$\Gamma_2^\mu = \gamma^5 \otimes i\gamma^\mu \otimes J \tag{3.672}$$

$$\Gamma_3^\mu = \gamma^5 \otimes \gamma^5 \otimes \gamma^5 \tag{3.673}$$

$$\gamma^5 = i\gamma^4\gamma^1\gamma^2\gamma^3 \tag{3.674}$$

W. Królikowski [27–29] zakładał dodatkowo współzmienniczość Lorentza dla wszystkich indeksów $a_1, a_2, \ldots, a_N$ i równocześnie interpretację probabilistyczną dla każdej funkcji falowej $\psi_{a_1 a_2 \ldots a_N}$. Wtedy możliwe były wyłącznie nieparzyste N, oraz to, że dodatkowe spiny 1/2 odpowiadające indeksom $a_2 \ldots a_N$ musiały dodać się do zera. Przypomnijmy, że pierwszy z indeksów $a_1, a_2, \ldots, a_N$ odpowiada spinowi „prawdziwemu" (temu z równania Diraca), pozostałe $N-1$ to ukryte spiny. W. Królikowski [26–28, 31] zakładał również, że $\psi_{a_1 a_2 \ldots a_N}$ jest całkowicie antysymetryczne w indeksach $a_2, a_3, \ldots, a_N$. Wtedy otrzymywał, że jest to możliwe tylko gdy $N = 1, 3, 5$. W przypadku $N = 3$ antysymetrię otrzymujemy łatwo z warunku

$$\eta_N \Gamma_2^4 \dots \Gamma_N^4 \psi = \psi \qquad \text{dla } N = 3, \tag{3.675}$$

otrzymywanego z warunku, że gęstość prawdopodobieństwa

$$j^4 = \eta_N \psi^+ \Gamma_2^4 \dots \Gamma_N^4 \psi > 0 \tag{3.676}$$

jest dodatnio określona

$$(j^\mu = \eta_N \psi^+ \Gamma_1^4 \Gamma_2^4 \dots \Gamma_N^4 \Gamma_1^\mu \psi) \qquad \eta_N = i\frac{1}{2}(N-1)(N-2) \tag{3.677}$$

Jest to bardzo łatwo widoczne gdy zapiszemy $\psi_{a_1 a_2 a_3}$ w postaci macierzy 4×4 w dwu ostatnich indeksach. Otrzymujemy jeszcze podobnie, że

$$\Gamma_2^5 \Gamma_3^5 \psi = \psi \tag{3.678}$$

wtedy ($N = 3$)

$$\psi = \psi_{a_1 a_2 a_3} = \begin{pmatrix} 0 & \psi_{a_1}^{(3)} & 0 & 0 \\ -\psi_{a_1}^{(3)} & 0 & 0 & 0 \\ 0 & 0 & 0 & \psi_{a_1}^{(3)} \\ 0 & 0 & -\psi_{a_1}^{(3)} & 0 \end{pmatrix} \tag{3.679}$$

W przypadku $N = 5$

$$\psi = (\psi_{a_1 a_2 a_3 a_4 a_5}) = \varepsilon_{a_2 a_3 a_4 a_5} \psi_{a_1}^{(5)} \tag{3.680}$$

gdzie ε_{abcd} jest całkowicie antysymetrycznym tensorem na $\mathbb{C}^4$. $\varepsilon_{1234} = 1$.

W. Królikowski stosuje to równanie do problemu generacji kwarków i leptonów, oraz do algebraicznego modelu dla macierzy mas kwarków i modelu leptonów i kwarków złożonego z algebraicznych partonów.

W. Królikowski rozpatrywał także przypadek parzystego N ([29]).

Przejdźmy teraz do dystrybucyjnego zagadnienia Cauchy'ego dla równania Kählera–Królikowskiego. Rozważmy więc następujący problem dla równania jednorodnego

$$(-i\Gamma^\mu \partial_\mu + \kappa)\psi = 0, \qquad \psi \in S'(E^4, \mathbb{C}^{4^N}) \tag{3.681}$$

$$\psi_{|||t=0} = \chi \in S'(E^3, \mathbb{C}^{4^N}) \tag{3.682}$$

Zapostulujemy rozwiązanie w postaci generowanej przez funkcję dystrybucyjną

$$\psi[\rho] = \int_{-\infty}^{+\infty} \overset{\{t\}}{\psi}[\rho(\cdot, t)]\, dt \qquad \rho \in S(E^4) \tag{3.683}$$

$$\overset{\{t\}}{\psi} = -i(i\Gamma^\mu \partial_\mu + \kappa)\overset{\{t\}}{u} * (\Gamma^4 \chi) \tag{3.684}$$

gdzie $\overset{\{t\}}{u}$ jest funkcją dystrybucyjną z Twierdzenia 2.4.

Łatwo sprawdzić, że spełnia ono równanie i warunki początkowe.

Musimy jeszcze udowodnić jednoznaczność. W tym celu zbadajmy problem początkowy z zerowymi warunkami początkowymi

$$(-i\Gamma^\mu \partial_\mu + \kappa)\psi = 0 \tag{3.685}$$

$$\psi_{|||t=0} = 0 \tag{3.686}$$

Korzystając z równania i warunku początkowego otrzymujemy

$$\left(\frac{\partial}{\partial t}\psi\right)_{|||t=0} = 0 \tag{3.687}$$

teraz działając na obie strony równania operatorem $(i\Gamma^\mu \partial_\mu + \kappa)$ dostajemy

$$(\Box_3 + \kappa^2)\psi = 0 \tag{3.688}$$

$$\psi_{|||t=0} = 0 \tag{3.689}$$

$$\left(\frac{\partial}{\partial t}\psi\right)_{|||t=0} = 0 \tag{3.690}$$

Daje to jedynie rozwiązanie zerowe, $\psi = 0$ na mocy Twierdzenia 2.5. Rozwiązanie jest regularne w sensie Hadamarda, co wynika z ciągłości splotu.

Udowodniliśmy w ten sposób następujące twierdzenie

TWIERDZENIE 3.31. *Jedynym rozwiązaniem dystrybucyjnego zagadnienia Cauchy'ego w klasie S' dla jednorodnego równania Kählera–Królikowskiego*

$$(-i\Gamma^\mu \partial_\mu + \kappa)\psi = 0, \qquad \psi \in S'(E^4, \mathbb{C}^{4^N}) \tag{3.691}$$

$$\psi_{|||t=0} = \chi \in S'(E^3, \mathbb{C}^{4^N}) \tag{3.692}$$

$$N = 1, 2, \ldots, \mu = 1, 2, 3, 4.$$

jest dystrybucja temperowana

$$\psi[\rho] = \int_{-\infty}^{+\infty} [\rho(\cdot, t)]\, dt, \qquad \rho \in S'(E^4) \tag{3.693}$$

zadana przez funkcję dystrybucyjną

$$\overset{\{t\}}{\psi} = -i(i\Gamma^\mu \partial_\mu + \kappa)\Gamma^4(\overset{\{t\}}{u} * \chi) \tag{3.694}$$

$\overset{\{t\}}{u}$ *jest funkcją dystrybucyjną z Twierdzenia 2.4.*

Rozwiązanie jest regularne w sensie Hadamarda dla warunków początkowych w topologiach naturalnych dla wszystkich występujących tu dystrybucji i dla parametru κ.

Przejdźmy teraz do niejednorodnego równania Kählera–Królikowskiego i postawmy dla niego zerowy warunek początkowy

$$(-i\Gamma^\mu \partial_\mu + \kappa)\psi = V \tag{3.695}$$

$$\operatorname{supp} V \subset \{(x,t), t \geq 0\}, \ V \in S'(E^4, \mathbb{C}^{4^N}) \tag{3.696}$$

$$\psi_{|||t=0} = 0 \tag{3.697}$$

Łatwo zauważyć, że dystrybucja $(i\Gamma^\mu\partial_\mu + \kappa)V * E$, gdzie E jest dystrybucją z Twierdzenia 2.5 spełnia warunek początkowy i jest klasy $S'(E^4, \mathbb{C}^{4^N})$.

Przejdźmy teraz do ogólnego zagadnienia Cauchy'ego w klasie S' dla niejednorodnego równania Kählera–Królikowskiego

$$(-i\Gamma^\mu\partial_\mu + \kappa)\psi' = V, \quad V \in S'(E^4, \mathbb{C}^{4^N}) \tag{3.698}$$

$$\psi'_{|||t=0} = \chi \in S'(E^3, \mathbb{C}^{4^N}) \tag{3.699}$$

$$\operatorname{supp} V \subset \{(x,t), t \geq 0\} \tag{3.700}$$

Postulujemy rozwiązanie w postaci

$$\psi' = \psi + (i\Gamma^\mu\partial_\mu + \kappa)V * E \tag{3.701}$$

gdzie ψ jest dystrybucją z poprzedniego twierdzenia. ψ' spełnia równanie i warunki początkowe.

Udowodnimy, że jest to rozwiązanie jedyne. W tym celu rozpatrzymy jeszcze raz problem z zerowymi warunkami początkowymi i zerowymi prawymi stronami. Ma on jak wiemy wyłącznie rozwiązanie zerowe w klasie S'. Z tego powodu z liniowości równania wnioskujemy, że rozwiązanie naszego problemu jest jedyne w klasie S'. Z ciągłości splotu wnioskujemy, że jest regularne w sensie Hadamarda.

W ten sposób udowodniliśmy twierdzenie

TWIERDZENIE 3.32. *Jedynym rozwiązaniem dystrybucyjnego zadania Cauchy'ego w klasie S' dla niejednorodnego równania Kählera–Królikowskiego*

$$(-i\Gamma^\mu\partial_\mu + \kappa)\psi' = V, \quad \psi', V \in S'(E^4, \mathbb{C}^{4^N}) \tag{3.702}$$

$$\psi'_{|||t=0} = \chi \in S'(E^3, \mathbb{C}^{4^N}) \tag{3.703}$$

jest dystrybucja temperowana

$$\psi' = \psi + (i\Gamma^\mu\partial_\mu + \kappa)V * E \tag{3.704}$$

gdzie ψ jest dystrybucją z poprzedniego twierdzenia, a E dystrybucją z Twierdzenia 2.5. Rozwiązanie jest regularne w sensie Hadamarda dla warunków początkowych i prawych stron w topologiach naturalnych dla wszystkich występujących tu dystrybucji. Jest regularne także dla parametru κ.

Przejdźmy teraz do innej wersji równania Kählera–Królikowskiego będącego również wersją równania Duffina–Kemmera zwanego równaniem Duffina–Kemmera–Petiau. Rozpatrzymy to równanie w ogólnym przypadku N, komutujących (a nie antykomutujących) zbiorów macierzy Diraca.

DEFINICJA 3.19. *Równaniem Duffina–Kemmera–Petiau nazywamy równanie*

$$(-i\Gamma^\mu\partial_\mu + \kappa)\psi = V \tag{3.705}$$

gdzie $\psi(x), V(x) \in \mathbb{C}^{4^N}$, $x \in E^4$, $\kappa \geq 0$, Γ^μ *są macierzami* $4N \times 4N$, $N = 2, 3, \ldots,$ *takimi, że*

$$\Gamma^\mu = \frac{1}{N} \sum_{i=1}^{N} \gamma_i^\mu, \quad 1,2,3,4 \tag{3.706}$$

$$\{\gamma_i^\mu, \gamma_i^\nu\} = 2g^{\mu\nu}, \quad i = 1, 2, \ldots, N, \tag{3.707}$$

oraz

$$[\gamma_i^\mu, \gamma_j^\nu] = 0, \quad i \neq j, \; i, j = 1, 2, \ldots, N, \; \mu, \nu = 1, 2, 3, 4. \tag{3.708}$$

W przypadku gdy $V \equiv 0$ *mówimy o równaniu jednorodnym w przeciwnym przypadku o niejednorodnym. Działanie macierzy* γ^μ *jest takie samo jak w Definicji* 3.18.

W przypadku gdy $N = 2$ mamy do czynienia z ogólnie znanym równaniem Duffina–Kemmera–Petiau, a macierze Γ^μ są takimi, że $\Gamma^\mu = \frac{1}{2}(\gamma_1^\mu + \gamma_2^\mu)$. Równanie to opisuje wtedy cząstkę odpowiadającą reprezentacji grupy Lorentza $0 \oplus 1$, tj. dla przykładu mezon pseudoskalarny lub wektorowy. Równanie to w tym szczególnym przypadku można otrzymać jako graniczne przejście równania falowego (Diraca) dla problemu dwóch ciał zakładając, że masy obu cząstek (ciał) są równe i separacja między cząstkami dąży do zera. W ogólnym przypadku dowolnego $N > 2$ otrzymujemy je podobnie z zagadnienia N-ciał w relatywistycznej mechanice kwantowej. Wtedy jednak skład spinowy będzie inny i będzie odpowiadał sumie prostej $0 \oplus 1 \oplus \ldots \oplus \frac{N}{2}$ w przypadku N parzystego i $\frac{1}{2} \oplus \frac{3}{2} \oplus \ldots \oplus \frac{N}{2}$ w przypadku N nieparzystego.

Zauważmy, że w przypadku równania Kählera–Królikowskiego mieliśmy w miejsce komutatorów dla $\gamma_i^\mu, \gamma_j^\nu$ antykomutatory. W ten sposób równanie Kählera–Królikowskiego wykracza poza normalną, konwencjonalną interpretację kwantowej teorii pola, nie może być ono otrzymane tak, jak równanie z powyższej definicji jako graniczny przypadek równanina N-ciał w teorii Diraca gdy separacja przestrzenna między cząstkami dąży do zera. W tym sensie równanie powyższe opisuje nam cząstki złożone w mechanice kwantowej w konwencjonalnym sensie. W przypadku równania Kählera–Królikowskiego poprzednio rozpatrywanego z uwagi na występujące antykomutatory uważane jest ono za równanie opisujące cząstki (fermiony lub bozony) algebraicznie złożone. W pewnym sensie może to być traktowane jako tzw. III kwantyzacja, gdzie mamy do czynienia z kreacją nie pojedyńczych cząstek, ale całych ich zespołów np. N-cząstkowych. Powyższe równanie ma pewne zastosowanie w fizyce hadronów, w szczególności gdy prawa strona jest nieciągła, oraz gdy rozpatrujemy nieciągłe rozwiązania tego równania. Mianowicie ma to zastosowanie w teorii worków (bag model) w zastosowaniu do problemu uwięzienia kwarków, w fizyce silnych oddziaływań.

Przejdźmy teraz do dystrybucyjnego zagadnienia Cauchy'ego dla jednorodnego równania Duffina–Kemmera–Petiau, w klasie dystrybucji temperowanych.

Mamy

$$(-i\Gamma^\mu\partial_\mu + \kappa)\psi = 0, \qquad \psi \in S'(E^4, \mathbb{C}^{4^N}) \tag{3.709}$$

$$\psi_{|||t=0} = \chi \in S'(E^3, \mathbb{C}^{4^N}) \tag{3.710}$$

Postulujemy rozwiązanie tego problemu w postaci

$$\psi[\sigma] = \int_{-\infty}^{+\infty} \overset{\{t\}}{\psi}[\sigma(\cdot,t)]\,dt, \qquad \sigma \in S'(E^4), \tag{3.711}$$

gdzie

$$\overset{\{t\}}{\psi} = (i\Gamma^\mu\partial_\mu + \kappa)(\overset{\{t\}}{u} * \tilde{\chi}); \tag{3.712}$$

$$\tilde{\chi} = -i(\Gamma^4)^{-1}\chi. \tag{3.713}$$

$\overset{\{t\}}{u}$ jest dystrybucją z Twierdzenia 2.5. Rozwiązanie to spełnia równanie i warunek początkowy. Jest to równocześnie jedyne rozwiązanie, co dowodzimy w następujący sposób. Rozpatrzmy następujące zagadnienie początkowe dla tego równania

$$(-i\Gamma^\mu\partial_\mu + \kappa)\psi = 0, \qquad \psi \in S'(E^4, \mathbb{C}^{4^N}) \tag{3.714}$$

$$\psi_{|||t=0} = 0 \tag{3.715}$$

Udowodnimy, że jedynym rozwiązaniem tego problemu jest dystrybucja zerowa $\psi = 0$.

W tym celu zauważmy, że

$$\left(\frac{\partial\psi}{\partial t}\right)_{|||t=0} = 0. \tag{3.716}$$

Wynika to z równania i z tego, że $\psi_{|||t=0} = 0$, oraz tego, że Γ^4 jest odwracalne i

$$(D_{x_i}\psi)_{|||t=0} = D_{x_i}(\psi_{|||t=0}) \qquad i = 1,2,3. \tag{3.717}$$

Działając na obie strony równania operatorem $(i\Gamma^\mu\partial_\mu + \kappa)$ otrzymujemy

$$(\Box_3 + \kappa^2)\psi = 0 \tag{3.718}$$

$$\psi_{|||t=0} = 0, \qquad \left(\frac{\partial\psi}{\partial t}\right)_{|||t=0} = 0. \tag{3.719}$$

Korzystając z Twierdzenia 2.5 otrzymujemy, że jedynym rozwiązaniem tego problemu jest $\psi = 0$. Teraz, korzystając z liniowości równania łatwo otrzymujemy, że jedynym rozwiązaniem naszego problemu jest podane przez nas wyżej. Rozwiązanie to jest regularne w sensie Hadamarda, co wynika z ciągłości splotu. W ten sposób udowodniliśmy twierdzenie.

TWIERDZENIE 3.33. *Jedynym rozwiązaniem dystrybucyjnego problemu Cauch'ego w klasie dystrybucji temperowanych dla jednorodnego równania Duf-*

fina-Kemmera-Petiau

$$(-i\Gamma^{\mu}\partial_{\mu}+\kappa)\psi=0,\qquad \psi\in S'(E^4,\mathbb{C}^{4^N}) \tag{3.720}$$

$$\psi_{|||t=0}=\chi\in S'(E^3,\mathbb{C}^{4^N}) \tag{3.721}$$

jest dystrybucja zadana przez funkcję dystrybucyjną $\overset{\{t\}}{\psi}$:

$$\psi[\sigma]=\int_{-\infty}^{+\infty}\overset{\{t\}}{\psi}[\sigma(\cdot,t)]\,dt,\qquad \sigma\in S(E^4) \tag{3.722}$$

$$\overset{\{t\}}{\psi}=-i(i\Gamma^{\mu}\partial_{\mu}+\kappa)(\Gamma^4)^{-1}(\overset{\{t\}}{u}*\chi) \tag{3.723}$$

gdzie $\overset{\{t\}}{u}$ *jest dystrybucją z Twierdzenia 2.4.*

Rozwiązanie to jest regularne w sensie Hadamarda dla warunków początkowych w topologiach naturalnych dla wszystkich występujących tu dystrybucji. Jest również regularne dla parametru κ.

Przejdźmy teraz do niejednorodnego równania Duffina–Kemmera–Petiau i jego warunku początkowego z zerowymi danymi

$$(-i\Gamma^{\mu}\partial_{\mu}+\kappa)\psi=V,\qquad \psi,V\in S'(E^4,\mathbb{C}^{4^N}) \tag{3.724}$$

$$\operatorname{supp}V\subset\{t,t\geq 0\}\times E^3 \tag{3.725}$$

$$\psi_{|||t=0}=0 \tag{3.726}$$

Rozwiązamiem tego problemu jest dystrybucja

$$\psi'=(-i\Gamma^{\mu}\partial_{\mu}+\kappa)(V*E) \tag{3.727}$$

gdzie E jest dystrybucją z Twierdzenia 2.5 ((2.72)).

Jest to równocześnie jedyne rozwiązanie tego problemu bowiem dla $V\equiv 0$ zgodnie z poprzednim twierdzeniem otrzymamy $\psi'=0$. To zaś w powiązaniu z liniowością równania daje nam jednoznaczność.

Postawimy teraz ogólne zagadnienie Cauchy'ego dla równania Duffina–Kemmera–Petiau. Mamy:

$$(-i\Gamma^{\mu}\partial_{\mu}+\kappa)\psi''=V,\qquad \psi'',V\in S'(E^4,\mathbb{C}^{4^N}) \tag{3.728}$$

$$\psi''_{|||t=0}=\chi\in S'(E^3,\mathbb{C}^{4^N}) \tag{3.729}$$

$$\operatorname{supp}V\subset\{t,t\geq 0\}\times E^3 \tag{3.730}$$

Postulujemy rozwiązanie tego problemu w postaci

$$\psi''=\psi+(i\Gamma^{\mu}\partial_{\mu}+\kappa)(V*E) \tag{3.731}$$

gdzie ψ jest dystrybucją z poprzedniego twierdzenia. Rozwiązanie to spełnia równanie i warunki początkowe. Jest ono również jedynym rozwiązaniem tego problemu, ponieważ dla $\chi=0$ i $V=0$ jedynym rozwiązaniem jest rozwiązanie zerowe. Rozwiązanie jest również regularne w sensie Hadamarda co wynika z ciągłości splotu. W ten sposób udowodniliśmy następujące twierdzenie:

TWIERDZENIE 3.34. *Jedynym rozwiązaniem dystrybucyjnego zagadnienia Cauch'ego w klasie dystrybucji temperowanych dla niejednorodnego równania Duffina-Kemmera-Petiau*

$$(-i\Gamma^\mu \partial_\mu + \kappa)\psi'' = V, \qquad \psi'', V \in S'(E^4, \mathbb{C}^{4^N}) \tag{3.732}$$

$$\psi''_{|||t=0} = \chi \in S'(E^3, \mathbb{C}^{4^N}) \tag{3.733}$$

$$\operatorname{supp} V \subset \{t, t \geq 0\} \times E^3 \tag{3.734}$$

jest dystrybucja temperowana

$$\psi'' = \psi + (i\Gamma^\mu \partial_\mu + \kappa)(V * E) \tag{3.735}$$

gdzie ψ jest dystrybucją z poprzedniego twierdzenia, a E jest dystrybucją z Twierdzenia 2.5 ((2.72)). *Rozwiązanie jest regularne w sensie Hadamarda ze względu na warunki początkowe i prawe strony, oraz parametr κ w topologiach natruralnych dla wszystkich występujących tu dystrybucji.*

Jest oczywiste, że dla wszystkich tu występujących zagadnień początkowych możemy brać dowolny punkt osi czasu $\tau \neq 0$ (a nie tylko $\tau = 0$).

Zauważmy, że prezentowane tu rozwiązania równań Kleina–Gordona, Diraca, Proca, Weyla, równań Maxwella klasy S' o wartościach w odpowiednich przestrzeniach $(E, \mathbb{C}^4, E^4, \mathbb{C}^2, E^3)$ mają wszystkie jedną interpretację kwantowo-mechaniczną. Są one uogólnionymi stanami kwantowo-mechanicznymi (tj. takimi, które „wystają" z przestrzeni Hilberta, są bowiem elementami S'), dla odpowiednio masowych cząstek o spinie 0, 1/2, 1, oraz bezmasowych o spinie 1/2 i 1. Oczywiście w przypadku równań Maxwella możliwa jest również interpretacja w sensie elektrodynamiki klasycznej, o czym była mowa wyżej.

W przypadku zastosowania rozwiązań równania Kleina–Gordona w klasie $S'(E^4)$ jako uogólnionej przestrzeni stanów w relatywistycznej mechanice kwantowej i kwantowej teorii pola musimy wprowadzić tam transformację Fouriera, która wiąże reprezentację pędową z położeniową. Z uwagi na to, że rozpatrujemy tylko przestrzeń rozwiązań uogólnionych (typu $S'(E^4)$) tego równania, a nie całą $S'(E^4)$ przekształcenie Fouriera wygląda cokolwiek inaczej, bowiem zakładamy więzy na pędy, $p_\mu p^\mu = \kappa^2$, tj. $-\vec{p}^2 + p_4^2 = \kappa^2$. W ten sposób definiujemy przekształcenie Fouriera na $S(E^4)$.

$$(\overline{F}^{-1}\sigma)(x) = \int_{E^4} d\Gamma(\kappa) e^{-ipx}\sigma(p) = \frac{1}{(2\pi)^3} \int_{p \in V_\kappa} d^4p e^{-ipx}\sigma(p), \tag{3.736}$$

gdzie $V_\kappa = \{(p_1, p_2, p_3, p_4), -\vec{p}^2 + p_4^2 = -(p_1^2 + p_2^2 + p_3^2) + p_4^2 = \kappa^2\}$ jest tzw. hiperboloidą masy. W ten sposób rozpatrujemy obcięcie E^4 do V_κ, $px = -\vec{p}\cdot\vec{r} + Et$, $\vec{r} = (x_1, x_2, x_3)$.

W przypadku uogólnionego rozwiązania równania Kleina–Gordona klasy S' mamy

$$(\overline{F}^{-1}u)[\sigma] = u[\overline{F}^{-1}\sigma]. \tag{3.737}$$

Łatwo zauważyć skąd bierze się ten warunek. Mianowicie pełna czterowymiarowa transformata Fouriera (tj. dla równania Kleina–Gordona) prowadzi do tego warunku,

$$-\vec{p}^2 + p_4^2 = \kappa^2. \tag{3.738}$$

Tradycyjnie piszemy w miejscu $p_4 = E(\vec{p})$ (energia)

$$-\vec{p}^2 + E^2(\vec{p}) = \kappa^2. \tag{3.739}$$

W przypadku $\kappa = 0$ (równanie falowe) mamy w miejscu V_κ, stożek świetlny

$$-\vec{p}^2 + E^2(\vec{p}) = 0. \tag{3.740}$$

Miara $\Gamma(\kappa)$ lub $\Gamma(0) = \Gamma$ na hiperboloidzie masy lub stożku świetlnym jest miarą relatywistycznie niezmienniczą, tj. niezmienniczą względem działania grupy Lorentza $SO(1,3)$, która nie zmienia warunku $-\vec{p}^2 + p_4^2 = \text{const}$ w przestrzeni pędów. W przypadku innych równań, w szczególności równania Diraca (masowego) Proca, Rarity–Schwingera, cząstki o spinie 5/2 i Diraca–Firza mamy ten sam warunek. Dla równań Maxwella, falowego, Weyla i równania liniowej teorii grawitacji mamy szerszą grupę symetrii, bowiem wystarczy wtedy zachować warunek $-\vec{p}^2 + p_4^2 = 0$, a zatem stożek świetlny. Tą grupą jest grupa konforemna, która jest lokalnie izomorficzna do grupy $SO(2,4)$ (jej uniwersalna nakrywająca jest $SU(2,2)/Z_2 \times Z_2$).

Dla miary Γ mamy:

$$d\Gamma = \frac{1}{(2\pi)^3} \cdot \frac{d^3\vec{p}}{\sqrt{2E(\vec{p})}} \tag{3.741}$$

Przejdźmy teraz do bardzo ważnego zastosowania przekształcenia Fouriera w E^4 dla rozwiązań równania Kleina–Gordona. Mianowicie do rozkładu funkcji falowej (pola) na fale płaskie. Mamy

$$\sigma(x) = \frac{1}{(2\pi)^3} \int_{V_\kappa} d^4p\widehat{\sigma}(p)e^{-ipx}, \qquad \sigma \in S(E^4) \text{ (właściwie to } \sigma \in S(V)) \tag{3.742}$$

tak że $E^2 = \kappa^2 + \vec{p}^2$. Równanie na E ma dwa rozwiązania $E = \pm\sqrt{\vec{p}^2 + \kappa^2}$. Zatem możemy napisać

$$\sigma(x) = \frac{1}{(2\pi)^3} \int_{V_\kappa, E>0} d^4p\widehat{\sigma}(\vec{p}, E)e^{i\vec{p}\vec{r}+iEt} +$$
$$+ \frac{1}{(2\pi)^3} \int_{V_\kappa, E>0} d^4p\widehat{\sigma}(\vec{p}, -E)e^{i\vec{p}\vec{r}-iEt} =$$

$$= \frac{1}{(2\pi)^3} \int\limits_{V_\kappa, E>0} d^4p(\widehat{\sigma}(\vec{p})e^{-ipx} + \widehat{\delta}(\vec{p})e^{ipx}) \quad (3.743)$$

lub

$$\sigma(x) = \frac{1}{(2\pi)^3} \int\limits_{E^3} \frac{d^3\vec{p}}{\sqrt{2E}}(\widehat{\sigma}(\vec{p})e^{-ipx} + \widehat{\delta}(\vec{p})e^{ipx}) \quad (3.744)$$

$\widehat{\delta}(\vec{p}) = \widehat{\sigma}(-\vec{p})$, $E = \sqrt{\vec{p}^2 + \kappa^2}$.

W podobny sposób definiujemy rozkład na fale płaskie dla dystrybucji temperowanej u

$$u[\sigma] = \frac{1}{(2\pi)^3} \int\limits_{V_\kappa, E>0} d^4p(\widehat{u}[\widehat{\sigma}]e^{-ipx} + \widehat{u}[\widehat{\delta}]e^{ipx}), \quad (3.745)$$

lub

$$u[\sigma] = \frac{1}{(2\pi)^3} \int\limits_{E^3} \frac{d^3\vec{p}}{\sqrt{2E}}(\overline{u}[\widehat{\sigma}]e^{-ipx} + \overline{u}[\widehat{\delta}e^{ipx}) \quad (3.746)$$

gdzie $\widehat{u} = \overline{F}u$, u jest oczywiście rozwiązaniem równania Kleina–Gordona. Dla innych równań postępujemy analogicznie biorąc $\sigma \in S(E^4, K)$, a potem $u \in S'(E^4, K)$. Procedura ta ma bardzo ważne znaczenie w relatywistycznej mechanice kwantowej i kwantowej teorii pola. Prowadzi ona do pojawienia się antycząstek w drugiej kwantyzacji ([15]).

Wszystkie rozpatrzone w tym rozdziale równania są równaniami różniczkowymi cząstkowymi, hiperbolicznymi ([16]), liniowymi, które w przypadku klasycznym spełnione są przez funkcje na E^4 o wartościach w odpowiednich przestrzeniach niezmienniczych nieprzywiedlnych reprezentacji grupy Poincaré. Są one więc wyznaczone przez wartość spinu s, oraz κ, w przypadku $\kappa > 0$. Dla $\kappa = 0$ mamy wartość s i helicity (skrętność) ± 1. W ten sposób moglibyśmy rozpatrywać przestrzeń $S(E^4, K)$ i $S(E^3, K)$, gdzie K będzie tego typu przestrzenią, oraz stawiać warunek początkowy w odpowiedniej klasie $S'(E^4, K)$, z danymi w $S'(E^3, K)$. Podobnie możemy mieć $\mathcal{D}'(E^4, K)$, $\mathcal{D}'(E^3, K)$.

W przypadku równań dla spinu $s = \frac{1}{2}, 1, 3/2, 2, 5/2$, w przypadku masywnym odpowiednio używaliśmy jako $K = B, M, B \times M, (M \times M)_S, B \times (M \times M)_S$ gdzie B oznacza przestrzeń bispinorów Diraca, a M przestrzeń Minkowskiego, $(M \times M)_S$ oznacza przestrzeń tensorów symetrycznych o walencji 2. W przypadku bezmasowym $K = W, E^3 \times E^3, W \times M, (M \times M)_S, W \times (M \times M)_S$, gdzie W oznacza przestrzeń spinorów Weyla, a $E^3 \times E^3$ iloczyn kartezjański trójwymiarowych przestrzeni euklidesowych (dla pola elektrycznego i magnetycznego) — przypadek równań Maxwella. Dla tych ostatnich używaliśmy również E^3 i M.

Rozpatrywane w pracy rozwiązania uogólnione równań falowych relatywistycznej teorii kwantów są elementami $S'(E^4, K)$ z odpowiednio dobraną przestrzenią K (o czym mówiliśmy wyżej). Są one równocześnie rozwiązaniami odpowiedniego równania. W przypadku równania jednorodnego tworzą one domkniętą podprzestrzeń $S'(E^4, K)$. Jeśli weźmiemy pod uwagę funkcję klasy $S(E^4, K)$ spełniające odpowiednie równanie jednorodne, to te przestrzenie również będą domkniętą podprzestrzenią $S(E^4, K)$. Oznaczmy pierwszą przestrzeń przez $S'_r(E^4, K)$, a drugą przez $S_r(E^4, K)$. Równocześnie możemy zadać pytanie tyczące rozwiązań klasy $L^2(E^4, K)$ tego równania i oznaczmy przestrzeń tego typu przez $H_r(E^4, K)$. $H_r(E^4, K)$ jest domkniętą podprzestrzenią $L^2(E^4, K)$. Będziemy więc mieli następującą trójkę Gelfanda

$$S_r(E^4, K) \subset H_r(E^4, K) \subset S'_r(E^4, K). \tag{3.747}$$

Powstaje pytanie jak określić iloczyn skalarny w $H_r(E^4, K)$. Najłatwiejszą metodą takiego określenia jest określenie go dla transformat Fouriera funkcji falowych (pamiętamy, że transformata Fouriera jest izometrią w $L^2(E^4, K)$) przy założeniu, że funkcja ta spełnia równanie jednorodne. To zaś sprowadza się do tego, że zmienne p_μ (pędy) należą do hiperpoloidy masy, lub stożka świetlnego (przypadek bezmasowy). Zatem będziemy używać miary $d\Gamma(\kappa)$ lub Γ na hiperboloidzie masy lub stożku świtlnym. Fakt, że występujące funkcje mają wartości w K spowoduje, że będziemy musieli dodatkowo dokonać sumowania w przestrzeni K – biorąc naturalny iloczyn skalarny w skończenie wymiarowej przestrzeni K, tj. po zmiennych związanych ze spinem. W przypadku bispinorów Diraca mamy taki naturalny iloczyn skalarny w $\mathbb{C}^4$, to samo jest w przypadku dwukomponentowych spinorów.

W ten sposób mamy dla pola skalarnego (równanie Kleina–Gordona)

$$(u_1, u_2)_{H_r} = (Fu_1, Fu_2) = \int_{V\kappa} d\Gamma(\kappa)(Fu_1)^*(\vec{p})(Fu_2)(\vec{p}) \tag{3.748}$$

W przypadku równania Diraca mamy analogicznie

$$\begin{aligned}(\psi_1, \psi_2)_{H_r} &= (F\psi_1, F\psi_2) = \\ &= \int_{V\kappa} d\Gamma(\kappa)(F\psi_1)^+(\vec{p})(F\psi_2)(\vec{p})\end{aligned} \tag{3.749}$$

Sumowanie jest tu automatycznie wykonane z uwagi na wykorzystanie sprzężenia hermitowskiego, $+''$.

W reprezentacji położeniowej można mu nadać postać

$$(\psi_1, \psi_2) = \int_{E^3} d^3\vec{x}\,\psi_1^+(\vec{x}, t)\psi_2(\vec{x}, t) \tag{3.750}$$

lub inaczej

$$(\psi_1, \psi_2) = \int_{\sigma} d\sigma_\mu \overline{\psi}_1(x)\gamma^\mu\psi_2(x) \tag{3.751}$$

gdzie $\overline{\psi}_1 = \psi_1^+\gamma^4$, oraz σ jest hiperpowierzchnią w E^4 tego typu, że jej wektor normalny n^μ jest taki, że $n_\mu n^\mu = 1$ Powyższe wyrażenie nie zależy od wyboru tej powierzchni. $d\sigma_\mu$ jest wektorem normalnym do σ.

W przypadku równań Maxwella z warunkiem Lorentza możemy napisać podobnie

$$(A^1_\mu, A^2_\nu) = (FA^1_\mu, FA^2_\nu) =$$
$$= -\int_{V_0} d\Gamma (FA^1_\mu)^*(\vec{p})(FA^{2\mu})(\vec{p}) \tag{3.752}$$

W reprezentacji położeniowej będzie to miało postać

$$(A^1_\mu, A^2_\nu = i \int_\sigma d\sigma_\mu (\partial^{[\mu} A^{1\nu]*}(x) A^2_\nu(x) +$$
$$- A^{1*}_\nu(x) \partial^{[\mu} A^{2\nu]}(x)) \tag{3.753}$$

Oczywiście mamy spełniony warunek Lorentza

$$p^\mu(FA^i_\mu) = 0, \qquad i = 1, 2, \text{ lub} \tag{3.754}$$
$$\partial^\mu A^i_\mu = 0, \qquad i = 1, 2, \tag{3.755}$$

w tym ostatnim przypadku przyjmujemy, że w ogólności A_μ przyjmują wartości zespolone.

W podobny sposób postępujemy w przypadku innej reprezentacji pola elektromagnetycznego (przy użyciu natężeń $\vec{E}$ i $\vec{B}$), oraz dla pola Proca i innych tj. Rarity–Schwingera, liniowej teorii grawitacji, masywnego grawitonu, Weyla, równania dla cząstki o spinie 5/2, Diraca–Fierza (dowolny spin s), uogólnionych pól Maxwella, równań Maxwella w cechowaniu Coulomba, równań Duffina–Kemmera i Kählera–Królikowskiego.

W przypadku traktowania kwantowo-mechanicznie równań Maxwella zapisanych przy pomocy natężeń pól stosuje się przestrzeń Hilberta rozwiązań tych równań z następującym iloczynem skalarnym

$$(\varphi_1, \varphi_2) = \frac{1}{4\pi} \int d^3\vec{x} \int d^3\vec{y} \Big\{ \vec{\varepsilon}_1{}^*(\vec{x}, t) \cdot \frac{\vec{\nabla} \vec{B}_2(\vec{y}, t)}{|\vec{x} - \vec{y}|} +$$
$$- \vec{\nabla} \times \vec{B}_1{}^*(\vec{x}, t) \frac{\vec{\varepsilon}_2(\vec{y}, t)}{|\vec{x} - \vec{y}|} \Big\} \tag{3.756}$$

gdzie $\vec{\varepsilon}$ i $\vec{B}$ są polami spełniającymi równanie Maxwella (o wartościach zespolonych).

Zauważmy, że równanie Diraca pojawiło się po raz pierwszy w [32–34], równanie Proca w [35], równanie Rarity–Schwingera w [36], równanie Diraca–Fierza w [37–39]. Dla równania falowego cząstki o wyższym spinie opracowano teorię w [39–40], zaś reguły Feynmanowskie i propagatory badano w [42–44]. Podstawowe dla pracy równanie tj. równanie Kleina–Gordona było po raz pierwszy badane przez O. Kleina [45], W. Focka [46, 47] i W. Gordona [48]. Było również badane przez E. Schrödingera w zastosowaniu do problemu widma atomu wodoru, z tym, że nie przyniosło pożądanych rezultatów. Spowodowało to, że

E. Schrödinger wyprowadził swoje słynne równanie zwane równaniem Schrödingera [49]. Na temat mechaniki kwantowej i kwantowej teorii pola można więcej dowiedzieć się z prac [50–53], a na temat klasycznej elektrodynamiki z prac [54–55]. Na temat dalszych zastosowań równania Kählera odwołujemy się do bibliografii w pracach W. Królikowskiego ([26–29]) oraz do pracy [31], gdzie rozpatrywano problem dla $N = 2, 4$ w zastosowaniach do pól Higgsa, oraz problem geometrycznych fermionów w zastosowaniu do problemu generacji rodzin (family problem).

Zauważmy, że gdy chcemy interpretować rozwiązania zagadnień początkowych Cauchy'ego wszystkich występujących tu równań jako uogólnionych stanów relatywistycznych, kwantowych cząstek musimy założyć coś o własnościach transformacyjnych warunków początkowych i prawych stron. Pamiętajmy, że udowodnione twierdzenia nie wymagają tego typu założeń. W ten sposób musimy założyć, że w E^4, (R^4) działa grupa Lorentza. Umówimy się, że bierzemy jej spójną składową jedności. A zatem interpretując działanie grupy Lorentza jako zmiany układów współrzędnych w R^4, która w tym momencie staje się przestrzeni Minkowskiego musimy powiedzieć jak będą transformowały się warunki początkowe i prawe strony. W ten sposób zakładając, że w przypadku równania Kleina–Gordona transformują się jak skalary (lub pseudoskalary, jeśli weźmiemy pod uwagę odbicia przestrzenne), w przypadku równania Diraca jak bispinory Diraca, Weyla jak spinory Weyla, Proca jak czterowektory, Rarity–Schwingera jak bispinory Diraca a czterowektory zarazem, zaś w przypadku równania liniowej teorii grawitacji i równania dla masywnego grawitonu jak symetryczne tensory Lorentza, w przypadku równania falowego dla cząstki o spinie 5/2 jak bispinory Diraca i symetryczne tensory Lorentza o walencji 2. W przypadku równania Diraca–Fierza jak odpowiednie spinory dwukomponentowe, a w przypadku równań dla uogólnionych pól Maxwella jak całkowicie antysymetryczne tensory Lorentza. W przypadku równań Duffina–Kemmera zgodnie z rozkładem na sumę prostą nieprzywiedlnych reprezentacji Lorentza dla odpowiedniej reprezentacji nieprzywiedlnej algebry Duffina–Kemmera. W przypadku równania Kählera–Królikowskiego jak iloczyn tensorowy N reprezentacji odpowiadających spinowi 1/2 czyli $[D(0,1/2) \oplus D(1/2,0)]^N$, podobnie w przypadku równania Duffina–Kemmera–Petiau.

W ten sposób w przypadku każdego równania rozpatrywanego tutaj będziemy mogli identyfikować dwa zbiory warunków początkowych i prawych stron jeśli będą one połączone transformacją Lorentza we właściwej jej reprezentacji odpowiadającej danemu równaniu. Czyli innymi słowy wprowadzamy relację równoważności w klasie wszystkich możliwych warunków początkowych dla danego równania w klasie S' (lub $\mathcal{D}'$). Zatem podzielimy tę klasę na klasy abstrakcji. W podobny spoosób możemy podzielić na klasy abstrakcji same rozwiązania. Łatwo zauważyć, że jeżeli wybierzemy sobie dwa zbiory warunków początkowych z danej klasy abstrakcji i skonstruujemy rozwiązanie, to otrzymane rozwiązania będą należały do tej samej klasy abstrakcji rozwiązań. Nazywamy to relatywistyczną współzmienniczością rozwiązań. Z uwagi na wyniki Dadatku C zastosowane do Twierdzenia 2.5 łatwo jest zauważyć, że wszystkie udowodnione tu twierdzenia są prawdziwe także gdy weźmiemy pod uwagę wszystkie dystrybucje $\mathcal{D}'$ i gdy będziemy zadawać warunek początkowy poprzez zwykle ustalenie zmiennej w dystrybucji, w dowolnym punkcie $\tau \in E^1$ (tj. różnym od zera). W ten sposób pomimo, że dane początkowe należą do $\mathcal{D}'(E^3)$ i szukamy rozwiązania w $\mathcal{D}'(E^4)$, to rozwiązanie będzie należało do $S'(E^4)$.

4. Klasyczne zagadnienie Cauchy'ego dla równania Kleina–Gordona i innych równań relatywistycznej mechaniki kwantowej

Przejdźmy teraz do klasycznego problemu początkowego dla równania Kleina–Gordona i równań pochodnych.

Wszystkie rozpatrywane tu równania różniczkowe cząstkowe, liniowe, hiperboliczne (układy równań hiperbolicznych) spełniają założenia twierdzenia o istnieniu i jednoznaczności klasycznego zagadnienia Cauchy'ego. Są to równania o stałych współczynnikach. Wskazanie rozwiązania spełniającego klasyczne zadanie Cauchy'ego gwarantuje jednoznaczność.

Ogólną definicję hiperboliczności układów kwazylinowych równań różniczkowych cząstkowych można znaleźć w pracy [56].

4a. Równania Kleina–Gordona, Diraca, Proca i Weyla. Jeśli $h_j \in C_0^\infty(E^3)$, to dystrybucja $\overset{\{t\}}{\omega}$ jest funkcją klasy C^∞ przy każdym ustalonym t.

$$
\begin{aligned}
\overset{\{t\}}{\omega}(x) = {} & \frac{1}{4\pi t}\int\limits_{|\xi|=|t|} h_1(x-\xi)\,d\xi + \frac{\partial}{\partial t}\left\{\frac{1}{4\pi t}\int\limits_{|\xi|=|t|} h_0(x-\xi)\,d\xi\right\}+ \\
& -\kappa\int\limits_{|\xi|<|t|}\frac{\mathcal{J}_1(\kappa\sqrt{t^2-\xi^2})}{4\pi\sqrt{t^2-\xi^2}}h_1(x-\xi)\,d\xi+ \\
& -\kappa\frac{\partial}{\partial t}\left[\int\limits_{|\xi|<|t|}\frac{\mathcal{J}_1(\kappa\sqrt{t^2-\xi^2})}{4\pi\sqrt{t^2-\xi^2}}h_0(x-\xi)\,d\xi\right] = \\
= {} & \omega(t,x), \qquad x\in E^3,\ t\in E^1
\end{aligned}
\tag{4.1}
$$

Oczywiście mamy tak, że:

$x = (x_1, x_2, x_3)$
$y = (y_1, y_2, y_3)$
$\xi = (\xi_1, \xi_2, \xi_3)$.

Zachodzi następujące twierdzenie, w którym są osłabione założenia dotyczące gładkosci h_0 i h_1. Mianowicie

TWIERDZENIE 4.1. *Jeśli funkcja h_0 jest klasy $C^3(E^3)$, a funkcja h_1 jest klasy $C^2(E^3)$, to funkcja $\omega(t,x)$ jest klasy $C^2(E^4)$ i spełnia równanie Kleina–Gordona*

$$(\Box_3 + \kappa^2)\omega(t,x) = 0, \qquad \text{dla } t \geq 0 \tag{4.2}$$

wraz z następującymi warunkami początkowymi

$$\omega(0,x) = h_0(x)\,,$$
$$\left(\frac{\partial\omega(t,x)}{\partial t}\right)_{|t=0} = h_1(x)\,, \qquad dla\ x \in E^3 \tag{4.3}$$

patrz Twierdzenie 2.3 i Twierdzenie 2.4.

Przejdźmy teraz do klasycznego problemu początkowego dla niejednorodnego równania Kleina–Gordona przy zerowych warunkach początkowych. Rozwiązaniem tego problemu przy założeniu, że $f \in C_0^\infty(E^4)$ i $\operatorname{supp} f \subset \{(x_1,x_2,x_3,t), t \geq 0\}$ jest $E*f$. Wtedy istnieje splot $E*f$ i jest funkcją klasy $C^\infty(E^4)$. Korzystając z postaci E możemy napisać, przy założeniu, że $f \equiv 0$, dla $t < 0$.

$$\begin{aligned}(E*f)(t,x) = \frac{1}{4\pi}\int\limits_{|y-x|\le t} \frac{f(t-|y-x|,y)}{|y-x|}\,dy + \\ -\kappa\int\limits_0^t\int\limits_{|y|<\tau}\frac{\mathcal{J}_1(\kappa\sqrt{\tau^2-y^2})}{4\pi\sqrt{\tau^2-y^2}}f(t-\tau,x-y)\,dy\,d\tau = \\ = v(t,x), \quad t\ge 0,\ x,y\in E^3\end{aligned} \tag{4.4}$$

gdzie

$$|x-y| = \sqrt{(x_1-y_1)^2+(x_2-y_2)^2+(x_3-y_3)^2} \tag{4.5}$$

$v(t,x)$ spełnia niejednorodne równanie Kleina–Gordona przy dużo słabszych założeniach dotyczących funkcji f, tj. $f \in C^2(E^4)$ i $f \equiv 0$, $t < 0$, z następującymi warunkami początkowymi

$$v(0,x) = 0, \qquad \left(\frac{\partial v}{\partial t}(t,x)\right)_{|t=0} = 0\,. \tag{4.6}$$

Można to sprawdzić bezpośrednim rachunkiem (patrz np. [57]).

W ten sposób dochodzimy do klasycznego problemu początkowego dla niejednorodnego równania Kleina–Gordona (patrz Twierdzenie 2.5).

TWIERDZENIE 4.2. *Niech $f \in C^2(E^4)$, oraz $f(t,x) \equiv 0$ dla $t < 0$. Niech $h_0 \in C^3(E^3)$, $h_1 \in C^2(E^3)$ wtedy funkcja:*

$$\begin{aligned}u(t,x) = \frac{1}{4\pi t}\int\limits_{|\xi|=t} h_1(x-\xi)\,d\xi + \frac{\partial}{\partial t}\left\{\frac{1}{4\pi t}\int\limits_{|\xi|=t} h_0(x-\xi)\,d\xi\right\} + \\ -\kappa\int\limits_{|\xi|<t}\frac{\mathcal{J}_1(\kappa\sqrt{t^2-\xi^2})}{4\pi\sqrt{t^2-\xi^2}}h_1(x-\xi)\,d\xi + \\ -\kappa\frac{\partial}{\partial t}\left\{\int\limits_{|\xi|<t}\frac{\mathcal{J}_1(\kappa\sqrt{t^2-\xi^2})}{4\pi\sqrt{t^2-\xi^2}}h_0(x-\xi)\,d\xi\right\} +\end{aligned}$$

$$+\frac{1}{4\pi}\int\limits_{|y-x|\le t}\frac{f(t-|y-x|,y)}{|y-x|}\,dy+$$

$$-\kappa\int\limits_0^t\int\limits_{|y|<\tau}\frac{\mathcal{J}_1(\kappa\sqrt{\tau^2-y^2})}{4\pi\sqrt{\tau^2-y^2}}f(t-\tau,x-y)\,dy\,d\tau \tag{4.7}$$

określona dla $x\in E^3$ i $t\ge 0$ jest klasy $C^2(E^4)$ i spełnia w sensie klasycznym niejednorodne równanie Kleina–Gordona $(\Box_3+\kappa^2)u=f$, tak że

$$\begin{aligned} u(0,x)&=h_0(x),\\ \left(\frac{\partial u}{\partial t}(t,x)\right)_{|t=0}&=h_1(x). \end{aligned} \tag{4.8}$$

Zauważmy, że prezentowane metody szukania rozwiązań klasy $S'(E^4)$ dla równania Kleina–Gordona prowadzi bezpośrednio do rozwiązania problemu klasycznego przy dużo mocniejszych założeniach niż to normalnie jest wymagane. Jednak wyprowadzone wzory istnieją także przy słabszych założeniach i dają funkcję, która spełnia klasyczne zagadnienie początkowe.

Korzystając z przeprowadzonych rachunków dla dystrybucyjnego zagadnienia Cauchy'ego w klasie $S'(E^4)$ dla równania Diraca i Proca przedstawimy teraz rozwiązanie klasycznego problemu początkowego tych równań. Zacznijmy od równania Diraca.

Załóżmy, że funkcja $\varphi_a\in C_0^\infty(E^3)$. Mamy wtedy, że dystrybucja ψ_a jest funkcją klasy $C^\infty(E^4)$ oraz

$$\psi_a(t,x)=(i\gamma_\mu\partial_\mu+J\kappa)^b{}_a\left\{\frac{1}{4\pi t}\int\limits_{|\xi|=|t|}\widehat{\varphi}_b(x-\xi)\,d\xi+\right.$$

$$\left.-\kappa\int\limits_{|\xi|<|t|}\frac{\mathcal{J}_1(\kappa\sqrt{t^2-\xi^2})}{4\pi\sqrt{t^2-\xi^2}}\widehat{\varphi}_b(x-\xi)\,d\xi\right\}. \tag{4.9}$$

Funkcja ta spełnia równanie oraz warunki początkowe także przy słabszych założeniach. W istocie wystarczy założyć, że φ_b jest klasy C^2 na E^3. Rozwiązanie jest wtedy klasy C^1 na E^4 (patrz Twierdzenie 3.1).

Zachodzi następujące twierdzenie

TWIERDZENIE 4.3. *Jeżeli funkcje o wartościach w $\mathbb{C}$, $\varphi_a(x)$ są klasy C^2 w E^3, to funkcje $\psi_a(t,x)$ są klasy C^1 w E^3 i spełniają równanie Diraca*

$$(-i\gamma_\mu\partial_\mu+\kappa J)\psi=0 \qquad dla\ t\ge 0 \tag{4.10}$$

wraz z następującymi warunkami początkowymi

$$\psi(0,x)=\varphi(x),\qquad \widehat{\varphi}(x)=-i\gamma^4\varphi(x). \tag{4.11}$$

Przejdźmy teraz do klasycznego problemu początkowego dla niejednorodnego równanie Diraca. Rozwiązaniem tego problemu przy zerowych warunkach początkowych

kowych i założeniu, że V jest klasy C_0^∞ jest $E * \overline{S}^a{}_b V_a$. W tym przypadku splot istnieje i mamy

$$(\overline{S}^a{}_b V_a * E)(t,x) = (i\gamma_\mu \partial_\mu + \kappa J)^a{}_b \Big\{ \int\limits_{|y-x|\le t} \frac{V_a(t-|y-x|, y)}{|y-x|}\, dy +$$

$$- \kappa \int\limits_0^t \int\limits_{|y|<\tau} \frac{\mathcal{J}_1(\kappa\sqrt{\tau^2 - y^2})}{4\pi\sqrt{\tau^2-y^2}} V_a(t-\tau, x-y)\, dy\, d\tau \Big\} =$$

$$= \chi_a(t,x) \qquad t \ge 0\,. \tag{4.12}$$

$\chi(t,x)$ spełnia równanie Diraca przy dużo słabszych założeniach dotyczących funkcji V, tj. $V \in C^2(E^4)$ i $V \equiv 0$ dla $t < 0$, z następującymi warunkami początkowymi

$$\chi(0,x) = 0\,. \tag{4.13}$$

Można to sprawdzić bezpośrednim rachunkiem.

W ten sposób dochodzimy do klasycznego problemu początkowego dla niejednorodnego równania Diraca (patrz Twierdzenie 3.3).

TWIERDZENIE 4.4. *Niech $V \in C^2(E^4)$ o wartościach w $\mathbb{C}^4$, oraz $V(t,x) \equiv 0$ dla $t < 0$. Niech $\varphi \in C^2(E^4)$ o wartościach w $\mathbb{C}^4$, wtedy funkcje*

$$U(t,x) = (-i\gamma_\mu \partial_\mu + \kappa J) \cdot \Big\{ \frac{1}{4\pi t} \int \widehat{\varphi}(x-\xi)\, d\xi +$$

$$- \kappa \int\limits_{|\xi|<t} \frac{\mathcal{J}_1(\kappa\sqrt{t^2-\xi^2})}{4\pi\sqrt{t^2-\xi^2}} \widehat{\varphi}(x-\xi)\, d\xi +$$

$$+ \frac{1}{4\pi} \int\limits_{|y-x|\le t} \frac{V(t-|y-x|, y)}{|y-x|}\, dy +$$

$$- \kappa \int\limits_0^t \int\limits_{|y|<\tau} \frac{\mathcal{J}_1(\kappa 4\pi\sqrt{\tau^2-y^2})}{\sqrt{\tau^2-y^2}} V(t-\tau, x-y)\, dy\, d\tau \Big\} \tag{4.14}$$

określone dla $x \in E^3$ i $t \ge 0$ są klasy $C'(E^4)$ i spełniają w sensie klasycznym niejednorodne równanie Diraca $(-i\gamma^\mu \partial_\mu + \kappa J)U = V$, tak że $U(0,x) = \varphi(x)$.

Zauważmy, że prezentowana metoda szukania rozwiązania klasy $S'(E^4)$ dla równania Diraca prowadzi bezpośrednio do rozwiązania problemu klasycznego przy dużo mocniejszych założeniach niż to jest wymagane. Jednak wyprowadzone wzory istnieją także przy dużo słabszych założeniach i dają funkcję, która spełnia klasyczne zagadnienia początkowe.

W podobny sposób podejdziemy do równania Proca. Jeśli a_λ, b_λ są klasy $C_0^\infty(E^3)$, to dystrybucja

$$\overset{\{t\}}{A}_\lambda = \overset{\{t\}}{u} * b_\lambda + \frac{\partial \overset{\{t\}}{u}}{\partial t} * a_\lambda \tag{4.15}$$

jest funkcją klasy C^∞ przy każdym ustalonym t

$$\begin{aligned}\overset{\{t\}}{A}_\lambda = {} & \frac{1}{4\pi t} \int\limits_{|\xi|=|t|} b_\lambda(x-\xi)\, d\xi + \frac{\partial}{\partial t}\left\{ \frac{1}{4\pi t} \int\limits_{|\xi|=|t|} a_\lambda(x-\xi)\, d\xi \right\} + \\ & - \kappa \int\limits_{|\xi|<t} \frac{\mathcal{J}_1(\kappa\sqrt{t^2-\xi^2})}{4\pi\sqrt{t^2-\xi^2}} b_\lambda(x-\xi)\, d\xi + \\ & - \kappa \frac{\partial}{\partial t}\left[\int\limits_{|\xi|<t} \frac{\mathcal{J}_1(\kappa\sqrt{t^2-\xi^2})}{4\pi\sqrt{t^2-\xi^2}} a_\lambda(x-\xi)\, d\xi \right] = \\ = {} & A_\lambda(x,t)\,. \end{aligned} \tag{4.16}$$

Zachodzi następujące twierdzenie, w którym są osłabione założenia dotczące gładkości a_λ i b_λ (patrz Twierdzenie 3.2). Mianowicie:

TWIERDZENIE 4.5. *Jeśli funkcje a_λ są klasy $C^3(E^3)$, a funkcje b_λ, $\lambda = 1,2,3,4$ klasy $C^2(E^3)$ to funkcje $A_\nu(x,t)$, $\nu = 1,2,3,4$ są klasy $C^2(E^4)$ i spełniają równanie Proca (układ równań).*

$$\begin{aligned} (-g^{\mu\lambda}\Box_3 + \partial^\mu\partial^\lambda - g^{\mu\lambda}\kappa^2)A_\lambda(x,t) = 0 \qquad & dla\ t \geq 0\,, \\ A_\lambda(0,x) = a_\lambda(x)\,, & \\ \left(\frac{\partial A_\nu(x,t)}{\partial t}\right)_{|t=0} = b_\nu(x)\,. & \end{aligned} \tag{4.17}$$

tak że $b_4 = \vec{\nabla}\vec{a}$, $\vec{\nabla}\vec{b} = -\kappa^2 a_4 + \Delta_3 a_4$, gdzie $\vec{a} = (a_1, a_2, a_3)$, $\vec{b} = (b_1, b_2, b_3)$.

Przejdźmy teraz do klasycznego problemu początkowego dla niejednorodnego równania Proca przy zerowych warunkach początkowych i założeniu, że $B^\mu \in C_0^\infty(E^4)$, $\mu = 1,2,3,4$. Wtedy istnieje splot $E * B^\mu$.

$$\begin{aligned} & \left[-\frac{1}{4}\left(g_{\mu\nu} + \frac{1}{\kappa^2}\partial_\mu\partial_\nu\right) E * B^\mu\right](x,t) = \\ & \quad = -\left(g_{\mu\nu} + \frac{1}{\kappa^2}\partial_\mu\partial_\nu\right)\left\{ \frac{1}{4\pi} \int\limits_{|y-x|\leq t} \frac{B^\mu(t-|y-x|, y)}{|y-x|}\, dy + \right. \\ & \quad \left. - \kappa \int\limits_0^t \int\limits_{|y|<\tau} \frac{\mathcal{J}_1(\kappa\sqrt{\tau^2-y^2})}{4\pi\sqrt{\tau^2-y^2}} B^\mu(t-\tau, x-y)\, dy\, d\tau \right\} = \\ & \quad = C_\nu(t,x), \qquad t \geq 0\,. \end{aligned} \tag{4.18}$$

$C_\nu(t,x)$ spełnia równanie Proca przy dużo słabszych założeniach dotyczących funkcjji B^μ, tj. $B^\mu \in C^4(E^4)$ i

$$\left(g_{\mu\nu} + \frac{1}{\kappa^2}\partial_\mu\partial_\nu\right)B^\mu \equiv 0 \tag{4.19}$$

dla $t < 0$, z następującymi warunkami początkowymi

$$C_\nu(0,x) = 0, \qquad \left(\frac{\partial C_\nu}{\partial t}(t,x)\right)_{|t=0} = 0\,. \tag{4.20}$$

Można to sprawdzić bezpośrednim rachunkiem, w ten sposób dochodzimy do klasycznego problemu początkowego dla niejednorodnego równania Proca (patrz Twierdzenie 3.4).

TWIERDZENIE 4.6. *Niech* $B^\mu \in C^4(E^4)$, *oraz*

$$\left(g_{\mu\nu} + \frac{1}{\kappa^2}\partial_\mu\partial_\nu\right)B^\nu \equiv 0 \quad \text{dla } t < 0\,. \tag{4.21}$$

Niech $a_\lambda \in C^5(E^3)$, $b_\lambda \in C^4(E^3)$ *tak że* $b_4 = \vec{\nabla}\vec{a}$, $\vec{\nabla}\vec{b} = -\kappa^2 a_4 + \Delta_3 a_4$, *gdzie* $\vec{a} = (a_1, a_2, a_3)$, $\vec{b} = (b_1, b_2, b_3)$. *Wtedy funkcje*

$$\begin{aligned}
A_\nu(t,x) = {} & \frac{1}{4\pi t}\int\limits_{|\xi|=t} b_\nu(x-\xi)\,d\xi + \frac{\partial}{\partial t}\left\{\frac{1}{4\pi t}\int\limits_{|\xi|=t} a_\nu(x-\xi)\,d\xi\right\} + \\
& - \kappa\int\limits_{|\xi|<t} \frac{\mathcal{J}_1(\kappa\sqrt{t^2-\xi^2})}{4\pi\sqrt{t^2-\xi^2}}\, b_\nu(x-\xi)\,d\xi + \\
& - \kappa\frac{\partial}{\partial t}\left[\int\limits_{|\xi|<t} \frac{\mathcal{J}_1(\kappa\sqrt{t^2-\xi^2})}{4\pi\sqrt{t^2-\xi^2}}\, a_\nu(x-\xi)\,d\xi\right] + \\
& - \frac{1}{4}\left(g_{\mu\nu} + \frac{1}{\kappa^2}\partial_\mu\partial_\nu\right) + \left\{\frac{1}{4\pi}\int\limits_{|y-x|\le t} \frac{B^\mu(t-|y-x|,y)}{|y-x|}\,dy + \right. \\
& \left. - \kappa\int\limits_0^t \int\limits_{|y|<\tau} \frac{\mathcal{J}_1(\kappa 4\pi\sqrt{\tau^2-y^2})}{\sqrt{\tau^2-y^2}}\, B^\mu(t-\tau, x-y)\,dy\,d\tau\right\}
\end{aligned} \tag{4.22}$$

określona dla $x \in E^3$ *i* $t \ge 0$ *jest klasy* $C^2(E^4)$ *i spełnia w sensie klasycznym niejednorodne równanie Proca.*

$$(-g^{\mu\lambda}\Box_3 + \partial^\mu\partial^\lambda - g^{\mu\nu}\kappa^2)A_\lambda = B^\mu \tag{4.23}$$

tak że

$$\begin{aligned}
A_\nu(0,x) &= a_\nu(x)\,, \\
\left(\frac{\partial A_\nu(t,x)}{\partial t}\right)_{|t=0} &= b_\nu(x)\,.
\end{aligned} \tag{4.24}$$

Zauważmy, że prezentowana metoda szukania rozwiązania klasy $S'(E^4)$ dla równania Proca prowadzi bezpośrednio do rozwiązania problemu klasycznego przy dużo mocniejszych założeniach niż to normalnie jest wymagane. Jednak wyprowadzone wzory istnieją także przy słabszych założeniach i dają rozwiązanie klasycznego zagadnienia początkowego.

Przejdźmy teraz do klasycznego problemu początkowego dla równania Weyla. Jeśli $\varphi_a \in C_0^\infty(E^3)$ o wartościach w $\mathbb{C}$, to dystrybucja

$$\psi_a = \left(iI\frac{\partial}{\partial t} \mp \vec{\sigma}\cdot\vec{\nabla}\right)^a{}_b \overset{\{t\}}{u} * i\varphi_a, \qquad a,b = 1,2 \tag{4.25}$$

jest funkcją klasy C^∞ przy ustalonym t i

$$\psi_a(t,x) = \left(iI\frac{\partial}{\partial t} \mp \vec{\sigma}\vec{\nabla}\right)^a{}_b \left\{\frac{i}{4\pi t}\int\limits_{|\xi|=t} \varphi_b(x-\xi)\,d\xi\right\}. \tag{4.26}$$

Zachodzi następujące twierdzenie, w którym są osłabione założenia dotyczące gładkości φ_a (patrz Twierdzenie 3.5). Mianowicie:

TWIERDZENIE 4.7. *Jeśli funkcje φ_a są klasy $C^2(E^3)$ o wartościach w $\mathbb{C}$ to funkcje $\psi_a(t,x)$ są klasy $C^1(E^4)$ i spełniają równanie Weyla.*

$$\left(iI\frac{\partial}{\partial t} \pm \vec{\sigma}\cdot\vec{\nabla}\right)^a{}_b \psi_a(t,x) = 0 \qquad dla\ t \geq 0 \tag{4.27}$$

wraz z następującymi warunkami początkowymi $\psi_a(0,x) = \varphi_a(x)$ dla $x \in E^3$.

Przejdźmy teraz do klasycznego problemu początkowego dla niejednorodnego równania Weyla przy zerowych warunkach początkowych.

Rozwiązaniem tego problemu przy założeniu, że $V \in C_0^\infty(E^4)$, o wartościach w $\mathbb{C}^2$ jest

$$\left(i\frac{\partial}{\partial t} \mp \vec{\sigma}\vec{\nabla}\right) E * V. \tag{4.28}$$

Wtedy istnieje splot i jest funkcją klasy $C^\infty(E^4)$. Korzystając z postaci E możemy napisać, przy założeniu, że $V \equiv 0$ dla $t < 0$.

$$\left(i\frac{\partial}{\partial t} \mp \vec{\sigma}\vec{\nabla}\right) E * V = \left(i\frac{\partial}{\partial t} \mp \vec{\sigma}\vec{\nabla}\right)\left(\frac{1}{4\pi}\int\limits_{|y-x|\leq t} \frac{V(t-|y-x|,y)}{|y-x|}\,dy\right) =$$

$$= \chi(t,x), \quad t \geq 0 \tag{4.29}$$

$\chi(t,x)$ spełnia równanie Weyla przy dużo słabszych założeniach dotyczących funkcji v, tj. $V \in C^2(E^4)$ i $V \equiv 0$, $t < 0$, z następującymi warunkami początkowymi.

$$\chi(0,x) = \varphi(x). \tag{4.30}$$

Można to sprawdzić bezpośrednim warunkiem. W ten sposób dochodzimy do klasycznego problemu początkowego dla niejednorodnego równania Weyla (patrz Twierdzenie 3.6).

TWIERDZENIE 4.8. *Niech $V \in C^2(E^4)$ z wartościami w $\mathbb{C}^2$ i $\left(i\frac{\partial}{\partial t} \mp \vec{\sigma}\vec{\nabla}\right)V \equiv 0$ dla $t < 0$ (co jest spełnione gdy $V \equiv 0$, dla $t < 0$).*

Niech $\varphi \in C^2(E^3)$ o wartościach w $\mathbb{C}^2$. Wtedy funkcja

$$\psi(t,x) =$$

$$= \left(i\frac{\partial}{\partial t} \mp \vec{\sigma}\vec{\nabla}\right)\left(\frac{i}{4\pi t}\int\limits_{|\xi|=t} \varphi(x-\xi)\,d\xi + \frac{1}{4\pi}\int\limits_{|y-x|\le t} \frac{V(t-|y-x|,y)}{|y-x|}\,dy\right) \tag{4.31}$$

określona dla $x \in E^3$ i $t \geq 0$ jest klasy $C^1(E^4)$ i spełnia w sensie klasycznym niejednorodne równanie Weyla

$$\left(i\frac{\partial}{\partial t} \pm \vec{\sigma}\vec{\nabla}\right)\psi = V\,, \tag{4.32}$$

tak że

$$\psi(0,x) = \varphi(x)\,. \tag{4.33}$$

Zauważmy, że prezentowana metoda szukania rozwiązania klasy $S'(E^4)$ dla równania Weyla prowadzi bezpośrednio do rozwiązania problemu klasycznego przy dużo mocniejszych założeniach, niż to normalnie jest wymagane. Jednak wyprowadzone wzory istnieją także przy słabszych założeniach i dają funkcje, która spełniają klasyczne zagadnienie początkowe.

4b. Równania Maxwella. Przejdźmy teraz do klasycznego problemu dla równań Maxwella. Jeśli b_λ i a_λ $\lambda = 1,2,3,4$ są funkcjami klasy C_0^∞ to określona wyżej dystrybucja $A_\lambda^{\{t\}}$ jest funkcją klasy C^∞ przy każdym ustalonym t

$$A_\lambda(t,x) = \frac{1}{4\pi t}\int\limits_{|\xi|=|t|} b_\lambda(x-\xi)\,d\xi +$$
$$+\frac{\partial}{\partial t}\left\{\frac{1}{4\pi t}\int\limits_{|\xi|=|t|} a_\lambda(x-\xi)\,d\xi\right\}, \qquad \lambda = 1,2,3,4\,. \tag{4.34}$$

Na funkcje b_λ i a_λ są narzucone następujące więzy

$$\vec{\nabla}\vec{b} + \vec{\nabla}^2 a_4 = 0\,,$$
$$b_4 + \vec{\nabla}\vec{a} = 0\,, \tag{4.35}$$
$$\vec{b} = (b_1,b_2,b_3), \qquad \vec{a} = (a_1,a_2,a_3)\,.$$

Zachodzi następujące twierdzenie, w którym są osłabione założenia dotyczące a_λ i b_λ (patrz Twierdzenie 3.7). Mianowicie

TWIERDZENIE 4.9. *Jeśli funkcje a_λ są klasy C^3 na E^3, b_λ są klasy C^2 na E^3, to funkcje $A_\lambda(t,x)$ są klasy C^2 na E^4 i spełniają równania Maxwella z wprowadzonym warunkiem Lorentza.*

$$\Box_3 A_\lambda(t,x) = 0 \qquad dla\ t \geq 0\,, \tag{4.36}$$

$$\frac{\partial A_\lambda}{\partial x_\lambda}(t,x) = 0\,, \tag{4.37}$$

$$A_\lambda(0,x) = a_\lambda(x) \qquad dla\ x \in E^3\,, \tag{4.38}$$

$$\left(\frac{\partial A_\lambda(t,x)}{\partial t}\right)_{|t=0} = b_\lambda(x)\,. \tag{4.39}$$

tak że $\vec{\nabla}\vec{b} = \vec{\nabla}^2 a_4$, $b_4 = \vec{\nabla}\vec{a}$, $\vec{a} = (a_1, a_2, a_3)$, $\vec{b} = (b_1, b_2, b_3)$.

Przejdźmy teraz do klasycznego problemu początkowego dla niejednorodnych równań Maxwella przy zerowych warunkach początkowych.

Rozwiązaniem tego problemu przy założeniu, że $j^\mu \in C_0^\infty(E^4)$ jest oczywiście $4\pi E * j_\mu$ i jest funkcją klasy $C^\infty(E^4)$. Korzystając z postaci E możemy napisać przy założeniu, że $j^\mu \equiv 0$, dla $t < 0$,

$$(4\pi E * j_\mu)(t,x) = \int\limits_{|y-x|\leq t} \frac{j_\mu(t-|y-x|,y)}{|y-x|}\,dy = v_\mu(t,x) \qquad t \geq 0\,. \tag{4.40}$$

Mamy oczywiście, że

$$\partial_\mu j^\mu = 0\,, \tag{4.41}$$

$v_\mu(t,x)$ spełnia równania Maxwella przy dużo słabszych założeniach dotyczących funkcji j_μ, tj. $j_\mu \in C^2(E^4)$ i $j_\mu \equiv 0$, $t < 0$, z następującymi warunkami początkowymi

$$v_\mu(0,x) = 0 \qquad \left(\frac{\partial v_\mu}{\partial t}(t,x)\right)_{|t=0} = 0\,. \tag{4.42}$$

Można to sprawdzić bezpośrednim rachunkiem . W ten sposób dochodzimy do klasycznego problemu początkowego dla niejednorodnych równań Maxwella (patrz Twierdzenie 3.8).

TWIERDZENIE 4.10. *Niech* $j_\mu \in C^2(E^4)$ *oraz* $j_\mu(t,x) \equiv 0$, a_λ *są klasy* C^3 *na* E^3, b_λ *klasy* C^2. *Niech*

$$\begin{gathered}\vec{\nabla}\vec{b} - \vec{\nabla}^2 a_4 = 0\,,\\ b_4 - \vec{\nabla}\vec{a} = 0\,,\\ \vec{a} = (a_1, a_2, a_3), \qquad \vec{b} = (b_1, b_2, b_3)\,,\end{gathered} \tag{4.43}$$

wtedy funkcje

$$A_\lambda(t,x) = \frac{1}{4\pi t}\int\limits_{|\xi|=t} b_x(x-\xi)\,d\xi + \frac{\partial}{\partial t}\left\{\frac{1}{4\pi t}\int\limits_{|\xi|=t} a_\lambda(x-\xi)\,d\xi + \right\}$$
$$+ \int\limits_{|y-x|\leq t} \frac{j^\mu(t-|y-x|,y)}{|y-x|}\,dy \qquad dla\ t \geq 0\,. \tag{4.44}$$

określone dla $x \in E^3$ i $t \geq 0$ jest klasy $C^2(E^4)$ i spełniają w sensie klasycznym niejednorodne równania Maxwella z warunkiem Lorentza.

$$\begin{aligned} \Box_3 A_\mu &= 4\pi j_\mu\,, \\ \frac{\partial A_\mu}{\partial x_\mu} &= 0\,, \end{aligned} \tag{4.45}$$

tak że

$$\begin{aligned} A_\lambda(0,x) &= a_\lambda(x)\,, \\ \left(\frac{\partial A_\lambda(t,x)}{\partial t}\right)_{|t=0} &= b_\lambda(x)\,. \end{aligned} \tag{4.46}$$

Zauważmy, że prezentowana metoda szukania rozwiązania klasy $S'(E^4)$ dla równań Maxwella prowadzi bezpośrednio do rozwiązania problemu klasycznego przy dużo mocniejszych założeniach, niż normalnie jest wymagane. Jednak wyprowadzone wzory istnieją także przy słabszych założeniach i dają funkcje, które spełniają klasyczne zagadnienie początkowe. Otrzymane rozwiązania są oczywiście otrzymane dla czteropotencjałów. Możemy je również wyrazić przy pomocy natężeń pola elektromagnetycznego.

Wyjątkowa ważność równań Maxwella powoduje, że rozpatrzymy je jeszcze raz, używając natężeń pól elektrycznego i magnetycznego (co robiliśmy już w przypadku uogólnionych rozwiązań).

Przejdźmy teraz do klasycznego problemu początkowego dla jednorodnych równań Maxwella wyrażonego poprzez natężenia pól magnetycznego i elektrycznego.

Jeśli $\vec{g}$ i $\vec{c}$ są klasy C_0^∞ z wartościami w E^3, to dystrybucje $\vec{E}$ i $\vec{B}$ są funkcjami klasy C^∞ przy każdym ustalonym t.

$$\vec{E}(t,x) = \frac{1}{4\pi t} \int\limits_{|\xi|=|t|} \vec{\nabla} \times \vec{g}(x-\xi)\, d\xi + \frac{\partial}{\partial t}\left\{\frac{1}{4\pi t} \int\limits_{|\xi|=|t|} \vec{c}(x-\xi)\, d\xi\right\}, \tag{4.47}$$

$$\vec{B}(t,x) = -\frac{1}{4\pi t} \int\limits_{|\xi|=|t|} \vec{\nabla} \times \vec{c}(x-\xi)\, d\xi + \frac{\partial}{\partial t}\left\{\frac{1}{4\pi t} \int\limits_{|\xi|=|t|} \vec{g}(x-\xi)\, d\xi\right\}, \tag{4.48}$$

gdzie mamy więzy $\vec{\nabla}\vec{c} = \vec{\nabla}\vec{g} = 0$ to zachodzi następujące twierdzenie, w którym są osłabione założenia dotyczące gładkości $\vec{c}$ i $\vec{g}$ (patrz Twierdzenie 3.9).

TWIERDZENIE 4.11. *Jeśli funkcje $\vec{c}$ i $\vec{g}$ są klasy C^2 w E^3, o wartościach w E^3, to funkcje $\vec{E}(t,x)$, $\vec{B}(t,x)$ są klasy $C^2(E^4)$ i spełniają jednorodne równania Maxwella.*

$$\begin{aligned} \frac{\partial \vec{B}}{\partial t} + \operatorname{rot} \vec{E} &= 0\,, \\ \frac{\partial \vec{E}}{\partial t} - \operatorname{rot} \vec{B} &= 0\,, \end{aligned} \tag{4.49}$$

$$\begin{aligned} \operatorname{div} \vec{B} &= 0\,, \\ & \qquad \qquad \textit{dla } t \geq 0\,, \\ \operatorname{div} \vec{E} &= 0 \end{aligned} \tag{4.50}$$

wraz z następującymi warunkami początkowymi

$$\begin{aligned} \vec{B}(0,x) &= \vec{g}(x) \\ & \qquad \qquad x \in E^3\,, \\ \vec{E}(0,x) &= \vec{e}(x) \\ \operatorname{div} \vec{e} &= \operatorname{div} \vec{g} = 0\,. \end{aligned} \tag{4.51}$$

Przejdźmy teraz do klasycznego problemu początkowego dla niejednorodnego równania Maxwella przy zerowych warunkach początkowych. Rozwiązaniem tego problemu przy założeniu, że ρ, $\vec{j}$ są klasy C_0^∞ jest splot z dystrybucją E.

$$\left(4\pi\left(\vec{\nabla}\rho + \frac{\partial \vec{j}}{\partial t}\right) * E\right)(t,x) = \int\limits_{|y-x|\leq t} \frac{\vec{\nabla}\rho(t-|y-x|,y)}{|y-x|}\,dy +$$

$$+ \int\limits_{|y-x|\leq t} \frac{\partial \vec{j}}{\partial t}(t-|y-x|,y)\frac{dy}{|y-x|} = \vec{E}_0(t,x), \tag{4.52}$$

$$(4\pi \operatorname{rot} \vec{j} * E)(t,x) = \int\limits_{|y-x|\leq t} \operatorname{rot} \vec{j}(t-|y-x|,y)\frac{dy}{|y-x|} =$$

$$= \vec{B}_0(t,x)\,, \tag{4.53}$$

dla $t \geq 0$, oraz tak, aby $\frac{\partial \rho}{\partial t} + \operatorname{div} \vec{j} = 0$, $\vec{E}_0(t,x)$ i $\vec{B}_0(t,x)$ spełniają niejednorodne równania Maxwella przy dużo słabszych warunkach dotyczących ρ i $\vec{j}$, tj. muszą być one klasy C^2 na E^4 i $\rho \equiv 0$, $\vec{j} \equiv 0$ dla $t < 0$ (oczywiście + warunek więzów $\frac{\partial \rho}{\partial t} + \operatorname{div} \vec{j} = 0$) z następującymi warunkami początkowymi

$$\vec{E}_0(0,x) = 0, \qquad \vec{B}_0(0,x) = 0\,. \tag{4.54}$$

Można to sprawdzić bezpośrednim rachunkiem. W ten sposób dochodzimy do klasycznego problemu początkowego dla niejednorodnych równań Maxwella (patrz Twierdzenie 3.10).

TWIERDZENIE 4.12. *Niech ρ, $\vec{j}$ będą funkcjami klasy C^2 na E^4 takimi, że $\rho(t,x) \equiv 0$, $\vec{j}(t,x) \equiv 0$ dla $t < 0$ i $\frac{\partial \rho}{\partial t} + \operatorname{div} \vec{j} = 0$.*

Niech $\vec{e}$ i $\vec{g}$ będą funkcjami klasy C^2 na E^3, takimi, że $\operatorname{div} \vec{e} = 4\pi\rho(0,x)$, oraz $\operatorname{div} \vec{g} = 0$. Wtedy funkcje

$$\vec{E}(t,x) = \frac{1}{4\pi t}\int\limits_{|\xi|=t} \vec{\nabla}\times\vec{g}(x-\xi)\,d\xi + \frac{\partial}{\partial t}\left\{\frac{1}{4\pi t}\int\limits_{|\xi|=t}\vec{e}(x-\xi)\,d\xi\right\} +$$

$$+ \int\limits_{|y-x|\le t} \frac{\vec{\nabla}\rho(t-|y-x|,y)}{|y-x|}\,dy + \int\limits_{|y-x|\le t}\frac{\partial\vec{j}}{\partial t}(t-|y-x|,y)\frac{dy}{|y-x|}, \tag{4.55}$$

$$\vec{B}(t,x) = -\frac{1}{4\pi t}\int\limits_{|\xi|=t}\vec{\nabla}\times\vec{e}(x-\xi)\,d\xi + \int\limits_{|y-x|\le t}\operatorname{rot}\vec{j}(t-|y-x|,y)\frac{dy}{|y-x|}. \tag{4.56}$$

określone dla $x \in E^3$ i $t \ge 0$ są klasy $C^1(E^4)$ i spełniają w sensie klasycznym równania Maxwella

$$\begin{aligned} &\frac{\partial\vec{B}}{\partial t} + \operatorname{rot}\vec{E} = 0\,,\\ &\frac{\partial\vec{E}}{\partial t} - \operatorname{rot}\vec{B} = 4\pi\vec{j}\,, \end{aligned} \tag{4.57}$$

$$\begin{aligned} &\operatorname{div}\vec{B} = 0\,,\\ &\operatorname{div}\vec{E} = 4\pi\rho\,, \end{aligned} \tag{4.58}$$

tak że

$$\vec{E}(0,x) = \vec{e}(x)\,, \tag{4.59}$$

$$\vec{B}(0,x) = \vec{g}(x)\,. \tag{4.60}$$

Zauważmy, że prezentowana metoda szukania rozwiązań klasy $S'(E^4)$ dla równań Maxwella prowadzi bezpośrednio do rozwiązania problemu klasycznego przy dużo mocniejszych założeniach, niż normalnie jest wymagane. Jednak wyprowadzone wzory istnieją także przy słabszych założeniach i dają funkcje, które spełniają klasyczne zagadnienie początkowe.

4c. Równania Rarity–Schwingera, równanie liniowej teorii grawitacji i równanie falowe dla cząstki o spinie 5/2. Przejdźmy teraz do klasycznego problemu początkowego dla równania Rarity–Schwingera.

Jeśli φ_μ są funkcjami klasy C_0^∞, to dystrybucje $\overset{\{t\}}{\psi}_\mu$ są funkcjami klasy C^∞ przy każdym ustalonym t.

$$\overset{\{t\}}{\psi}_\mu(t) = (-\gamma_5\gamma_\rho\varepsilon_\mu{}^{\nu\rho\sigma}\partial_\sigma + \kappa\delta_\mu^\nu)\cdot$$

$$\cdot\left(\frac{1}{4\pi t}\int\limits_{|\xi|=|t|}\hat{\varphi}_\nu(x-\xi)\,d\xi - \kappa\int\limits_{|\xi|<t}\frac{J_1(\kappa\sqrt{t^2-\xi^2})}{4\pi\sqrt{t^2-\xi^2}}\hat{\varphi}_\nu(x-\xi)\,d\xi\right) =$$

$$= \psi_\mu(t,x)\,, \tag{4.61}$$

gdzie $\widehat{\varphi}_\nu$ jest rozwiązaniem równania $\gamma_\rho \varepsilon^{\mu\nu\rho 4}\widehat{\varphi}_\nu = \varphi^\mu$, $\gamma^\nu \widehat{\varphi}_\nu = 0$.

Zachodzi następujące twierdzenie, w którym są osłabione założenia dotyczące gładkości φ_ν (patrz Twierdzenie 3.11). Mianowicie

TWIERDZENIE 4.13. *Jeśli φ_ν są klasy C^2 na E^3, to funkcja $\psi_\mu(t,x)$ jest klasy C^2 na E^4 i spełnia równanie Rarity–Schwingera*

$$(-\gamma_5\gamma_\rho\partial_\sigma\varepsilon_\mu{}^{\nu\rho\sigma} + \kappa\delta^\nu_\mu)\psi_\nu(t,x) = 0 \quad \text{dla } t \geq 0\,, \tag{4.62}$$

$$\gamma^\mu\psi_\mu = 0, \quad \psi_\nu(0,x) = \varphi_\nu(x), \quad x \in E^3\,. \tag{4.63}$$

Przejdźmy teraz do klasycznego problemu początkowego dla niejednorodnego równania Rarity–Schwingera przy zerowych warunkach początkowych. Rozwiązaniem tego problemu przy założeniu, że U^μ są klasy C_0^∞ na E^4 jest funkcja klasy C^∞. Wtedy istnieje splot $E * U^\mu$ i jest funkcją klasy C^∞ na E^4. Korzystając z postaci E możemy zapisać przy założeniu, że $U^\mu \equiv 0$ dla $t < 0$. Mamy

$$\chi_\nu(t,x) = (\gamma_5\gamma_\rho\partial_\sigma\varepsilon_\mu{}^{\nu\rho\sigma} + \kappa\delta^\nu_\mu)\cdot\Bigg(\frac{1}{4\pi}\int\limits_{|y-x|\leq t}\frac{U^\mu(t-|y-x|,t)}{|y-x|}\,dy + \\ -\kappa\int\limits_0^t\int\limits_{|y|<t}\frac{J_1(\kappa\sqrt{\tau^2-y^2})}{4\pi\sqrt{\tau^2-y^2}}U^\mu(t-\tau,x-y)\,dy\,d\tau\Bigg)\,. \tag{4.64}$$

$\chi_\nu(t,x)$ spełnia równanie Rarity–Schwingera przy dużo słabszych założeniach dotyczących funkcji U^μ, tj. U^μ jest klasy C^2 na E^4 i $U^\mu \equiv 0$, dla $t < 0$, z następującymi warunkami początkowymi $\chi_\nu(0,x) = 0$. Można to sprawdzić bezpośrednim rachunkiem.

W ten sposób dochodzimy do klasycznego problemu początkowego dla niejednorodnego równania Rarity–Schwingera (patrz Twierdzenie 3.12).

TWIERDZENIE 4.14. *Niech U^μ jest klasy C^2 na E^4 oraz $U^\mu(t,x) \equiv 0$ dla $t < 0$. Niech φ_ν będzie klasy C^2 na E^3. Wtedy funkcje*

$$\Psi(t,x) = (-\gamma_5\gamma_\rho\varepsilon_\mu{}^{\nu\rho\sigma}\partial_\sigma + \kappa\delta^\nu_\mu)\cdot \\ \cdot\Bigg(\frac{1}{4\pi t}\int\limits_{|\xi|=t}\widehat{\varphi}_\nu(x-\xi)\,d\xi - \kappa\int\limits_{|\xi|<t}\frac{J_1(\kappa\sqrt{t^2-\xi^2})}{4\pi\sqrt{t^2-\xi^2}}\widehat{\varphi}_\nu(x-\xi)\,d\xi + \\ + \frac{1}{4\pi}\int\limits_{|y-x|\leq t}\frac{U_\nu(t-|y-x|,t)}{|y-x|}\,dy + \\ -\kappa\int\limits_0^t\int\limits_{|y|<t}\frac{J_1(\kappa\sqrt{\tau^2-y^2})}{4\pi\sqrt{\tau^2-y^2}}U_\nu(t-\tau,x-y)\,dy\,d\tau\Bigg)\,, \tag{4.65}$$

określone dla $x \in E^3$ i $t \geq 0$ są klasy C^1 na E^4 i spełniają w sensie klasycznym *niejednorodne równanie Rarity-Schwingera* ($\gamma^\mu \Psi_\mu = 0$)

$$(-\gamma_5 \gamma_\rho \partial_\sigma \varepsilon^{\mu\nu\rho\sigma} + \kappa \gamma^{\nu\mu}) \Psi_\nu(t,x) = U^\mu(t,x) \qquad t \geq 0\,, \tag{4.66}$$

tak że

$$\Psi_\nu(0,x) = \varphi_\nu(x), \qquad x \in E^3\,. \tag{4.67}$$

Zauważmy, że prezentowane matody szukania rozwiązań klasy $S'(E^4)$ dla równania Rarity–Schwingera prowadzą bezpośrednio do rozwiązania problemu klasycznego przy dużo mocniejszych założeniach niż to normalnie jest wymagane. Jednak wyprowadzone wzory istnieją także przy słabszych założeniach i dają funkcje, które spełniają klasyczne zagadnienie początkowe.

W podobny sposób przedstawimy teraz rozwiązanie klasycznego problemu początkowego dla bezmasowego równania Rarity–Schwingera i dla równania liniowej teorii grawitacji (równania dla cząstki o spinie 2).

Zaczniemy od bezmasowego równania Rarity–Schwingera.

Załóżmy, że φ_ν są klasy C_0^∞ na E^3. Mamy wtedy, że dystrybucja ψ_ν jest funkcją klasy C^∞ na E^4 oraz

$$\psi_\nu(t,x) = g_{\lambda\nu}(\gamma_\rho \partial_\sigma \varepsilon^{\mu\lambda\rho\sigma}) \cdot \left(\frac{1}{4\pi t} \int\limits_{|\xi|=|t|} \varphi_\mu(x-\xi)\, d\xi \right). \tag{4.68}$$

Funkcja ta spełnia równanie oraz warunki początkowe także przy słabszych założeniach. W istacie wystarczy założyć φ_ν jest klasy C^2 na E^3. Rozwiązanie jest wtedy klasy C' na E^4.

Zachodzi następujące twierdzenie, w którym osłabione są założenia dotyczące gładkości φ_ν (patrz Twierdzenie 3.13). Mianowicie

TWIERDZENIE 4.15. *Jeśli φ_ν są klasy C^2 na E^3, to funkcja $\psi_\mu(t,x)$ jest klasy C^2 na E^4 i spełnia bezmasowe jednorodne, równanie Rarity–Schwingera*

$$\gamma_\rho \partial_\sigma \varepsilon^{\mu\nu\rho\sigma} \psi_\nu(t,x) = 0, \qquad dla\ t \geq 0 \tag{4.69}$$

$$\gamma^\mu \psi_\nu = 0, \qquad \psi_\nu(0,x) = \varphi_\nu(x); \qquad x \in E^3 \tag{4.70}$$

Przejdźmy teraz do klasycznego problemu początkowego dla niejednorodnego, bezmasowego równania Rarity–Schwingera przy zerowych warunkach początkowych. Rozwiązaniem tego problemu przy założeniu, że U^μ są klasy C_0^∞ na E^4 jest funkcja klasy C^∞. Wtedy istnieje splot $E * U^\mu$ i jest funkcją klasy C^∞ na E^4. Korzystając z postaci E możemy napisać, przy założeniu, że $U^\mu \equiv 0$, dla $t < 0$

$$\chi_\nu(t,x) = (\gamma_5 \gamma_\rho \partial_\sigma \varepsilon_\mu{}^{\nu\rho\sigma}) \cdot \left(\frac{1}{4\pi} \int\limits_{|y-x|\leq t} \frac{U^\mu(t-|y-x|, t)}{|y-x|}\, dy \right) \tag{4.71}$$

dla zerowych warunków początkowych $\chi_\nu(t,x)$ spełnia bezmasowe niejednorodne równania Rarity–Schwingera przy dużo słabszych warunkach dotyczących funcji U^μ tj. U^μ jest klasy C^2 na E^4 i $U^\mu \equiv 0$ dla $t < 0$ z następującymi warunkami początkowymi

$$\chi_\nu(0,x) = 0, \qquad x \in E^3. \tag{4.72}$$

Można to sprawdzić bezpośrednim rachunkiem.

W ten sposób dochodzimy do klasycznego problemu początkowego dla niejednorodnego, bezmasowego równania Rarity–Schwingera (patrz Twierdzenie 3.14)

TWIERDZENIE 4.16. *Niech U^μ będzie klasy C^2 na E^4 oraz $U^\mu(t,x) \equiv 0$ dla $t < 0$. Niech φ_ν będzie klasy C^2 na E^3. Wtedy funkcja*

$$\Psi_\mu(t,x) = (-\gamma_5 \varepsilon_\mu{}^{\nu\rho\sigma}\partial_\sigma)\Bigg(\frac{1}{4\pi t}\int\limits_{|\xi|=t} \varphi_\nu(x-\xi)\,d\xi + \frac{1}{4\pi}\int\limits_{|y-x|\le t} \frac{U^\mu(t-|y-x|,t)}{|y-x|}\,dy\Bigg) \tag{4.73}$$

określone dla $x \in E^3$, $t \geq 0$ jest klasy C^1 na E^4 i spełniają w sensie klasycznym niejednorodne bezmasowe równanie Rarity–Schwingera

$$\gamma_\rho \partial_\sigma \varepsilon^{\mu\nu\rho\sigma} \Psi_\nu(t,x) = U^\mu(t,x), \tag{4.74}$$

tak że

$$\Psi_\nu(0,x) = \varphi_\nu(x), \qquad x \in E^3. \tag{4.75}$$

Przejdźmy teraz do równania dla bezmasowej cząstki o spinie 2 (równania liniowej teorii grawitacji) i jego klasycznego problemu początkowego. Weźmy pod uwagę przypadek równania jednorodnego. Jeśli $a_{\mu\nu}$, $b_{\mu\nu}$ są funkcajmi klasy C_0^∞ na E^3 (wraz z odpowiednimi warunkami więzów) to dystrybucja $\overline{\gamma}_{\mu\nu}$ jest funkcją klasy C^∞ na E^4

$$\overline{\gamma}_{\mu\nu}(t,x) = \frac{1}{4\pi t}\int\limits_{|\xi|=|t|} b_{\mu\nu}(x-\xi)\,d\xi + \frac{\partial}{\partial t}\Bigg\{\frac{1}{4\pi t}\int\limits_{|\xi|=|t|} a_{\mu\nu}(x-\xi)\,d\xi\Bigg\} \tag{4.76}$$

Oczywiście bierzemy równanie liniowej teorii grawitacji z warunkiem dodatkowym typu Lorentza.

Zachodzi następujące twierdzenie, w którym są osłabione założenia dotyczące gładkości $a_{\mu\nu}$, $b_{\mu\nu}$ (patrz Twierdzenie 3.15). Mianowicie

TWIERDZENIE 4.17. *Jeśli $a_{\mu\nu}$ są klasy C^3 na E^3, a $b_{\mu\nu}$ klasy C^2 na E^3, to funkcja $\overline{\gamma}_{\mu\nu}(t,x)$ jest klasy C^2 na E^4 i spełnia równanie liniowej teorii grawitacji*

$$\Box_3 \overline{\gamma}_{\mu\nu}(t,x) = 0, \qquad \overline{\gamma}_{\mu\nu} = \overline{\gamma}_{\nu\mu} \tag{4.77}$$

z warunkiem dodatkowym $g^{\lambda\mu}\overline{\gamma}_{\mu\nu,\lambda} = 0$

$$\overline{\gamma}_{\mu\nu}(0,x) = a_{\mu\nu}(x) = a_{\nu\mu}(x), \qquad x \in E^3 \tag{4.78}$$

$$\left(\frac{\partial}{\partial t}\overline{\gamma}_{\mu\nu}(t,x)\right)_{|t=0} = b_{\mu\nu}(x) = b_{\nu\mu}(x), \qquad x \in E^3 \tag{4.79}$$

tak że

$$\begin{aligned}\Delta_3 a &= \sum_{i,j=1}^{3} \frac{\partial^2}{\partial x^i \partial x^j} a_{ij} \\ \Delta_3 b &= \sum_{i,j=1}^{3} \frac{\partial^2}{\partial x^i \partial x^j} b_{ij}\end{aligned} \tag{4.80}$$

$$\begin{aligned}(\vec{b})_j &= \sum_{i,j=1}^{3} \frac{\partial}{\partial x^i} a_{ij} \\ \Delta_3(\vec{a})_j &= \sum_{i,j=1}^{3} \frac{\partial^2}{\partial x^i} b_{ij}\,.\end{aligned} \tag{4.81}$$

$$\begin{aligned}\vec{a} &= (a_{41}, a_{42}, a_{43}) = (a_{14}, a_{24}, a_{34}) \\ \vec{b} &= (b_{41}, b_{42}, b_{43}) = (b_{14}, b_{24}, b_{34}) \\ a_{44} &= a, \qquad b_{44} = b\end{aligned} \tag{4.82}$$

Przejdźmy teraz do klasycznego problemu początkowego dla niejednorodnego równania liniowej teorii grawiatcji przy zerowych warunkach początkowych. Rozwiązaniem tego problemu przy założeniu, że $t_{\mu\nu}$ są klasy C_0^∞ jest funkcja klasy C^∞. Wtedy istnieje splot $E * t_{\mu\nu}$ i jest funkcją klasy C^∞. Korzystając z postaci E możemy zapisać przy założeniu, że $t_{\mu\nu} \equiv 0$ dla $t < 0$ mamy:

$$\overline{\gamma}_{\mu\nu}(t,x) = -\frac{4G}{c^4} \int\limits_{|y-x|<t} \frac{t_{\mu\nu}(t-|y-x|,t)}{|y-x|}\,dy \tag{4.83}$$

$\overline{\gamma}_{\mu\nu}(t,x)$ spełnia równanie liniowej teorii grawitacji wraz z warunkiem dodatkowym przy dużo słabszych założeniach dotyczących funkcji $t_{\mu\nu}$, tj. $t_{\mu\nu}$ jest funkcją klasy C^2 na E^4 i $t_{\mu\nu} \equiv 0$, dla $t < 0$, z następującymi warunkami początkowymi

$$\overline{\gamma}_{\mu\nu}(0,x) = 0 \tag{4.84}$$

$$\left(\frac{\partial}{\partial t}\overline{\gamma}_{\mu\nu}(t,x)\right)_{|t=0} = 0 \tag{4.85}$$

przy założeniu, że

$$g^{\lambda\mu} t_{\mu\lambda,\mu} = 0\,. \tag{4.86}$$

Można to sprawdzić bezpośrednim rachunkiem. W ten sposób dochodzimy do klasycznego problemu początkowego dla niejednorodnego równania liniowej teorii grawitacji (patrz Twierdzenie 3.16)

TWIERDZENIE 4.18. *Jeśli $t_{\mu\nu} = t_{\nu\mu}$ są klasy C^2 na E^4, oraz $t_{\mu\nu} \equiv 0$ dla $t < 0$, $g^{\lambda\mu} g t_{\rho\lambda,\mu} = 0$. niech $a_{\mu\nu} = a_{\nu\mu}$ będą klasy C^3 na E^3, a $b_{\mu\nu} = b_{\nu\mu}$ klasy C^2 na E^3, to funkcja $\overline{\gamma}_{\mu\nu}(t,x)$ spełnia niejednorodne równanie liniowej teorii grawitacji*

$$\Box_3 \overline{\gamma}''_{\mu\nu}(t,x) = -\frac{16\pi G}{c^4} t_{\mu\nu}(t,x) \tag{4.87}$$

$$t_{\mu\nu} = t_{\nu\mu} \qquad (\overline{\gamma}''_{\mu\nu} = \overline{\gamma}''_{\nu\mu}) \tag{4.88}$$

wraz z warunkiem dodatkowym $g^{\mu\lambda} \overline{\gamma}''_{\mu\nu,\lambda} = 0$

$$\overline{\gamma}''_{\mu\nu}(0,x) = a_{\mu\nu}(x), \qquad x \in E^3 \tag{4.89}$$

$$\left(\frac{\partial}{\partial t} \overline{\gamma}''_{\mu\nu}(t,x)\right)_{|t=0} = b_{\mu\nu}(x), \qquad x \in E^3 \tag{4.90}$$

tak że

$$\begin{aligned} \Delta_3 a &= \sum_{i,j=1}^{3} \frac{\partial^2}{\partial x^i \partial x^j} a_{ij} \\ \Delta_3 b &= \sum_{i,j=1}^{3} \frac{\partial^2}{\partial x^i \partial x^j} b_{ij} \end{aligned} \tag{4.91}$$

$$\begin{aligned} (\vec{b})_j &= \sum_{i,j=1}^{3} \frac{\partial}{\partial x^i} a_{ij} \\ \Delta_3 (\vec{a})_j &= \sum_{i,j=1}^{3} \frac{\partial^2}{\partial x^i} b_{ij}. \end{aligned} \tag{4.92}$$

gdzie

$$a_{44} = a, \qquad b_{44} = b$$
$$\vec{b} = (b_{41}, b_{42}, b_{43}) = (b_{14}, b_{24}, b_{34})$$
$$\vec{a} = (a_{41}, a_{42}, a_{43}) = (a_{14}, a_{24}, a_{34})$$

Funkcja $\overline{\gamma}''_{\mu\nu}(t,x)$ zadana jest następującym wzorem

$$\begin{aligned} \overline{\gamma}''_{\mu\nu}(t,x) = {} & \frac{1}{4\pi t} \int\limits_{|\xi|=|t|} b_{\mu\nu}(x-\xi)\, d\xi + \frac{\partial}{\partial t} \left\{ \frac{1}{4\pi t} \int\limits_{|\xi|=|t|} a_{\mu\nu}(x-\xi)\, d\xi \right\} + \\ & - \frac{4G}{c^4} \int\limits_{|y-x| \le t} \frac{t_{\mu\nu}(t-|y-x|, t)}{|y-x|}\, dy \end{aligned} \tag{4.93}$$

Zauważmy, że zastosowane metody w poszukiwaniu uogólnionych rozwiązań klasy $S'(E^4)$ prowadzą bezpośrednio do rozwiązania problemu klasycznego przy dużo mocniejszych założeniach niż normalnie jest wymagane. Jednak wyprowadzone wzory istnieją także przy słabszych założeniach i dają funkcje, które spełniają klasyczne zagadnienie początkowe.

Przedstawimy teraz klasyczny problem początkowy równania falowego dla cząstki o spinie 5/2. Jeśli dystrybucje $\varphi_{\mu\nu}$ są klasy C_0^∞ na E^3, to dystrybucja $\overset{(t)}{\psi}_{\mu\nu}$ jest funkcją klasy C^∞ przy każdym ustalonym t.

$$\overset{(t)}{\psi}_{\mu\nu}(x) = (iS^{\lambda\rho}{}_{\mu\nu} + \kappa\delta^\lambda_\mu\delta^\rho_\mu)\cdot$$
$$\cdot\left(\frac{1}{4\pi t}\int\limits_{|\xi|=|t|}\widehat{\varphi}_{\mu\nu}(x-\xi)\,d\xi - \kappa\int\limits_{|\xi|<|t|}\frac{J_1(\kappa\sqrt{t^2-\xi^2})}{4\pi\sqrt{t^2-\xi^2}}\widehat{\varphi}_{\mu\nu}(x-\xi)\,d\xi\right) =$$
$$= \psi_{\mu\nu}(t,x)\,,\mu,\nu = 1,2,3,4\,. \tag{4.94}$$

gdzie operator $S^{\lambda\rho}{}_{\mu\nu}$ dany jest wzorem (3.366), $\widehat{\varphi}_{\mu\nu}$ jest rozwiązaniem równania (3.388).

Zachodzi następujące twierdzenie, w którym są osłabione założenia dotyczące gładkosci $\varphi_{\mu\nu}$ (patrz Twierdzenie 3.17). Mianowicie

TWIERDZENIE 4.19. *Jeśli funkcje $\varphi_{\mu\nu}$ są klasy C^2 na E^3, to funkcje $\psi_{\mu\nu}(t,x)$ są klasy C^1 na E^4 i spełniają równanie falowe dla cząstki o spinie 5/2*

$$\Big[i\Big(-\gamma^\alpha\partial_\alpha\delta^\rho_\nu\delta^\lambda_\mu + 2\gamma_\nu\gamma^\alpha\partial_\alpha\gamma^\lambda\delta^\rho_\mu - 4\gamma_\nu\partial^\lambda\delta^\rho_\mu - \frac{1}{2}g_{\mu\nu}g^{\rho\lambda}\gamma^\alpha\partial_\alpha +$$
$$+g_{\mu\nu}\partial^\rho\gamma^\lambda\Big) + \kappa\delta^\lambda_\mu\delta^\rho_\nu\Big]\psi_{\lambda\rho}(t,x) = 0 \tag{4.95}$$

dla $t \geq 0$ wraz z następującymi warunkami początkowymi

$$\psi_{\mu\nu}(0,x) = \varphi_{\mu\nu}(x), \quad x \in E^3\,. \tag{4.96}$$

Przejdźmy teraz do klasycznego problemu początkowego dla niejednorodnego równania falowego cząstki o spinie 5/2 przy zerowych warunkach początkowych, przy założeniu, że $U_{\mu\nu}$ jest klasy C_0^∞ na E^4. Wtedy istnieje splot $E * U_{\mu\nu}$ i jest funkcją klasy C^∞ na E^4. Korzystając z postaci E możemy napisać przy założeniu, że $U_{\mu\nu} \equiv 0$, dla $t < 0$

$$\psi^{\prime\prime}_{\mu\nu}(t,x) = (iS^{\sigma\rho}{}_{\mu\nu} + \kappa\delta^\sigma_\mu\delta^\rho_\nu)\cdot$$
$$\cdot\left(\frac{1}{4\pi t}\int\limits_{|y-x|\leq t}\frac{U_{\rho\sigma}(t-|y-x|,y)}{|y-x|}dy +\right.$$
$$\left.-\kappa\int\limits_0^t\int\limits_{|y|<\tau}\frac{J_1(\kappa\sqrt{\tau^2-y^2})}{4\pi\sqrt{\tau^2-y^2}}U_{\rho\sigma}(t-\tau,x-y)\,dy\,d\tau\right) \tag{4.97}$$

dla $t \geq 0$. $\psi''_{\mu\nu}(t,x)$ spełnia równanie dla cząstki o spinie 5/2 przy dużo słabszych założeniach dotyczących funkcji $U_{\mu\nu}$, tj. $U_{\mu\nu}$ muszą być klasy C^2 na E^4 i $U_{\mu\nu} \equiv 0$, dla $t < 0$, z następującymi warunkami początkowymi $\psi''_{\mu\nu}(0,x) = 0$.

Można to sprawdzić bezpośrednim rachunkiem. W ten sposób dochodzimy do klasycznego problemu początkowego dla niejednorodnego równania falowego dla cząstki o spinie 5/2 (patrz Twierdzenie 3.18).

TWIERDZENIE 4.20. *Niech $U_{\mu\nu} = U_{\nu\mu}$ będzie klasy C^2 na E^4, oraz $U_{\mu\nu}(t,x) \equiv 0$ dla $t < 0$. Niech $\varphi_{\mu\nu} = \varphi_{\nu\mu}$ będą klasy C^2 na E^3. Wtedy funkcje*

$$\psi'_{\mu\nu}(t,x) = (iS^{\sigma\rho}{}_{\mu\nu} + \kappa\delta^{\sigma}_{\mu}\delta^{\rho}_{\mu})\cdot$$

$$\cdot\left(\frac{1}{4\pi t}\int \widehat{\varphi}_{\rho\sigma}(x-\xi)\,d\xi\right.$$

$$-\kappa\int_{|\xi|<\tau}\frac{J_1(\kappa\sqrt{t^2-\xi^2})}{4\pi\sqrt{t^2-\xi^2}}\widehat{\varphi}_{\rho\sigma}(x-\xi)\,d\xi+$$

$$+\frac{1}{4\pi}\int_{|y-x|\leq t}\frac{U_{\rho\sigma}(t-|y-x|,y)}{|y-x|}\,dy+$$

$$\left.-\kappa\int_0^t\int_{|y|<\tau}\frac{J_1(\kappa\sqrt{\tau^2-y^2})}{4\pi\sqrt{\tau^2-y^2}}U_{\rho\sigma}(t-\tau,x-y)\,dy\,d\tau\right) \qquad (4.98)$$

(gdzie $S^{\rho\sigma}{}_{\mu\nu}$ jest zadane wzorem (3.366), a $\widehat{\varphi}_{\mu\nu}$ jest rozwiązaniem równania (3.388)) określona dla $x \in E^3$, $t \geq 0$ jest klasy C^1 na E^4, $(t \geq 0)$ i spełnia w sensie klasycznym równanie falowe dla cząstki o spinie 5/2, z warunkami początkowymi $\psi_{\mu\nu}(0,x) = \varphi_{\mu\nu}(x)$, $x \in E^3$.

Rozwiązanie dla przypadku bezmasowego $\kappa = 0$ otrzymujemy przez proste podstawienie $\kappa = 0$.

4d. Równania Diraca–Fierza. Przedstawimy teraz klasyczny problem początkowy dla równania falowego o spinie s $(> 5/2)$.

Jeśli dystrybucje χ i ψ są funkcjami klasy C_0^∞ na E^3 to dystrybucje $\overset{\{t\}}{\eta}$ i $\overset{\{t\}}{\xi}$ są funkcjami klasy C^∞ przy każdym ustalonym t.

$$\overset{\{t\}}{\eta}{}^{\dot{Q}\ldots\dot{T}}{}_{A\ldots D} = \kappa I_{(A|\dot{D}|}\left\{\frac{1}{4\pi t}\int_{|\xi|=|t|}\psi^{\dot{D}\ldots\dot{Q}\dot{T}}{}_{B\ldots D)}(x-\xi)\,d\xi+\right.$$

$$\left.-\kappa\int_{|\xi|\leq|t|}\frac{J_1(\kappa\sqrt{t^2-\xi^2})}{4\pi\sqrt{t^2-\xi^2}}\psi^{\dot{D}\ldots\dot{Q}\dot{T}}{}_{B\ldots D)}(x-\xi)\,d\xi\right\}+$$

$$+\frac{\partial}{\partial t}\left\{\frac{1}{4\pi t}\int_{|\xi|=|t|}\chi^{\dot{Q}\ldots\dot{T}}{}_{A\ldots D}(x-\xi)\,d\xi+\right.$$

$$- \kappa \int\limits_{|\xi|\le|t|} \frac{J_1(\kappa\sqrt{t^2-\xi^2})}{4\pi\sqrt{t^2-\xi^2}} \chi^{\dot{Q}\dots\dot{T}}{}_{A\dots D)}(x-\xi)\,d\xi \Big\} =$$

$$= \eta^{\dot{Q}\dots\dot{T}}{}_{A\dots D}(t,x), \tag{4.99}$$

$$\overset{(t)}{\xi}{}^{\dot{P}\dot{Q}\dots\dot{T}}{}_{B\dots D} = -\partial^{A\dot{D}} I_{A|\dot{D}|}\Big\{ \frac{1}{4\pi t} \int\limits_{|\xi|=|t|} \psi^{\dot{D}\dots\dot{Q}\dot{T}}{}_{B\dots D)}(x-\xi)\,d\xi +$$

$$- \kappa \int\limits_{|\xi|\le|t|} \frac{J_1(\kappa\sqrt{t^2-\xi^2})}{4\pi\sqrt{t^2-\xi^2}} \psi^{\dot{D}\dots\dot{Q}\dot{T}}{}_{B\dots D)}(x-\xi)\,d\xi \Big\} +$$

$$+ \frac{1}{\kappa}\partial^{A(\dot{P}} \frac{\partial}{\partial t}\Big\{ \frac{1}{4\pi t} \int\limits_{|\xi|=|t|} \chi^{\dot{Q}\dots\dot{T}}{}_{A\dots D}(x-\xi)\,d\xi +$$

$$- \kappa \int\limits_{|\xi|\le|t|} \frac{J_1(\kappa\sqrt{t^2-\xi^2})}{4\pi\sqrt{t^2-\xi^2}} \chi^{\dot{Q}\dots\dot{T}}{}_{A\dots D)}(x-\xi)\,d\xi \Big\} =$$

$$= \xi^{\dot{P}\dot{Q}\dots\dot{T}}{}_{B\dots D}(t,x). \tag{4.100}$$

Zachodzi następujące twierdzenie, w którym są osłabione założenia dotyczące gładkości ψ i χ (patrz Twierdzenie 3.19). Mianowicie

TWIERDZENIE 4.21. *Jeśli funkcje $\psi^{\dot{D}\dots\dot{Q}\dot{T}}{}_{B\dots D}(x)$ jest klasy C^2 na E^3, a funkcja $\chi^{\dot{Q}\dots\dot{T}}{}_{A\dots D}(x)$ klasy C^3 na E^3, to funkcje $\eta(t,x)$ i $\xi^{\dot{P}\dot{Q}\dots\dot{T}}{}_{B\dots D}(t,x)$ są klasy C^1 na E^4 i spełniają równanie falowe dla cząstki o spinie s*

$$\partial^{A\dot{P}}\eta^{\dot{Q}\dots\dot{T}}{}_{AB\dots D} = \kappa\xi^{\dot{P}\dot{Q}\dots T}{}_{B\dots D} \tag{4.101}$$

$$\partial_{A\dot{P}}\xi^{\dot{P}\dot{Q}\dots\dot{T}}{}_{B\dots D} = -\kappa\eta^{\dot{Q}\dots T}{}_{AB\dots D} \tag{4.102}$$

dla $t \geq 0$ w sensie klasycznym z warunkami początkowymi

$$\eta^{\dot{Q}\dots\dot{T}}{}_{AB\dots D}(0,x) = \chi^{\dot{Q}\dots T}{}_{A\dots D}(x), \tag{4.103}$$

$$\xi^{\dot{P}\dot{Q}\dots\dot{T}}{}_{B\dots D}(0,x) = \psi\xi^{\dot{D}\dots T}{}_{B\dots D}(x). \tag{4.104}$$

Przejdźmy teraz do klasycznego problemu początkowego dla niejednorodnego równania falowego cząstki o spinie s przy zerowych warunkach początkowych przy założeniu, że parwe strony równań są generowane przez funkcje klasy C_0^∞. przy założeniu, że $U^{\dot{P}\dot{Q}\dots\dot{T}}{}_{B\dots D}$ i $V^{\dot{Q}\dots\dot{T}}{}_{B\dots D}$ zerują się tożsamościowo dla $t < 0$. Wtedy istnieją sploty i mamy:

$$\eta'^{\dot{Q}\dots\dot{T}}{}_{AB\dots D}(t,x)$$

$$= \partial_{\dot{P}(A}\Big\{ \frac{1}{4\pi} \int\limits_{|y-x|\le t} \frac{U^{\dot{P}\dot{Q}\dots\dot{T}}{}_{B\dots D}(t-|y-x|,y)}{|y-x|}\,dy +$$

$$-\kappa \int_0^t \int_{|y|\le\tau} \frac{J_1(\kappa\sqrt{\tau^2-y^2})}{4\pi\sqrt{\tau^2-y^2}} U^{\dot{P}\dot{Q}\ldots\dot{T}}{}_{B\ldots D)}(t-\tau, x-y)\,dy\,d\tau\Bigg\}+$$

$$+\kappa\Bigg\{\frac{1}{4\pi}\int_{|y-x|\le t} \frac{V^{\dot{Q}\ldots\dot{T}}{}_{B\ldots D}(t-|y-x|, y)}{|y-x|}\,dy+$$

$$-\kappa \int_0^t \int_{|y|\le\tau} \frac{J_1(\kappa\sqrt{\tau^2-y^2})}{4\pi\sqrt{\tau^2-y^2}} V^{\dot{Q}\ldots\dot{T}}{}_{B\ldots D)}(t-\tau, x-y)\,dy\,d\tau\Bigg\} \tag{4.105}$$

oraz

$$\xi'^{\dot{P}\dot{Q}\ldots\dot{T}}{}_{B\ldots D}(t,x)$$

$$=\kappa\partial_{(\dot{P}|A|}\Bigg\{\frac{1}{4\pi}\int_{|y-x|\le t} \frac{V^{\dot{Q}\ldots\dot{T})}{}_{AB\ldots D}(t-|y-x|, y)}{|y-x|}\,dy+$$

$$-\kappa \int_0^t \int_{|y|\le\tau} \frac{J_1(\kappa\sqrt{\tau^2-y^2})}{4\pi\sqrt{\tau^2-y^2}} V^{\dot{Q}\ldots\dot{T}}{}_{AB\ldots D)}(t-\tau, x-y)\,dy\,d\tau\Bigg\}+$$

$$-\kappa\Bigg(\frac{1}{4\pi}\int_{|y-x|\le t} \frac{U^{\dot{P}\dot{Q}\ldots\dot{T}}{}_{B\ldots D}(t-|y-x|, y)}{|y-x|}\,dy+$$

$$-\kappa \int_0^t \int_{|y|\le\tau} \frac{J_1(\kappa\sqrt{\tau^2-y^2})}{4\pi\sqrt{\tau^2-y^2}} U^{\dot{P}\dot{Q}\ldots\dot{T}}{}_{B\ldots D)}(t-\tau, x-y)\,dy\,d\tau\Bigg) \tag{4.106}$$

dla $t \ge 0$.

η' i ξ' spełniają równanie falowe cząstki o spinie s przy dużo słabszych założeniach dotyczących funkcji U i V, tj. U i V muszą być klasy C^2 na E^4 oraz znikają tożsamościowo dla $t < 0$, z następującymi warunkami początkowymi

$$\eta'^{\dot{Q}\ldots\dot{T}}{}_{AB\ldots D}(0,x) = 0\,, \tag{4.107}$$

$$\xi'^{\dot{P}\dot{Q}\ldots\dot{T}}{}_{B\ldots D}(0,x) = 0\,. \tag{4.108}$$

Można to sprawdzić bezpośrednim rachunkiem. W ten sposób dochodzimy do klasycznego problemu początkowego dla niejednorodnego równania falowego dla cząstki o spinie s (patrz Twierdzenie 3.21).

TWIERDZENIE 4.22. *Niech funkcje* $V^{\dot{Q}\ldots\dot{T}}{}_{AB\ldots D}, U^{\dot{P}\dot{Q}\ldots\dot{T}}{}_{B\ldots D}$ *będą klasy* C^2 *na* E^4 *i niech znikają tożsamościowo dla* $t < 0$. *Są one oczywiście symetryczne oddzielnie we wskaźnikach kropkowanych i niekropkowanych. Niech funkcje* $\psi^{\dot{D}\ldots\dot{Q}\dot{T}}{}_{B\ldots D}$ *będą klasy* C^2 *na* E^3, *a* $\chi^{\dot{Q}\ldots\dot{T}}{}_{A\ldots D}$ *klasy* C^3 *na* E^3, *są one oczywiście symetryczne we wskaźnikach kropkowanych i niekropkowanych. Wtedy funkcje*

$$
\begin{aligned}
&\eta^{\dot{Q}\ldots\dot{T}}{}_{A\ldots D}(t,x) = \\
&= -\kappa I_{(A|\dot{D}|}\Bigg\{\frac{1}{4\pi t}\int_{|\xi|=t}\psi^{\dot{D}\ldots\dot{Q}\dot{T}}{}_{B\ldots D)}(x-\xi)\,d\xi+ \\
&\quad -\kappa\int_{|\xi|\le t}\frac{J_1(\kappa\sqrt{t^2-\xi^2})}{4\pi\sqrt{t^2-\xi^2}}\psi^{\dot{D}\ldots\dot{Q}\dot{T}}{}_{B\ldots D)}(x-\xi)\,d\xi\Bigg\}+ \\
&\quad +\frac{\partial}{\partial t}\Bigg\{\frac{1}{4\pi t}\int_{|\xi|=t}\chi^{\dot{Q}\ldots\dot{T}}{}_{A\ldots D}(x-\xi)\,d\xi+ \\
&\quad -\kappa\int_{|\xi|<t}\frac{J_1(\kappa\sqrt{t^2-\xi^2})}{4\pi\sqrt{t^2-\xi^2}}\chi^{\dot{Q}\ldots\dot{T}}{}_{A\ldots D)}(x-\xi)\,d\xi\Bigg\}+ \\
&\quad +\partial_{\dot{P}(A}\Bigg\{\frac{1}{4\pi}\int_{|y-x|\le t}\frac{U^{\dot{P}\dot{Q}\ldots\dot{T}}{}_{B\ldots D}(t-|y-x|,y)}{|y-x|}\,dy+ \\
&\quad -\kappa\int_0^t\int_{|y|\le\tau}\frac{J_1(\kappa\sqrt{\tau^2-y^2})}{4\pi\sqrt{\tau^2-y^2}}U^{\dot{P}\dot{Q}\ldots\dot{T}}{}_{B\ldots D)}(t-\tau,x-y)\,dy\,d\tau\Bigg\}+ \\
&\quad +\kappa\Bigg\{\frac{1}{4\pi}\int_{|y-x|\le t}\frac{V^{\dot{Q}\ldots\dot{T}}{}_{B\ldots D}(t-|y-x|,y)}{|y-x|}\,dy+ \\
&\quad -\kappa\int_0^t\int_{|y|\le\tau}\frac{J_1(\kappa\sqrt{\tau^2-y^2})}{4\pi\sqrt{\tau^2-y^2}}V^{\dot{Q}\ldots\dot{T}}{}_{B\ldots D)}(t-\tau,x-y)\,dy\,d\tau\Bigg\} \qquad (4.109)
\end{aligned}
$$

oraz

$$
\begin{aligned}
&\xi^{\dot{P}\dot{Q}\ldots\dot{T}}{}_{B\ldots D} = \\
&= -\partial^{A\dot{D}} I_{(A|\dot{D}}\Bigg\{\frac{1}{4\pi t}\int_{|\xi|=t}\psi^{\dot{D}\ldots\dot{Q}\dot{T}}{}_{B\ldots D)}(x-\xi)\,d\xi+ \\
&\quad -\kappa\int_{|\xi|\le t}\frac{J_1(\kappa\sqrt{t^2-\xi^2})}{4\pi\sqrt{t^2-\xi^2}}\psi^{\dot{D}\ldots\dot{Q}\dot{T}}{}_{B\ldots D)}(x-\xi)\,d\xi\Bigg\}+ \\
&\quad +\frac{1}{\kappa}\partial^{A(\dot{P}}\frac{\partial}{\partial t}\Bigg\{\frac{1}{4\pi t}\int_{|\xi|=t}\frac{1}{4\pi t}\chi^{\dot{Q}\ldots\dot{T})}{}_{A\ldots D}(x-\xi)\,d\xi+ \\
&\quad -\kappa\int_{|\xi|\le t}\frac{J_1(\kappa\sqrt{t^2-\xi^2})}{4\pi\sqrt{t^2-\xi^2}}\chi^{\dot{Q}\ldots\dot{T})}{}_{A\ldots D)}(x-\xi)\,d\xi\Bigg\}+ \\
&\quad +\frac{1}{\kappa}\partial^{A(\dot{P}}\frac{\partial}{\partial t}\Bigg\{\frac{1}{4\pi t}\int_{|\xi|=t}\chi^{\dot{Q}\ldots\dot{T})}{}_{A\ldots D}(x-\xi)\,d\xi+
\end{aligned}
$$

$$
-\kappa \int_{|\xi|\le t} \frac{J_1(\kappa\sqrt{t^2-\xi^2})}{4\pi\sqrt{t^2-\xi^2}} \chi^{\dot{Q}\ldots\dot{T}}{}_{A\ldots D)}(x-\xi)\, d\xi \Big\} +
$$

$$
+ \kappa\partial^{(\dot{P}|A|}\Big\{ \frac{1}{4\pi} \int_{|y-x|\le t} \frac{V^{\dot{Q}\ldots\dot{T})}{}_{AB\ldots D}(t-|y-x|,y)}{|y-x|}\, dy +
$$

$$
-\kappa \int_0^t \int_{|y|\le\tau} \frac{J_1(\kappa\sqrt{\tau^2-y^2})}{4\pi\sqrt{\tau^2-y^2}} V^{\dot{Q}\ldots\dot{T}}{}_{AB\ldots D)}(t-\tau, x-y)\, dy\, d\tau \Big\} +
$$

$$
-\kappa\Big(\frac{1}{4\pi} \int_{|y-x|\le t} \frac{U^{\dot{P}\dot{Q}\ldots\dot{T}}{}_{B\ldots D}(t-|y-x|,y)}{|y-x|}\, dy +
$$

$$
-\kappa \int_0^t \int_{|y|\le\tau} \frac{J_1(\kappa\sqrt{\tau^2-y^2})}{4\pi\sqrt{\tau^2-y^2}} U^{\dot{P}\dot{Q}\ldots\dot{T}}{}_{B\ldots D)}(t-\tau, x-y)\, dy\, d\tau \Big) \quad (4.110)
$$

są określone dla $t \ge 0$ i $x \in E^3$, są klasy C^1 i spełniają niejednorodne równanie falowe dla cząstki o spinie s w sensie klasycznym dla warunków początkowych:

$$
\eta^{\dot{Q}\ldots\dot{T}}{}_{AB\ldots D}(0,x) = \chi^{\dot{Q}\ldots T}{}_{A\ldots D}(x), \quad (4.111)
$$

$$
\xi^{\dot{P}\dot{Q}\ldots\dot{T}}{}_{B\ldots D}(0,x) = \psi\xi^{\dot{D}\ldots T}{}_{B\ldots D}(x). \quad (4.112)
$$

dla $x \in E^3$.

Ważnym przypadkiem jest przypadek bezmasowy ($\kappa = 0$). W tym wypadku mamy do czynienia tylko z jednym równaniem, np. pierwszym dla spinora η. Przechodząc do granicy z $\kappa \to 0$ we wzorach dla η otrzymujemy następujące twierdzenie:

TWIERDZENIE 4.23. *Niech funkcje $U^{\dot{P}\dot{Q}\ldots\dot{T}}{}_{B\ldots D}$ będą klasy C^2 na E^4 i niech znikają tożsamościowo dla $t < 0$. Są one oczywiście symetryczne oddzielnie we wskaźnikach kropkowanych i niekropkowanych niezależnie. Niech $\chi^{\dot{Q}\ldots\dot{T}}{}_{A\ldots D}$ będą klasy C^2 na E^3, są one oczywiście symetryczne we wskaźnikach kropkowanych i niekropkowanych. Wtedy funkcje*

$$
\eta^{\dot{Q}\ldots\dot{T}}{}_{A\ldots D}(t,x) = \frac{\partial}{\partial t}\Big\{ \frac{1}{4\pi t} \int_{|\xi|=t} \chi^{\dot{Q}\ldots\dot{T}}{}_{A\ldots D}(x-\xi)\, d\xi \Big\} +
$$

$$
+ \partial_{\dot{P}(A}\Big\{ \frac{1}{4\pi} \int_{|y-x|\le t} \frac{U^{\dot{P}\dot{Q}\ldots\dot{T}}{}_{B\ldots D)}(t-|y-x|,y)}{|y-x|}\, dy \Big\} \quad (4.113)
$$

są klasy C^1 na E^3, dla $t \ge 0$, i spełniają równanie

$$
\partial^{A\dot{P}} \eta^{\dot{Q}\dot{T}}{}_{AB\ldots D} = U^{\dot{P}\dot{Q}\ldots\dot{T}}{}_{B\ldots D} \quad (4.114)
$$

w sensie klasycznym z warunkami początkowymi

$$\eta^{\dot{Q}\dots\dot{T}}{}_{A\dots D}(0,x) = \chi^{\dot{Q}\dots\dot{T}}{}_{A\dots D}(x) \qquad x \in E^3 . \tag{4.115}$$

4e. Równania Maxwella w cechowaniu Coulomba i równanie dla masywnego grawitonu. Przejdźmy teraz do klasycznego warunku początkowego dla dwóch następnych przypadków tj. jednorodnych równań Maxwella w cechowaniu Coulomba i równania falowego dla masywnego grawitonu (przypadek jednorodny i niejednorodny). Jeśli $\vec{a}, \vec{b} \in C_0^\infty(E^3)$, to dystrybucja

$$\overset{\{t\}}{\vec{A}}(x) = \frac{1}{4\pi t} \int\limits_{|\xi|=|t|} \vec{b}(x-\xi)\, d\xi +$$

$$+ \frac{\partial}{\partial t}\left\{ \frac{1}{4\pi t} \int\limits_{|\xi|=|t|} \vec{a}(x-\xi)\, d\xi \right\} = \vec{A}(x,t) \tag{4.116}$$

jest funkcją klasy C^∞ przy każdym ustalonym t.

Zachodzi następujące twierdzenie, w którym są osłabione założenia dotyczące gładkości $\vec{a}$ i $\vec{b}$ (patrz Twierdzenie 3.22).

TWIERDZENIE 4.24. *Jeśli funkcje $\vec{b}$ są klasy C^2 na E^3, a funkcje $\vec{a}$ klasy C^3 na E^3, to funkcje $\vec{A}(x,t)$ jest klasy C^2 na E^4 i spełnia równania Maxwella w cechowaniu Coulomba*

$$\left(\frac{\partial^2}{\partial t} - \Delta_3\right)\vec{A}(x,t) = 0 \tag{4.117}$$

$$\operatorname{div} \vec{A}(x,t) = 0 \tag{4.118}$$

tak że

$$\vec{A}(x,0) = \vec{a}(x) \tag{4.119}$$

$$\left(\frac{\partial \vec{A}(x,t)}{\partial t}\right)_{|t=0} = \vec{b}(x) \tag{4.120}$$

$$\operatorname{div} \vec{b}(x) = \operatorname{div} \vec{a}(x) = 0 \tag{4.121}$$

Przejdźmy teraz do jednorodnego równania dla masywnego grawitonu (Twierdzenie 3.23). Jeśli $a_{\mu\nu}$ i $b_{\mu\nu}$ są klasy C_0^∞ na E^3, to dystrybucja

$$\overset{\{t\}}{\gamma}_{\mu\nu}(x) = \frac{1}{4\pi t} \int\limits_{|\xi|=|t|} b_{\mu\nu}(x-\xi)\, d\xi +$$

$$+ \frac{\partial}{\partial t}\left\{ \frac{1}{4\pi t} \int\limits_{|\xi|=|t|} a_{\mu\nu}(x-\xi)\, d\xi \right\} +$$

$$-\kappa \int\limits_{|\xi|<t} \frac{J_1(\kappa\sqrt{t^2-\xi^2})}{4\pi\sqrt{t^2-\xi^2}} b_{\mu\nu}(x-\xi)\,d\xi +$$
$$-\kappa\frac{\partial}{\partial t}\left[\int\limits_{|\xi|<t} \frac{J_1(\kappa\sqrt{t^2-\xi^2})}{4\pi\sqrt{t^2-\xi^2}} a_{\mu\nu}(x-\xi)\,d\xi\right] =$$
$$= \overline{\gamma}_{\mu\nu}(t,x)\,. \tag{4.122}$$

jest funkcją klasy C^∞ dla każdego t.

Zachodzi następujące twierdzenie, w którym osłabione są założenia tyczące gładkości $a_{[}\mu\nu$ i $b_{\mu\nu}$. Mianowicie

TWIERDZENIE 4.25. *Jeśli funkcje $a_{\mu\nu}$ są klasy C^3 na E^3, a $b_{\mu\nu}$ klasy C^2 na E^3, to funkcje $\overline{\gamma}_{\mu\nu}(t,x)$ jest klasy C^2 na E^4 i spełnia równanie falowe dla masywnego grawitonu*

$$(\Box_3 + \kappa^2)\overline{\gamma}_{\mu\nu} = 0, \qquad dla\ t \geq 0 \tag{4.123}$$
$$g^{\mu\lambda}\overline{\gamma}_{\mu\nu,\lambda} = 0, \qquad \overline{\gamma}_{\mu\nu} = \overline{\nu\mu} \tag{4.124}$$

z warunkami początkowymi:

$$\overline{\gamma}_{\mu\nu}(0,x) = a_{\mu\nu}(x) = a_{\nu\mu}(x) \tag{4.125}$$
$$\left(\frac{\partial}{\partial t}\overline{\gamma}_{\mu\nu}(t,x)\right)_{|t=0} = b_{\mu\nu}(x) = b_{\nu\mu}(x) \tag{4.126}$$

tak że:

$$b = \vec{\nabla}\vec{a} = \operatorname{div}\vec{a} \tag{4.127}$$
$$(\vec{b})_j = \sum_{i=1}^{3}\frac{\partial a_{ij}}{\partial x^i}, \qquad a_{ij} = a_{ji},\ b_{ji} = b_{ij} \tag{4.128}$$
$$-\kappa^2 a + \Delta_3 a - \sum_{i,j=1}^{3}\frac{\partial^2 a_{ij}}{\partial x^i \partial x^j} = 0 \tag{4.129}$$
$$-\kappa^2(\vec{a})_j + \Delta_3(\vec{a})_j - \sum_{i=1}^{3}\frac{\partial b_{ij}}{\partial x^i} = 0 \tag{4.130}$$
$$a_{44} = a, \qquad b_{44} = b$$
$$\vec{b} = (b_{14}, b_{24}, b_{34}) = (b_{41}, b_{42}, b_{43}) \tag{4.131}$$
$$\vec{a} = (a_{14}, a_{24}, a_{34}) = (a_{41}, a_{42}, a_{43}) \tag{4.132}$$

Przejdźmy teraz do klasycznego problemu początkowego dla niejednorodnego równania falowego dla masywnego grawitonu przy zerowych warunkach początkowych. Rozwiązaniem tego problemu przy założeniu, że $t_{\mu\nu} \in C_0^\infty(E^4)$ jest $-\frac{4\pi G}{c^4}t_{\mu\nu} * E$. Zakładamy oczywiście, że $\operatorname{supp} t_{\mu\nu} \subset \{(x_1,x_2,x_3,t), t \geq 0\}$ wtedy istnieje splot i jest funkcja klasy $C^\infty(E^4)$. Korzystając z postaci E możemy napisać ($t_{\mu\nu} \equiv 0$, dla $t < 0$)

$$
\begin{aligned}
-\frac{4\pi G}{c^4}(E * t_{\mu\nu})(t,x) = \\
= \frac{1}{4\pi} \int\limits_{|y-x|\le t} \frac{t_{\mu\nu}(t-|y-x|,t)}{|y-x|}\,dy + \\
-\kappa \int\limits_0^t \int\limits_{|y|<\tau} \frac{J_1(\kappa\sqrt{\tau^2-y^2})}{4\pi\sqrt{\tau^2-y^2}} t_{\mu\nu}(t-\tau, x-y)\,dy\,d\tau = \\
= \overline{\gamma}'_{\mu\nu}(t,x)\,.
\end{aligned} \tag{4.133}
$$

$\overline{\gamma}'_{\mu\nu}(t,x)$ spełnia równanie przy dużo słabszych założeniach dotyczących $t_{\mu\nu}$ tj. $t_{\mu\nu} \in C^2(E^4)$ i $t_{\mu\nu} \equiv 0$, dla $t < 0$ z następującymi warunkami początkowymi

$$
\overline{\gamma}'_{\mu\nu}(0,x) = 0, \qquad \left(\frac{\partial \overline{\gamma}'_{\mu\nu}}{\partial t}(t,x)\right)_{|t=0} = 0\,. \tag{4.134}
$$

Oczywiście musimy mieć $g^{\mu\nu}t_{\mu\nu,\lambda} = 0$. Można to sprawdzić bezpośrednim rachunkiem. W ten sposób dochodzimy do klasycznego problemu początkowego dla niejednorodnego równania falowego dla masywnego grawitonu (patrz Twierdzenie 3.24).

TWIERDZENIE 4.26. *Niech funkcje $t_{\mu\nu} = t_{\nu\mu} \in C^2(E^4)$, oraz $t_{\mu\nu}(t,x) \equiv 0$, dla $t < 0$ tak że*

$$
g^{\mu\nu}t_{\mu\nu,\lambda} = 0, \qquad \mu,\nu,\lambda = 1,2,3,4 \tag{4.135}
$$

Niech $a_{\mu\nu} = a_{\nu\mu}$ będą klasy C^3 na E^3, a $b_{\mu\nu} = b_{\nu\mu}$ klasy C^2 na E^2, tak że:

$$
b = \vec{\nabla}\vec{a} = \operatorname{div}\vec{a} \tag{4.136}
$$

$$
(\vec{b})_j = \sum_{i=1}^{3} \frac{\partial a_{ij}}{\partial x^i} \tag{4.137}
$$

$$
-\kappa^2 a + \Delta_3 a - \sum_{i,j=1}^{3} \frac{\partial^2 a_{ij}}{\partial x^i \partial x^j} = 0 \tag{4.138}
$$

$$
-\kappa^2(\vec{a})_j + \Delta_3(\vec{a})_j - \sum_{i=1}^{3} \frac{\partial b_{ij}}{\partial x^i} = 0 \tag{4.139}
$$

gdzie

$$
\begin{aligned}
& a = a_{44}, \qquad b = b_{44}, \qquad a_{ij} = a_{ji},\ b_{ji} = b_{ij} \\
& \vec{a} = (a_{14}, a_{24}, a_{34}) = (a_{41}, a_{42}, a_{43}) \\
& \vec{b} = (b_{14}, b_{24}, b_{34}) = (b_{41}, b_{42}, b_{43})
\end{aligned} \tag{4.140}
$$

wtedy funkcje:

$$\overline{\gamma}''_{\mu\nu}(t,x) = \frac{1}{4\pi t} \int\limits_{|\xi|=|t|} b_{\mu\nu}(x-\xi)\,d\xi +$$
$$+ \frac{\partial}{\partial t}\left\{\frac{1}{4\pi t} \int\limits_{|\xi|=t} a_{\mu\nu}(x-\xi)\,d\xi\right\} +$$
$$-\kappa \int\limits_{|\xi|<t} \frac{J_1(\kappa\sqrt{t^2-\xi^2})}{4\pi\sqrt{t^2-\xi^2}} b_{\mu\nu}(x-\xi)\,d\xi +$$
$$-\kappa \frac{\partial}{\partial t}\left\{\int\limits_{|\xi|<t} \frac{J_1(\kappa\sqrt{t^2-\xi^2})}{4\pi\sqrt{t^2-\xi^2}} d\xi\right\} +$$
$$-\frac{G}{c^4} \int\limits_{|y-x|<t} \frac{t_{\mu\nu}(t-|y-x|,y)}{|y-x|} dy +$$
$$-\kappa \int\limits_0^t \int\limits_{|y|<\tau} \frac{J_1(\kappa\sqrt{\tau^2-y^2})}{4\pi\sqrt{\tau^2-y^2}} t_{\mu\nu}(t-\tau, x-y)\,dy\,d\tau \qquad (4.141)$$

są określone dla $x \in E^3$ i $t \geq 0$, są klasy $C^2(E^4)$ i spełniają w sensie klasycznym niejednorodne równanie falowe dla masywnego grawitonu

$$(\Box_3 + \kappa^2)\overline{\gamma}''_{\mu\nu} = -\frac{4\pi G}{c^4} t_{\mu\nu} \qquad (4.142)$$

$$g^{\mu\lambda}\overline{\gamma}''_{\mu\nu,\lambda} = 0 \qquad (4.143)$$

tak że

$$\overline{\gamma}''_{\mu\nu}(0,x) = a_{\mu\nu}(x) \qquad (4.144)$$

$$\left(\frac{\partial}{\partial t}\overline{\gamma}''_{\mu\nu}(t,x)\right)_{|t=0} = b_{\mu\nu}(x). \qquad (4.145)$$

Zauważmy, że otrzymaliśmy rozwiązanie klasycznego problemu początkowego dla równań Maxwella trzema sposobami. Raz używając czteropotencjałów, drugi raz używając natężeń pól i trzeci raz potencjału wektorowego. Otrzymaliśmy rozwiązania przy słabszych założeniach za drugim razem. Jest to łatwo zrozumiałe, jeśli weźmiemy pod uwagę, że za drugim razem nie wymagaliśmy istnienia odpowiednio wysokiej klasy czteropotencjałów. W ten sposób natężenia pola z pierwszej i trzeciej metody są również klasy $C^1(E^4)$ podobnie jak w drugim przypadku.

4f. Równania dla uogólnionych pól Maxwella i hamiltonowska postać równania Kleina–Gordona. Przejdźmy teraz do klasycznego problemu początkowego Cauchy'ego dla jednorodnego równania uogólnionego pola Maxwella.

Jeśli $a_{\mu_1\ldots\mu_n}$ jest funkcją klasy C^∞ przy każdym ustalonym t, to

$$\overset{\{t\}}{h}_{\mu_1\mu_2\ldots\mu_n} = \frac{1}{4\pi t} \int\limits_{|xi|=|t|} b_{\mu_1\ldots\mu_n}(x-\xi)\, d\xi +$$
$$+ \frac{\partial}{\partial t}\Big\{\frac{1}{4\pi t} \int\limits_{|\xi|=|t|} a_{\mu_1\mu_2\ldots\mu_n}(x-\xi)\, d\xi\Big\} +$$
$$- \kappa \int\limits_{|\xi|=|t|} \frac{J_1(\kappa\sqrt{t^2-\xi^2})}{4\pi\sqrt{t^2-\xi^2}} b_{\mu_1\ldots\mu_n}(x-\xi)\, d\xi +$$
$$- \kappa \frac{\partial}{\partial t}\Big[\int\limits_{|\xi|=|t|} \frac{J_1(\kappa\sqrt{t^2-\xi^2})}{4\pi\sqrt{t^2-xi^2}} a_{\mu_1\mu_2\ldots\mu_n}(x-\xi)\, d\xi\Big] =$$
$$= h_{\mu_1\mu_2\ldots\mu_n}(t,x), \qquad x \in E^3,\ t \in E^1 \tag{4.146}$$

jest funkcją klasy C^∞ dla każdego

Zachodzi następujące twierdzenie, w którym są osłabione założenia dotyczące gładkosci $a_{\mu_1\ldots\mu_n}$, $b_{\mu_1\ldots\mu_n}$.

TWIERDZENIE 4.27. *Jeśli funkcje $a_{\mu_1\mu_2\ldots\mu_n}$ są klasy C^3 na E^3, a funkcje $b_{\mu_1\mu_2\ldots\mu_n}$ są klasy $C^2(E^4)$ i spełniają jednorodne równanie uogólnionego pola Maxwella*

$$\partial^{\mu_{n+1}} F_{\mu_{n+1}\mu_1\mu_2\ldots\mu_n} + \kappa^2 h_{\mu_1\ldots\mu_n} = 0 \tag{4.147}$$

z warunkiem Lorentza wraz z następującymi warunkami początkowymi:

$$h_{\mu_1\mu_2\ldots\mu_n}(0,x) = a_{\mu_1\mu_2\ldots\mu_n}(x) \qquad x \in E^3 \tag{4.148}$$
$$\Big(\frac{\partial}{\partial t} h_{\mu_1\ldots\mu_n}\Big)(0,x) = b_{\mu_1\mu_2\ldots\mu_n} \tag{4.149}$$

(patrz Twierdzenie 3.25).

Przejdźmy teraz do klasycznego zagadnienia początkowego dla niejednorodnego równania uogólnionego pola Maxwella przy zerowych warunkach początkowych. Rozwiązaniem tego problemu przy założeniu, że $V_{\mu_1\mu_2\ldots\mu_n} \in C_0^\infty(E^4)$ i $\operatorname{supp} V_{\mu_1\mu_2\ldots\mu_n} \subset \{(t,x), t \geq 0\}$ jest $E * V_{\mu_1\mu_2\ldots\mu_n}$. Wtedy istnieje splot i jest funkcją klasy $C^\infty(E^4)$. Korzystając z postaci E możemy napisać, przy założeniu, że $V_{\mu_1\mu_2\ldots\mu_n} \equiv 0$, dla $t < 0$

$$(E * V_{\mu_1\ldots\mu_n})(t,x) = \frac{1}{2\pi} \int\limits_{|y-x|\leq t} \frac{V_{\mu_1\ldots\mu_n}(t-|y-x|, y)}{|y-x|}\, dy +$$
$$- \kappa \int\limits_0^t \int\limits_{|y|<\tau} \frac{J_1(\kappa\sqrt{\tau^2-y^2})}{4\pi\sqrt{\tau^2-y^2}} V_{\mu_1\mu_2\ldots\mu_n}(t-\tau, x-y)\, dy\, d\tau =$$
$$= U_{\mu_1\ldots\mu_n}(t,x) \qquad t \geq 0,\ x,y \in E^3 \tag{4.150}$$

$U_{\mu_1 \ldots \mu_n}$ spełnia niejednorodne równanie uogólnionego pola Maxwella przy dużo słabszych założeniach dotyczących funkcji $V_{\mu_1\mu_2\ldots\mu_n}$, tj.

$$V_{\mu_1\mu_2\ldots\mu_n} \in C^2(E^4) \quad \text{i} \quad V_{\mu_1\mu_2\ldots\mu_n} \equiv 0\,, \tag{4.151}$$

dla $t < 0$ z następującymi warunkami początkowymi

$$U_{\mu_1\mu_2\ldots\mu_n}(0,x) = 0 \tag{4.152}$$

$$\left(\frac{\partial}{\partial t} U_{\mu_1\mu_2\ldots\mu_n}\right)(0,x) = 0 \tag{4.153}$$

Spełnia również warunek Lorentza przy dodatkowym założeniu, że

$$\partial^{\mu_1} V_{\mu_1\ldots\mu_n} = 0 \tag{4.154}$$

W ten sposób doszliśmy do klasycznego problemu początkowego dla niejednorodnego równania uogólnionego pola Maxwella.

TWIERDZENIE 4.28. *Niech* $V_{\mu_1\mu_2\ldots\mu_n} = V_{[\mu_1\ldots\mu_n]} \in C^2(E^4)$ *i niech* $V_{\mu_1\mu_2\ldots\mu_n}(t,x) \equiv 0$, *dla* $t < 0$. *Niech* $a_{\mu_1\ldots\mu_n} = a_{[\mu_1\ldots\mu_n]} \in C^3(E^3)$. *Niech* $\partial^{\mu_1} V_{\mu_1\ldots\mu_n} = 0$, *oraz*

$$\vec{\nabla}\vec{a}_{\mu_1\ldots\mu_{n-1}} = \widehat{b}_{\mu_1\ldots\mu_{n-1}} \tag{4.155}$$

$$\Delta_3 \widehat{a}_{\mu_1\ldots\mu_{n-1}} = \kappa^2 \widehat{a}_{\mu_1\ldots\mu_{n-1}} + \vec{\nabla} b_{\mu_1\ldots\mu_{n-1}}\,, \tag{4.156}$$

gdzie

$$(\vec{a}_{\mu_1\ldots\mu_n})_i = a_{i\mu_1\ldots\mu_{n-1}}, \qquad i = 1,2,3 \tag{4.157}$$

$$\widehat{b}_{\mu_1\mu_2\ldots\mu_{n-1}} = b_{4\mu_1\ldots\mu_{n-1}} \tag{4.158}$$

$$(\vec{b}_{\mu_1\ldots\mu_{n-1}})_i = b_{i\mu_1\ldots\mu_{n-1}} \tag{4.159}$$

Wtedy funkcje

$$\begin{aligned} h'_{\mu_1\mu_2\ldots\mu_n}(t,x) &= \\ &= \frac{1}{4\pi t}\int\limits_{|\xi|=t} b_{\mu_1\ldots\mu_n}(x-\xi)\,d\xi + \frac{\partial}{\partial t}\left\{\frac{1}{4\pi t}\int\limits_{|\xi|=t} a_{\mu_1\ldots\mu_n}(x-\xi)\,d\xi + \right. \\ &-\kappa \int\limits_{|\xi|<t} \frac{\mathcal{J}_1(\kappa\sqrt{t^2-\xi^2})}{4\pi\sqrt{t^2-\xi^2}} b_{\mu_1\ldots\mu_n}(x-\xi) + \\ &-\partial\frac{\partial}{\partial t}\left[\int\limits_{|\xi|<t} \frac{\mathcal{J}_1(\kappa\sqrt{t^2-\xi^2})}{4\pi\sqrt{t^2-\xi^2}} a_{\mu_1\mu_2\ldots\mu_n}(x-\xi)\,d\xi\right] + \\ &+\frac{1}{4\pi}\int\limits_{|y-x|\le t} \frac{V_{\mu_1\ldots\mu_n}(t-|y-x|,y)}{|y-x|}\,dy + \end{aligned}$$

$$-\kappa \int_0^t \int_{|y|<\tau} \frac{\mathcal{J}_1(\kappa\sqrt{\tau^2-\xi^2})}{4\pi\sqrt{\tau^2-y^2}} V_{\mu_1\mu_2\ldots\mu_n}(t-\tau, x-y)\, dy\, d\tau \Big\} \tag{4.160}$$

określone dla $x \in E^3$, $t \geq 0$ są klasy $C^2(E^4)$ i spełniają niejednorodne równanie dla uogólnionego pola Maxwella w sensie klasycznym wraz z warunkiem Lorentza

$$\partial^{\mu_{n+1}} F_{\mu_{n+1}\mu_1\mu_2\ldots\mu_n} + \kappa^2 h_{\mu_1\ldots\mu_n} = V_{\mu_1\ldots\mu_n} \tag{4.161}$$

$$\partial^{\mu_1} h_{\mu_1\ldots\mu_n} = 0 \tag{4.162}$$

$$F_{\mu_{n+1}\mu_1\mu_2\ldots\mu_n} = \partial_{[\mu_{n+1}} h_{\mu_1\mu_2\ldots\mu_n]} \tag{4.163}$$

wraz z warunkami początkowymi

$$h_{\mu_1\mu_2\ldots\mu_n}(0,x) = a_{\mu_1\ldots\mu_n}(x) \qquad x \in E^3 \tag{4.164}$$

$$\left(\frac{\partial}{\partial t} h_{\mu_1\mu_2\ldots\mu_n}\right)(0,x) = b_{\mu_1\ldots\mu_n}(x) \tag{4.165}$$

(*patrz Twierdzenie* 3.26).

Zauważmy, że prezentowana tu metoda znajdowania klasycznego rozwiązania równania uogólnionego pola Maxwella dają rozwiązanie przy dużo mocniejszych założeniach niż to jest normalnie wymagane. Jednak wyprowadzone wzory istnieją także przy dużo słabszych założeniach i dają funkcje, które spełniają klasyczne zadanie początkowe.

Przejdźmy teraz do klasycznego zagadnienia Cauchy'ego dla hamiltonowskiej postaci równania Kleina–Gordona.

Jeśli $a \in C_0^\infty(E^3)$ to dystrybucja $\overset{\{t\}}{\Psi}$ (por. Twierdzenie 3.26) jest funkcją klasy C^∞ na E^3 przy każdym ustalonym t i

$$\begin{aligned} \overset{\{t\}}{\Psi}(x) = & -i\left(i\frac{\partial}{\partial t} + \widehat{H}\right)\left(\frac{1}{4\pi t}\int_{|\xi|=|t|} a(x-\xi)\,d\xi + \right. \\ & \left. -\kappa \int_{|\xi|<|t|} \frac{\mathcal{J}_1(\kappa\sqrt{t^2-\xi^2})}{4\pi\sqrt{t^2-\xi^2}} a(x-\xi)\,d\xi\right) = \\ & = \Psi(t,x), \qquad x \in E^3,\ t \in E^1. \end{aligned} \tag{4.166}$$

Zachodzi następujące twierdzenie w którym są osłabione założenia dotyczące gładkości a. Mianowicie

TWIERDZENIE 4.29. *Jeśli funkcja a jest klasy C^3 na E^3, to funkcja $\Psi(t,x)$ jest klasy C^2 na E^4 i spełnia jednorodne równanie Kleina–Gordona w postaci hamiltonowskiej*

$$\left(i\frac{\partial}{\partial t} - \widehat{H}\right)\Psi(t,x) = 0 \qquad dla\ t \geq 0 \tag{4.167}$$

z warunkiem początkowym

$$\Psi(0,x) = a(x), \qquad x \in E^3 \tag{4.168}$$

Przejdźmy teraz do klasycznego problemu początkowego dla niejednorodnego równania Kleina–Gordona w postaci hamiltonowskiej przy zerowych warunkach początkowych. Rozwiązaniem tego problemu, przy założeniu, że $V \in C_0^\infty(E^4)$ i $V \equiv 0$, dla $t \leq 0$ jest oczywiście $(\frac{\partial}{\partial t} + \widehat{H})E * V$. Wtedy istnieje splot i jest funkcją klasy C^∞ na E^4. Korzystając z postaci E możemy napisać.

$$\begin{aligned}\Psi'(t,x) &= \left[\left(i\frac{\partial}{\partial t} + \widehat{H}\right)E * V\right](t,x) = \\ &= \left(i\frac{\partial}{\partial t} + \widehat{H}\right)\Bigg(\frac{1}{4\pi}\int\limits_{|y-x|\leq t}\frac{V(t-|y-x|,y)}{|y-x|}\,dy + \\ &\quad -\kappa\int\limits_0^t\int\limits_{|y|<\tau}\frac{\mathcal{J}_1(\kappa\sqrt{\tau^2-y^2})}{4\pi\sqrt{\tau^2-y^2}}V(t-|y-x|,y)\,dy\,d\tau\Bigg) \qquad t>0\end{aligned} \tag{4.169}$$

Funkcja $\Psi'(t,x)$ spełnia niejednorodne równanie Kleina–Gordona w postaci hamiltonowskiej przy dużo słabszych założeniach dotyczących funkcji V tj.

$$V \in C^3(E^4) \quad \text{i} \quad V \equiv 0, \qquad \text{dla } t \leq 0\,. \tag{4.170}$$

W ten sposób dochodzimy do klasycznego problemu początkowego dla niejednorodnego równania Kleina–Gordona (patrz Twierdzenie 3.27)

TWIERDZENIE 4.30. *Niech* $V \in C^3(E^4)$, *oraz* $V(t,x) \equiv 0$, *dla* $t \leq 0$. *Niech* $a \in C^3(E^3)$, *wtedy funkcja*

$$\begin{aligned}\Psi''(t,x) = \left(i\frac{\partial}{\partial t} + \widehat{H}\right)\Bigg(&-\frac{i}{4\pi t}\int\limits_{|\xi|=t}a(x-\xi)\,d\xi + \\ &+ i\kappa\int\limits_{|\xi|<t}\frac{\mathcal{J}_1(\kappa\sqrt{\tau^2-\xi^2})}{4\pi\sqrt{\tau^2-\xi^2}}a(x-\xi)\,d\xi + \\ &+\frac{1}{4\pi}\int\limits_{|y-x|\leq t}\frac{V(t-|y-x|,y)}{|y-x|}\,dy + \\ &-\kappa\int\limits_0^t\int\limits_{|y|<\tau}\frac{\mathcal{J}_1(\kappa\sqrt{\tau^2-y^2})}{4\pi\sqrt{\tau^2-y^2}}V(t-|y-x|,y)\,dy\,d\tau\Bigg)\end{aligned} \tag{4.171}$$

określone dla $x \in E^3$, $t \geq 0$ *jest klasy* $C^2(E^4)$ *i spełnia w sensie niejednorodne równanie Kleina–Gordona w postaci hamiltonowskiej*

$$\left(i\frac{\partial}{\partial t} - \widehat{H}\right)\Psi'' = V\,, \tag{4.172}$$

tak, że

$$\Psi''(0,x) = a(x)\,. \tag{4.173}$$

4g. Równania Duffina–Kemmera, Kählera–Królikowskiego i Duffina-Kemmera–Petiau. Przejdźmy teraz do klasycznego problemu początkowego dla równania Duffina–Kemmera. (patrz Twierdzenie 3.29).

Jeśli $\tilde{\chi} \in C_0^\infty(E^3)$, to dystrybucja $\overset{\{t\}}{\psi}$ jest funkcją klasy C^∞ przy każdym ustalonym t

$$\begin{aligned}\overset{\{t\}}{\psi}(x) &= \left(\frac{1}{\kappa}\Box_3 - \frac{1}{\kappa}\beta^\mu\beta^\nu\partial_\mu\partial_\nu + i\beta^\mu\partial_\mu + \kappa\right)\cdot \\ &\cdot\left(\frac{1}{4\pi t}\int\limits_{|\xi|=|t|}\tilde{\chi}(x-\xi)\,d\xi - \kappa\int\limits_{|\xi|<|t|}\frac{J_1(\kappa\sqrt{t^2-\xi^2})}{4\pi\sqrt{t^2-\xi^2}}\tilde{\chi}(x-\xi)\,d\xi\right) = \\ &= \psi(t,x)\,. \end{aligned}\tag{4.174}$$

Zahodzi następujące twierdzenie, w którym są osłabione założenia dotyczące gładkości $\tilde{\chi}$ (a także i χ)

TWIERDZENIE 4.31. *Jeśli funkcja χ jest klasy C^3 na E^3, to funkcja $\psi(t,x)$ jest C^1 na E^4 i spełnia równanie Duffina–Kemmera*

$$(i\beta^\mu\partial_\mu - \kappa)\psi(t,x) = 0, \quad \kappa > 0 \quad dla\ t \geq 0 \tag{4.175}$$

wraz z warunkami początkowymi

$$\psi(0,x) = \chi(x), \qquad x \in E^3 \tag{4.176}$$

gdzie $\tilde{\chi}(x)$ spełnia następujące równanie

$$\left(-\frac{1}{\kappa}\{\vec{\beta},\beta^4\}\vec{\nabla}\tilde{\chi} + i\beta^4\tilde{\chi}\right)(x) = \chi(x)\,. \tag{4.177}$$

Przejdźmy teraz do klasycznego problemu początkowego dla niejednorodnego równania Duffine–Kemmera przy zerowych warunkach początkowych. Rozwiązaniem tego problemu przy założeniu, że $V \in C_0^\infty(E^4)$ i $\operatorname{supp} V \subset \{(t,x), t \geq 0\}$ jest

$$\left(\frac{1}{\kappa}\Box_3 - \frac{1}{\kappa}\beta^\mu\beta^\nu\partial_\mu\partial_\nu + i\beta^\mu\partial_\mu + \kappa\right)(V * E) \tag{4.178}$$

Korzystając z postaci E możemy napisać:

$$\begin{aligned}\psi'(t,x) = \Bigg(&\frac{1}{\kappa}\Box_3 - \frac{1}{\kappa}\beta^\mu\beta^\nu\partial_\mu\partial_\nu + \\ &+ i\beta^\mu\partial_\mu + \kappa\Bigg)\left(\frac{1}{4\pi}\int\limits_{|y-x|<t}\frac{V(t-|y-x|,y)}{|y-x|}\,dy + \right.\end{aligned}$$

$$-\kappa\int_0^t\int_{|y|<\tau}\frac{J_1(\kappa\sqrt{\tau^2-y^2})}{4\pi\sqrt{\tau^2-y^2}}V(t-\tau,x-y)\,dy\,d\tau\Bigg)\tag{4.179}$$

$\psi'(t,x)$ spelnia równanie Duffine–Kemmera przy dużo słabszych za/łożeniach dotyczących funkcji V, tj. $V\in C^3(E^4)$ i $V\equiv 0$, dla $t<0$ z następującymi warunkami początkowymi

$$\psi'(0,x)=0\tag{4.180}$$

Można to sprawdzić bezpośrednim rachunkiem.

W ten sposób dochodzimy do klasycznego problemu początkowego dla niejednorodnego równania Duffina–Kemmera (patrz Twierdzenie 3.30)

TWIERDZENIE 4.32. *Niech $\chi\in C^3(E^3)$ i niech $V\in C^3(E^4)$, oraz $V\equiv 0$, dla $t<0$. Wtedy funkcja*

$$\psi''(t,x)=\left(\frac{1}{\kappa}\Box_3-\frac{1}{\kappa}\beta^\mu\beta^\nu\partial_\mu\partial_\nu+i\beta^\mu\partial_\mu+\kappa\right)\Bigg(\frac{1}{4\pi t}\int_{|\xi|=t}\tilde{\chi}(x-\xi)\,d\xi+$$

$$-\kappa\int_{|\xi|<t}\frac{J_1(\kappa\sqrt{\tau^2-\xi^2})}{4\pi\sqrt{t^2-\xi^2}}\tilde{\chi}(x-\xi)\,d\xi+$$

$$+\frac{1}{4\pi}\int_{|y-x|\le t}\frac{V(t-|y-x|,y)}{|y-x|}\,dy+$$

$$-\kappa\int_0^t\int_{|y|<\tau}\frac{J_1(\kappa\sqrt{\tau^2-y^2})}{4\pi\sqrt{\tau^2-y^2}}V(t-\tau,x-y)\,dy\,d\tau\Bigg)\tag{4.181}$$

określona dla $x\in E^3$, $t\ge 0$ jest klasy C^1 na E^4 i spełnia w sensie klasycznym niejednorodne równanie Duffina–Kemmera

$$(i\gamma^\mu\partial_\mu-\kappa)\psi''(t,x)=V(t,x),\qquad t\ge 0\tag{4.182}$$

tak, że

$$\psi''(0,x)=\chi(x),\qquad x\in E^3,$$

gdzie $\tilde{\chi}(x)$ spełnia następujące równanie:

$$-\frac{1}{\kappa}\{\vec{\beta},\beta^4\}\vec{\nabla}\tilde{\chi}(x)+i\beta^4\tilde{\chi}(x)=\chi(x).\tag{4.183}$$

Zauważmy, że prezentowana metoda szukania rozwiązań klasy $S'(E^4)$ dla równania Duffine–Kemmera prowadzi bezposrednio do rozwiązania problemu klasycznego przy dużo mocniejszych warunkach niż jest to wymagane. Jednak wyprowadzone wzory istnieją także przy słabszych założeniach i dają funkcję, która spelnia klasyczne zagadnienie początkowe.

Przejdźmy teraz do klasycznego problemu początkowego dla równania Kählera–Królikowskiego (patrz Twierdzenie 3.31). Jeśli $\chi \in C_0^\infty(E^3)$, to dystrybucja $\overset{\{t\}}{\psi}$ jest funkcją klasy C^∞ przy każdym ustalonym t.

$$\overset{\{t\}}{\psi}(x) = -i(i\Gamma^\mu\partial_\mu + \kappa)\Gamma^4\left(\frac{1}{4\pi t}\int\limits_{|\xi|=|t|}\chi(x-\xi)\,d\xi + \right.$$

$$\left. -\kappa\int\limits_{|\xi|<|t|}\frac{J_1(\kappa\sqrt{t^2-\xi^2})}{4\pi\sqrt{t^2-\xi^2}}\chi(x-\xi)\,d\xi\right) = \psi(t,x) \qquad (4.184)$$

Zachodzi następujące twierdzenie, w którym są osłabione założenia dotyczące gładkości χ.

TWIERDZENIE 4.33. *Jeśli funkcja χ jest klasy C^2 na E^3, to funkcja $\psi(t,x)$ jest C' na E^4 i spełnia równanie Kählera–Królikowskiego*

$$(-i\Gamma^\mu\partial_\mu + \kappa)\psi(t,x) = 0, \qquad dla\ t \geq 0\,. \qquad (4.185)$$

Przejdźmy teraz do klasycznego problemu początkowego dla niejednorodnego równania Kählera–Królikowskiego przy zerowych warunkach początkowych. Rozwiązaniem tego problemu przy założeniu, że $V \in C_0^\infty(E^4)$ i $\operatorname{supp} V \subset \{(t,x), t \geq 0\}$ jest $(i\Gamma^\mu\partial_\mu+\kappa)(V * E)$ (patrz Twierdzenie 3.32). Korzystając z jawenej postaci E możemy napisać

$$\psi'(t,x) = (i\Gamma^\mu\partial_\mu + \kappa)\left(\frac{1}{4\pi}\int\limits_{|y-x|<t}\frac{V(t-|y-x|,y)}{|y-x|}\,dy + \right.$$

$$\left. -\kappa\int\limits_0^\infty\int\limits_{|y|<\tau}\frac{J_1(\kappa\sqrt{\tau^2-y^2})}{4\pi\sqrt{\tau^2-y^2}}V(t-\tau,x-y)\,dy\,d\tau\right). \qquad (4.186)$$

$\psi'(t,x)$ spełnia równanie Kählera–Królikowskiego przy dużo słabszych założeniach tyczących funkcji V, tj.

$$V \in C^2(E^4) \quad \text{i} \quad V \equiv 0 \quad \text{dla } t < 0 \qquad (4.187)$$

z następującymi warunkami początkowymi

$$\psi'(0,x) = 0 \qquad (4.188)$$

Można to sprawdzić bezpośrednim rachunkiem. W ten sposób dochodzimy do klasycznego problemu początkowego dla niejednorodnego równania Kählera–Królikowskiego.

TWIERDZENIE 4.34. *Niech $\chi \in C^2(E^3)$ i niech $V \in C^2(E^4)$, oraz $V \equiv 0$ dla $t < 0$. Wtedy funkcja*

$$\psi''(t,x) = (i\Gamma^\mu\partial_\mu + \kappa)\Big(-\frac{1}{4\pi t}\Gamma^4 \int\limits_{|\xi|<t} \chi(x-\xi)\,d\xi +$$

$$+ i\kappa\Gamma^4 \int \frac{J_1(\kappa\sqrt{t^2-\xi^2})}{4\pi\sqrt{t^2-\xi^2}}\chi(x-\xi)\,d\xi +$$

$$+ \frac{1}{4\pi} \int\limits_{|y-x|<t} \frac{V(t-|y-x|,y)}{|y-x|}\,dy +$$

$$-\kappa \int\limits_0^\infty \int\limits_{|y|<\tau} \frac{J_1(\kappa\sqrt{\tau^2-y^2})}{4\pi\sqrt{\tau^2-y^2}} V(t-\tau, x-y)\,dy\,d\tau\Big). \quad (4.189)$$

Określona dla $x \in E^3$, $t \geq 0$ jest klasy C'' na E^4 i spełnia w sensie klasycznym niejednorodne równanie Kählera–Królikowskiego

$$(-i\Gamma^\mu\partial_\mu + \kappa)\psi''(t,x) = V(t,x) \quad (4.190)$$

tak, że

$$\psi''(0,x) = \chi(x) \qquad x \in E^3,\ t \geq 0 \quad (4.191)$$

Zauważmy, że prezentowana metoda szukania rozwiązania klasy $S'(E^4)$ dla równania Kählera–Królikowskiego prowadzi bezpośrednio do rozwiązania problemu klasycznego przy dużo mocniejszych warunkach niż jest to wymagane. Jednak wyprowadzone wzory istnieją i dają funkcję, która spełnia klasyczne zagadnienie początkowe.

Przejdźmy teraz do klasycznego zagadnienia początkowego dla jednorodnego równania Duffina–Kemmera–Petiau.

Jeśli $\chi \in C_0^\infty$, to dystrybucja $\overset{\{t\}}{\psi}$ jest funkcją klasy C^∞ przy każdym ustalonym t.

$$\overset{\{t\}}{\psi}(x) = -i(i\Gamma^\mu\partial_\mu + \kappa)(\Gamma^4)^{-1}\Big(\frac{1}{4\pi t} \int\limits_{|\xi|=|t|} \chi(x-\xi)d\xi +$$

$$-\kappa \int\limits_{|\xi|<|t|} \frac{\mathcal{J}_1(\kappa\sqrt{t^2-\xi^2})}{4\pi\sqrt{t^2-\xi^2}}\chi(x-\xi)\,d\xi\Big) = \psi(t,x), \qquad x \in E^3,\ t \in E^1 \quad (4.192)$$

Zachodzi następujące twierdzenie, w którym są osłabione założenia dotyczące gładkości χ.

TWIERDZENIE 4.35. *Jeśli funkcją χ jest klasy C^2 na E^3, to funkcja $\psi(t,x)$ jest klasy C^2 na E^4 i spełnia w sensie klasycznym równanie Duffina–Kemmera–Petiau*

$$(-i\Gamma^\mu\partial_\mu + \kappa)\psi(t,x) = 0, \qquad t \geq 0 \quad (4.193)$$

$$\psi(0,x) = \chi(x). \quad (4.194)$$

(patrz Twierdzenie 3.32).

Przejdźmy teraz do klasycznego problemu początkowego dla niejednorodnego równania Duffina–Kemmera–Petiau przy zerowych warunkach początkowych. Rozwiązanie tego problemu przy założeniu, że $V \in C_0^\infty$, $V \equiv 0$, dla $t < 0$ jest $(i\Gamma^\mu\partial_\mu + \kappa)(V * E)$. Wtedy istnieje splot $V * E$ i jest funkcją klasy C^∞ na E^4. Korzystając z postaci E możemy napisać

$$\psi'(t,x) = (i\Gamma^\mu\partial_\mu + \kappa)\Bigg(\frac{1}{4\pi}\int\limits_{|y-x|\le|t|}\frac{V(t-|y-x|,y)}{|y-x|}\,dy+ \\ -\kappa\int\limits_0^t\int\limits_{|y|<\tau}\frac{\mathcal{J}_1(\kappa\sqrt{\tau^2-y^2})}{4\pi\sqrt{\tau^2-y^2}}V(t-\tau,x-y)\,dy\,d\tau\Bigg) \tag{4.195}$$

$\psi'(t,x)$ spełnia równanie Duffina–Kemmera–Petiau przy dużo słabszych założeniach dotyczących funkcji V, tj. $V \in C^2(E^4)$ i $V \equiv 0$, dla $t < 0$ z następującymi warunkami początkowymi

$$\psi(0,x) = 0 \tag{4.196}$$

Może to sprawdzić bezpośrednim rachunkiem.

W ten sposób dochodzimy do klasycznego problemu początkowego dla niejednorodnego równania Duffina–Kemmera–Petiau (patrz Twierdzenie 3.33)

TWIERDZENIE 4.36. *Niech* $V \in C^2(E^4)$ *i* $V(t,x) \equiv 0$, *dla* $t < 0$. *Niech* $\chi \in C^2(E^3)$, *wtedy funkcja:*

$$\psi''(t,x) = (i\Gamma^\mu\partial_\mu + \kappa)\Bigg(-i\Gamma^4)^{-1}\Bigg(\frac{1}{4\pi t}\int\limits_{|\xi|=t}\chi(x-\xi)d\xi+ \\ -\kappa\int\limits_{|\xi|<t}\frac{\mathcal{J}_1(\kappa\sqrt{t^2-\xi^2})}{4\pi\sqrt{t^2-\xi^2}}\chi(x-\xi)\,d\xi\Bigg)+ \\ +\frac{1}{4\pi}\int\limits_{|y-x|<t}\frac{V(t-|y-x|,y)}{|y-x|}\,dy+ \\ -\kappa\int\limits_0^t\int\limits_{|y|<\tau}\frac{\mathcal{J}_1(\kappa\sqrt{\tau^2-y^2})}{4\pi\sqrt{\tau^2-y^2}}V(t-\tau,x-y)\,dy\,d\tau\Bigg) \tag{4.197}$$

określona dla $x \in E^3$ *i* $t \ge 0$ *jest klasy* C^1 *i spełnia w sensie klasycznym niejednorodne równanie Duffina–Kemmera–Petiau* $(-i\Gamma^\mu\partial_\mu + \kappa)\psi''(t,x) = V(t,x)$, *tak, że*

$$\psi''(0,x) = \chi(x). \tag{4.198}$$

Zauważmy, że prezentowana tu metoda szukania rozwiązań klasy $S'(E^4)$ dla równania Duffina–Kemmera–Petiau prowadzi bezpośrednio do rozwiązania problemu klasycznego przy dużo mocniejszych warunkach niż to normalnie jest wymagane. Jednak wyprowadzone wzory istnieją także przy słabszych założeniach i dają funkcję, która spełnia klasyczne zagadnienie początkowe.

Zastanówmy się teraz nad fizyczna interpretacją rozwiązań prezentowanych tu klasycznych problemów w przypadku równania Kleina–Gordona, Diraca, Proca, Weyla, równania liniowej teorii grawitacji, równania Rarity–Schwingera, równania falowego dla cząstki o spinie 5/2 i równania Diraca–Fierza. Są to rozwiązania klasycznych warunków początkowych dla funkcji falowych w relatywistycznej mechanice kwantowej: dla masywnej cząstki bezspinowej (tj. o spinie 0) w przypadku równania Kleina–Gordona, masywnej cząstki o spinie 1/2 w przypadku równania Diraca, masywnej cząstki wektorowej, tj. o spinie 1 w przypadku równania Proca, bezmasowej cząstki o spinie 1/2 i helicity $\pm\frac{1}{2}$ w przypadku równania Weylla. Rozwiązania takie znajdują zastosowanie w relatywistycznej mechanice kwantowej dla wymienionych cząstek i dają funkcję falową tej cząstki w przypadku swobodnym w obecności źródeł zewnętrznych. To samo dotyczy równania Rarity–Schwingera (spin 3/2) cząstki bezmasowej o spinie 2 (helicity ± 2) dla równania liniowej teorii grawitacji, cząstki bezmasowej i masowej o spinie 3/2 dla Rarity–Schwingera, 5/2 dla równania falowego cząstki o spinie 5/2 w przypadku masowym i bezmasowym oraz o dowolnym spinie połówkowym lub całkowitym w przypadku masowym i bezmasowym dla równania Diraca–Firza. Dotyczy to również równań dla uogólnionych pól Maxwella, równań Duffina–Kemmera, Duffina–Kemmera–Petiau, równania Kählera–Królikowskiego i hamiltonowskiej postaci równania Kleina–Gordona. W przypadku równań Maxwella możliwa jest dwojaka interpretacja. Pierwsza związana jest z pierwszym prezentowanym tu podejściem. W tej interpretacji traktujemy wymienione równania jako równania na funkcję falową bezmasowej cząstki wektorowej — fotonu. Ta interpretacja ma zastosowanie dalej w elektrodynamice kwantowej (formułowanej przy pomocy czteropotencjałów) gdzie mamy do czynienia z konstrukcją przestrzeni stanów dla fotonów. Oczywiście interpretacja rozwiązania jako funkcji falowej dla pojedynczej cząstki szybko traci tu sens, z uwagi na kreacje fotonów. W drugim i w trzecim podejściu mamy interpretację czysto klasyczną, która daje nam pole elektromagnetyczne w próżni (w obecności źródeł w drugim podejściu) z zadanymi warunkami początkowymi w chwili $t = 0$. Oczywiście ta interpretacja będzie możliwa również w pierwszym podejściu. Drugie i trzecie podejście jest jednak dość niewygodne dla pierwszej interpretacji, z uwagi na brak ewidentnej relatywistycznej niezmienniczości równań i samego rozwiązania. Oczywiście ta niezmienniczość istnieje, z tym, że nie jest widoczna na pierwszy rzut oka. W przypadku równania liniowej teorii grawitacji mamy podobną interpretację jak w elektrodynamice, zarówno klasyczną, jak i kwantową. Zauważmy jeszcze, że klasyczny warunek początkowy dla wszystkich występujących tu równań możemy postawić w dowolnym punkcie $\tau \in E^1$, różnym od zera. Otrzymamy wtedy wzory z przesunięciem na osi t.

Podsumowanie

W pracy przedstawiono dystrybucyjne zagadnienie Cauchy'ego dla równań: Kleina–Gordona, Diraca, Weyla, Proca, równań Maxwella, w cechowaniu Lorentza i Coulomba, oraz przy użyciu natężeń pól magnetycznego i elektrycznego; równania Rarity–Schwingera, równania liniowej teorii grawitacji, równania falowego dla masywnego grawitonu, równania falowego dla cząstki o spinie 5/2, oraz równania Diraca–Firza, a także równania uogólnionego pola Maxwella i równanie Kleina–Gordona w postaci hamiltonowskiej oraz równania Duffina–Kemmera, Duffina–Kemmera–Petiau i równania Kählera–Królikowskiego. Zostało to dokonane w przypadku jednorodnym i niejednorodnym (oprócz równań Maxwella w cechowaniu Coulomba). Rozpatrywano przypadki bezmasowe i z masą. Udowodniono istnienie i jednoznaczność oraz regularność w sensie Hadamarda postawionych zagadnień Cauchy'ego w klasie S', z danym w klasie S' i przy użyciu temperowanego ustalenia zmiennych w dystrybucji. Przedstawione warunki są łatwo uogólniane na klasę $\mathcal{D}'$. Przedstawiono explicité konstrukcje rozwiązań w każdym z podanych przypadków. Podano możliwość zastosowania otrzymanych rozwiązań w mechanice kwantowej, klasycznej i kwantowej teorii pola. Otrzymane wyniki sformułowano w postaci twierdzeń w rozdziale 2 i 3 pracy.

Otrzymane wyniki z rozdziału 2 i 3 wykorzystano w rozdziale 4 do konstrukcji klasycznych rozwiązań zagadnień początkowych dla wszystkich wymienionych tu równań. Podano explicité rozwiązania problemów początkowych we wszystkich przypadkach i udowodniono ich jednoznaczność dla klasycznego zagadnienia początkowego Cauchy'ego. Wyniki te sformułowano w postaci twierdzeń rozdziału 4. Dodatek A zawiera pewne znane wiadomości z teorii dystrybucji i liniowych równań różniczkowych cząstkowych hiperbolicznych. Dodatek B zaś podobnie znane własności funkcji Bessela. W Dodatku D rozpatrujemy problem uogólnionych rozwiązań równań różniczkowych cząstkowych (hiperbolicznych) na szerszym tle. Formułujemy tam też pewien program konstruowania tych rozwiązań w powiązaniu z naszymi wynikami.

Dodatek A

W dodatku tym przedstawimy pewne definicje i własności ustalenia zmiennej w dystrybucji oraz własności funkcji dystrybucyjnych.

Przedstawimy również własności splotu dystrybucji, transformacji Fouriera w klasie S' oraz ogólną definicję hiperboliczności układu równań różniczkowych cząstkowych liniowych.

DEFINICJA A.1. *Niech u będzie dystrybucją i $u \in \mathcal{D}'(\Omega \times G)$, $\Omega \subset R^m$, $G \subset R^n$, zbiory otwarte i niech $s^* \in \Omega$. Załóżmy, że dla wszystkich $\varphi \in \mathcal{D}(\Omega)$ oraz $\psi \in \mathcal{D}(G)$ istnieje:*

$$\lim_{\varepsilon\to 0^+} u\left[\frac{1}{\varepsilon^m}\varphi\left(\frac{s-s^*}{\varepsilon}\right)\psi(x)\right] \tag{A.1}$$

przy czym ustalmy że istnieje $v \in \mathcal{D}'(\Omega)$ takie że

$$\lim_{\varepsilon\to 0^+} u\left[\frac{1}{\varepsilon^m}\varphi\left(\frac{s-s^*}{\varepsilon}\right)\psi(x)\right] = v[\psi]\int_{\Omega}\varphi(s)\,ds \tag{A.2}$$

Mówimy wówczas że w dystrybucji u można ustalić $s = s^*$ na G.

Dystrybucję v nazywamy przecięciem dystrybucji u hiperpłaszczyzną $s = s^*$ i oznaczamy symbolem: ([1,2,3,4])

$$v = u||_{s=s^*} \tag{A.3}$$

DEFINICJA A.2. *Funkcję $\Omega \ni s \to u\{s\} \in \mathcal{D}'(G)$ nazywamy funkcją dystrybucyjną i mówimy że:*

a. jest ciągła jeżeli $\Omega \ni s \to u^{\{s\}}[\varphi]$ jest ciągła dla każdej funkcji $\varphi \in \mathcal{D}(G)$.
b. klasy C^k jeśli $\Omega \ni s \to u^{\{s\}}[\varphi]$ jest klasy C^k dla każdej $\varphi \in \mathcal{D}(G)$, $k \geq 1$.

DEFINICJA A.3. *Mówimy, że dystrybucja $u \in \mathcal{D}'(\Omega \in G)$ jest dana przez funkcję dystrybucyjną, jeśli dla każdej funkcji $\chi \in \mathcal{D}'(\Omega \in G)$ istnieje całka*

$$\int_{\Omega} u^{\{s\}}[\chi(s,\cdot)]\,ds \quad \text{przy czym} \quad u[\chi] = \int_{\Omega} u^{\{s\}}[\chi(s,\cdot)]\,ds \tag{A.4}$$

Podamy teraz pewne twierdzenie dotyczące własności funkcji dystrybucyjnych i ich związków z przecięciami dystrybucji hiperpłaszczyznami.

TWIERDZENIE A.1. *Niech $u \in \mathcal{D}'(\Omega \times G)$ będzie dystrybucją daną przez funkcję dystrybucyjną o której założymy że jest klasy C^1. Wówczas dystrybucja $D_j u$*

($j = 1,2,\ldots,m$), *jest daną przez funkcję dystrybucyjną:*

$$\Omega \ni s \to \frac{\partial u}{\partial s_j} = v_j^{\{s\}} \in \mathcal{D}'(G) \tag{A.5}$$

Zatem dla wszystkich $\chi \in \mathcal{D}(\Omega \times G)$ *mamy:*

$$D_j u[\chi] = \int_\Omega v_j^{\{s\}}[\chi(s,\cdot)]\, ds \tag{A.6}$$

Dowód tego twierdzenia wynika z definicji funkcji dystrybucyjnej i stwierdzenia o różniczkowaniu pod znakiem całki. Analogicznie możemy określić funkcje dystrybucyjne dla dystrybucji o nośniku ograniczonym. Pochodna funkcji dystrybucyjnej jest zadana w następujący sposób:

$$\frac{\partial u^{\{s\}}}{\partial s_j}[\delta] = \frac{\partial}{\partial s_j}(u^{\{s\}}[\delta]), \qquad \delta \in \mathcal{D}(G) \tag{A.7}$$

a więc jest to pochodna słaba.

TWIERDZENIE A.2. *Niech* $u \in \mathcal{D}'(\Omega \times G)$ *będzie dystrybucją daną przez funkcję dystrybucyjną ciągłą, a więc:*

$$u[\chi] = \int_\Omega u^{\{s\}}[\chi(s,\cdot)]\, ds, \qquad \chi \in \mathcal{D}(\Omega \times G) \tag{A.8}$$

Wówczas dla każdego ustalonego punktu $s^* \in \Omega$ *w dystrybucji* u *można dokonać ustalenia* $s = s^*$ *na* G *przy czym:*

$$u||_{s=s^*} = u^{\{s^*\}} \tag{A.9}$$

Jeśli $u^{\{s\}}$ *jest klasy* C^1, *wówczas* $D_j u||_{s=s^*} = v_j^{\{s^*\}}$, $j = 1,2,\ldots,m$.

Dowód pomijamy.

DEFINICJA A.4. *Niech* $u \in \mathcal{D}'(E^m)$, $v \in \mathcal{D}'(E^n)$, $\varphi \in \mathcal{D}(E^m \times E^n)$ *wtedy iloczynem tensorowym* u *i* v *nazywamy:*

$$w[\varphi] = v_y[u_x[\varphi(x,y)]] \quad \text{oznaczamy } w = u \otimes v \tag{A.10}$$

Wyrażenie $v_y[u_x[\varphi(x,y)]]$ należy rozumieć w następujący sposób $\psi(y) = u_x[\varphi(x,y)]$ jest wynikiem działania dystrybucji $u \in \mathcal{D}(E^m)$, ($x \in E^m$) i jest funkcją zmiennej $y \in E^n$ klasy C_0^∞, $v_y[\psi(y)]$ jest wynikiem działania dystrybucji v na ψ. W zasadzie należałoby napisać $v_y[u_x[\varphi(\cdot,\cdot)]]$. Poprawność i jednoznaczność tej definicji zapewnia twierdzenie następujące:

TWIERDZENIE A.3 ([6]).

1. *w jest dystrybucją,* $w \in \mathcal{D}'(E^m \times E^n)$

2. $w = u \otimes v$ *jest jedynym funkcjonałem przestrzeni* $\mathcal{D}(E^m \times E^n)$ *spełniającym związki:* $w[\delta \cdot \lambda] = u[\delta] \cdot v[\lambda]$ *gdzie* $\delta \in \mathcal{D}(E^m)$, $\lambda \in \mathcal{D}(E^n)$.

Dowód pomijamy.

DEFINICJA A.5. *Niech $u, v \in \mathcal{D}'(E^n)$. Jeśli związek formalny:*

$$s[\varphi] = (u_x \otimes u_y)[\varphi(x+y)], \qquad \varphi \in \mathcal{D}(E^n) \tag{A.11}$$

określa funkcjonał $s \in \mathcal{D}'(E^n)$, to dystrybucję s nazywamy splotem dystrybucji u i v i oznaczamy symbolem $u * v$. Mamy więc: $s = u * v = v * u$ (o ile istnieje). Splot w odróżnieniu od iloczynu tensorowego nie zawsze istnieje. W tym miejscu podamy warunek istnienia splotu.

TWIERDZENIE A.4. *Jeśli $u, v \in \mathcal{D}'(E^n)$ i $a = \operatorname{supp} u$, $B = \operatorname{supp} v$ i dla każdego $\varphi \in \mathcal{D}(E^n)$ zbiór: $(A \times B) \cap \{(x, y); x + y \in \operatorname{supp} \varphi\}$ jest ograniczony, to istnieje $u * v \in \mathcal{D}'(E^n)$.*

Dowód pomijamy (patrz [6]).

Własności splotu

1. $u * v = v * u$ — przemienność
2. $(u * v) * w = u * (v * w)$ — łączność
3. $\delta * u = u * \delta = u$ (δ — delta Diraca)
4. $D_k(u * v) = D_k u * v = u * d_k v$
5. $\lim\limits_{s \to s^*} u^{\{s\}} = u^{\{s^*\}}$, $u^{\{s\}} \in \mathcal{D}'(E^n)$, $v \in \mathcal{D}'(E^n) \Rightarrow \lim\limits_{s \to s^*} (u^{\{s\}} * v) = u^{\{s^*\}} * v$
6. Niech w $\mathcal{D}'(E^n)$, $A = (a, b) \subset E^1$, $a < b$ i niech $E^1 \supset A \ni t \to u^{\{t\}} \in \mathcal{D}'(E^n)$, zakładmy, że istnieje pochodna funkcji dystrybucyjnej $u^{\{t\}}$ w $t^* \in A$. Załóżmy dalej, że istnieje kompakt K taki, że albo $\operatorname{supp} w = K$ albo $\operatorname{supp} u^{\{t\}} \subset K$, dla wszystkich t z otoczenia t^*.

Wówczas

$$\left(\frac{\partial}{\partial t} u^{\{t\}} \frac{\partial}{\partial t} u^{\{t\}} * w \right)_{|t=t^*} = \left(\left(\frac{\partial}{\partial t} u^{\{t\}} \right)_{|t=t^*} \right) * v \tag{A.12}$$

Dowody tych własności wynikają z definicji splotu. Można je znaleźć w [6].

DEFINICJA A.6. *Przez $S(E^n)$ oznaczać będziemy ogół funkcji $\sigma \in C^\infty(E^n)$, dla których przy każdej ustalonej parze wielowskaźników $\alpha, \beta \in N_0^n$ zachodzi:*

$$\sup |x^\alpha D^\beta \sigma(x)| < \infty \tag{A.13}$$

Jest jasnym, że $C_0^\infty \subset S \subset C^\infty$.

DEFINICJA A.7. *Niech $\sigma_j \in S$, $j = 1, 2, \ldots$. Mówimy, że $\lim \sigma_j = 0$ w S, jeśli dla wszystkich ustalonych wielowskaźników $\alpha, \beta \in N_0^n$ mamy:*

$$\sup |x^\alpha D^\beta \sigma_j(x)| \to 0, \qquad j \to 0 \tag{A.14}$$

jednostajnie ze względu na x. Przestrzeń z tak określoną zbieżnością jest zupełna.

DEFINICJA A.8. *Transformatą Fouriera $u \in S(E^n)$, jest $v = Fu = (2\pi)^{-n/2} \times \times \int_{E^n} e^{-x\xi} u(x)\, dx$,*

$$\xi \in E^n, \qquad x\xi = \sum_{i=1}^{n} x_i \xi_i \tag{A.15}$$

Własności formaty Fouriera

1. F jest ciągłe na S
2. F jest odwracalne na S
3. $FD^\gamma u)(\xi) = (i\xi)^\gamma (Fu)(\xi)$

Dowody tyh własności można znaleźć w pracach [6], [7]. Wynikają one z własności przestrzeni S i definicji F.

DEFINICJA A.9. *Przestrzenią dystrybucji temperowanych nazywamy przestrzeń sprzężoną do $S(E^n)$ i oznaczamy $S'(E^n)$.*

Dla dystrybucji temperowanych można określić splot, przy czym prawdziwe jest twierdzenie

TWIERDZENIE A.5. *Splot dystrybucji temperowanych, z których jedna ma nośnik ograniczony jest dystrybucją temperowaną.*

Dowód znajduje się w [6], [7].

DEFINICJA A.10. *Mówimy, że w dystrybucji u można dokonać temperowanego ustalenia zmiennej $s = s^*$, jeśli dla wszystkich funkcji $\varphi \in \mathcal{D}(\Omega)$ i $\psi \in S(E^n)$ istnieje:*

$$\lim_{\varepsilon \to 0+} u\left[\frac{1}{\varepsilon^m}\varphi\left(\frac{s - s^*}{\varepsilon}\right)\psi(x)\right] \tag{A.16}$$

Przy czym istnieje dystrybucja $v \in S'(E^n)$ taka, że:

$$v[\psi] = \lim_{\varepsilon \to 0+} u\left[\frac{1}{\varepsilon^m}\varphi\left(\frac{s - s^*}{\varepsilon}\right)\psi(x)\right] \Big/ \int_{\Omega} \varphi(s)\, ds \tag{A.17}$$

Oznaczamy wtedy: $v = u_{|||s=s^*}$.

W tym miejscu chcielibyśmy wprowadzić pewne rozróżnienie notacji. Mianowicie symbol $u_{|t=t_0}$ oznacza ustalenie zmiennej w funkcji, $u_{||t=t_0}$ ustalenie zmiennej w dystrybucji w sposób zwykły, $u_{|||t=t_0}$ ustalenie zmiennej w dystrybucji w sposób temperowany.

TWIERDZENIE A.6. *Niech $\Omega \subset E^m$ będzie zbiorem otwartym. Załóżmy, że funkcja dystrybucyjna $\Omega \ni s \to u^{\{s\}} \in S'(E^n)$ jest ciągła oraz, że istnieją liczby $C > 0$, $k, r \in N_0$, takie że:*

$$|u^{\{s\}}[\sigma]| \leq C(1 + x^2)^r \sum_{|\beta| \leq k} \sup |(1 + x^2)^k D^\beta \sigma(x)| \tag{A.18}$$

Dla $\sigma \in S(E^n)$, $s \in \Omega$. *Przy tych założeniach definicja:*

$$u[\chi] = \int_{\Omega} u^{\{s\}}[\chi(s,\cdot)]\,ds \tag{A.19}$$

dla $\chi \in S(E^{m+n})$ *określa dystrybucję* $u \in S'(\Omega \times E^n)$.

TWIERDZENIE A.7. *Przyjmijmy założenia twierdzenia* A.6 *kładąc* $\Omega = E^m$ *i określmy dystrybucję* u *tak jak w Twierdzeniu* A.6. *Załóżmy ponadto, że funkcja dystrybucyjna* $u^{\{s\}}$ *jest określona i ma ciągłą pochodną, oraz że istnieją stałe* $\widetilde{C} > 0$, $\widetilde{k}, \widetilde{r} \in N_0$ *takie, że:*

$$\left|\frac{\partial u^{\{s\}}}{\partial s_j}[\sigma]\right| \leq \widetilde{C}(1+s^2)^{\widetilde{r}} \sum_{|\beta|\leq \widetilde{k}} \sup |(1+x^2)^{\widetilde{k}} D_x^{\beta}\sigma(x)| \tag{A.20}$$

dla $\sigma \in S(E^n)$, $s \in E^m$. *Wówczas mamy:*

$$D_j u[\chi] = \int_{E^m} \frac{\partial u^{\{s\}}}{\partial s_j}[x(s,\cdot)]\,ds \quad \textit{dla } \chi \in S(E^{m+n}). \tag{A.21}$$

Dowód wynika z Twierdzenia A.6 i z własności funkcji dystrybucyjnych.

TWIERDZENIE A.8. *Przyjmijmy założenia Twierdzenia* A.6, $\Omega = E^m$ *i niech* u *będzie dystrybucją określoną przez* $u^{\{s\}}$. *Wówczas dla każdego ustalonego* $s^* \in E^m$ *dystrybucja* u *ma przecięcie temperowane:* $u_{|||s=s^*}u^{\{s^*\}}$.

Jeśli przyjmiemy pozostałe założenia Twierdzenia A.7 *to wówczas dla każdego ustalonego* $s^* \in E^m$ *istnieje też przecięcie temperowane pochodnej* $D_j u$, $d_j u_{|||s=s^*} = v_j u^{\{s^*\}}$.

Określmy teraz przekształcenie Fouriera na $S'(E^n)$ w sposób następujący: $Fu[\varphi] = u[F\varphi]$ dla wszystkich $\varphi \in S(E^m)$.

Tak określone przekształcenie spełnia następujące własności:

1. jest izomorfizmem S' na S'
2. jest homeomorfizmem S' na S'
3. $F((\frac{\partial u^{\{t\}}}{\partial t})_{|t=\tau}) = (\frac{\partial}{\partial t}F(u^{\{t\}}))_{|t=\tau}$
4. $(\frac{\partial}{\partial t}(F^{-1}u^{\{t\}}))_{|t=\tau} = F^{-1}((\frac{\partial u^{\{t\}}}{\partial t})_{|t=\tau})$

W ostatnich dwóch własnościach zakładamy, że : $(a,b) \ni t \to u^{\{t\}} \in S'(E^n)$ jest ciągła, $\tau \in (a,b)$ oraz istnieje $(\frac{\partial u^{\{t\}}}{\partial t})_{|t=\tau}$ i należy do $S'(E^n)$

5. $F(u_1 * u_2)[\sigma] = (2\pi)^{1/2n} F u_1 F u_2[\sigma]$, $\sigma \in S(E^n)$, $u_1, u_2 \in S(E^n)$, zakładając przy tym że istnieje splot.

6. niech $h, g \in S'(E^n)$, $u \in S'(E^{n+1})$, $x \in E^n$, $t \in E^1$, $F_x u = v$. (F_x — oznacza przekształcenie Fouriera ze względu na pierwsze n zmiennych oznaczonych symbolicznie przez x). Wówczas $v \in S'(E^{n+1})$ i związek $u_{||t=t^*} = h$ jest równoważne związkowi $D_0 u_{||t=t^*} = Fg$, gdzie $D_0 = \frac{\partial}{\partial t}$.

Poza tym jest spełniona własność 3. przekształcenia F obciętego do $S(E^n)$: $(FD^\gamma u)[\sigma] = (i\xi)^\gamma(Fu)[\sigma]$.

DEFINICJA A.11. *Mówimy, że $u \in \mathcal{D}'(E^1 \times E^n)$ jest klasy C^m, $m \in N_0$, względem $t \in E^1$, jeśli istnieje funkcja dystrybucyjna:*

$$E' \ni t \to u^{\{t\}} \ni \mathcal{D}'(E^n) \qquad (A.22)$$

klasy C^m taka, że $u[\chi] = \int_{E'} u[\chi(t,\cdot)]\,dt$ dla $\chi \in \mathcal{D}(E^1 \times E^n)$. Mówimy, że u jest klasy C^∞ względem $t \in E^1$, jeśli jest klasy C^m dla każdego $m \in N$.

DEFINICJA A.12. *Mówimy, że dystrybucja $u \in S'(E^1 \times E^n)$ jest klasy K^m, ze względu na $t \in E^1$, jeśli istnieje funkcja dystrybucyjna $u^{\{t\}} \in S'(E^n)$, $t \in E^1$ klasy C^m oraz istnieją stałe $C > 0$, $h, k, r \in N_0$ takie, że*

$$\left|\frac{\partial^s u^{\{t\}}}{\partial t^s}[\varphi]\right| \leq C(1+t^2)^r \sum_{|\beta|\leq k} \sup |(1+x^2)^h D^\beta \varphi(x)| \qquad (A.23)$$

$\varphi \in S(E^n)$, $s = 0, 1, 2, \ldots, m$.
Mówimy, że u jest klasy K^∞ jeśli jest klasy K^m dla każdego $m \in N_0$.

Przejdźmy teraz do systemów równań różniczkowych cząstkowych kwazyliniowych.

DEFINICJA A.13. *Rozpatrzmy system równań różniczkowych cząstkowych pierwszego rzędu* ([56])

$$a_j^{s\nu}(u^1, u^2, \ldots, u^l)\frac{\partial}{\partial x^\nu} u^j(x^1, x^2, \ldots, x^n) = b^s(x^1, \ldots, x^n, u^1, \ldots, u^l) \qquad (A.24)$$

$\nu = 1, 2, \ldots, n$
$s = 1, 2, \ldots, m \qquad m \geq l$
$j = 1, 2, \ldots, l$

System ten jest zwany systemem równań kwazyliniowych, bowiem współczynnik $a_j^{s\nu}$ zależą tylko od nieznanych funkcji $u^1, \ldots, u^l$. Może on być nadokreślony, tj. $m \geq l$. W przypadku, gdy $b^s \equiv 0$ nazywamy go jednorodnym, w przeciwnym przypadku jest zwany niejednorodnym, $x = (x^1, \ldots, u^n) \in \mathcal{E}$, $u(x) = (u^1, \ldots, u^l) \in \mathcal{H}$. W przypadku gdy $a_j^{s\nu}$ jest stałe i b^s jest funkcją liniową $u^1, u^2, \ldots, u^l$, a stałe ze względu na $x \in \mathcal{E}$ system ten zwany jest liniowym.

Każdy układ liniowych różniczkowych równań cząstkowych może być sprowadzony do tej postaci przez wprowadzenie nowych zmiennych zależnych. W tej pracy rozpatrujemy układy równań (równania) takie, że $a_j^{s\nu} = \text{const}$ i $b^s \neq 0$ lub $b^s = 0$.

Zdefiniujemy teraz hiperboliczność takiego układu. W tym celu rozpatrzymy układ jednorodny ($b^s \equiv 0$). Zajmiemy się wyłącznie systemem liniowym tj.

$$a_j^{s\nu} = \text{const} \quad s = 1, 2, \ldots, m,\ j = 1, 2, \ldots, l,\ \nu = 1, 2, \ldots, n,\ m \geq l \qquad (A.25)$$

Definicja A.14. *Mówimy, że system* (A.21) *jest nieeliptyczny, jeśli system równań algebraicznych*

$$a_j^{s\nu}\gamma^j\lambda_\nu = 0, \tag{A.26a}$$

gdy

$$\mathrm{Rz}\,\|a_j^{s\nu}\lambda_\nu\| < l \tag{A.27b}$$

posiada nietrywialne rozwiązania dla γ *i* λ, *gdzie* $\gamma \in R^l$, $\lambda \in R^n$.

Jeśli macierz $a_j^{s\nu}\lambda_\nu$ *jest kwadratowa, to zakładamy, że*

$$\det\|a_j^{s\nu}\lambda_\nu\| = 0 \tag{A.28}$$

Warunek ten nazywamy warunkiem spektralnym.

Wszystkie rozpatrywane w pracy równania spełniają ten warunek po wprowadzeniu ich do systemu równań kwazyliniowych. W naszym przypadku $b^s(u^1, u^2, \ldots$ $\ldots, u^l, x^1, \ldots, x^n)$ ma następującą postać

$$b^s = b_l^s + b_2^s, \tag{A.29}$$

gdzie $b_1^s = L(u^1, \ldots, u^l)$ jest funkcją liniową swoich argumentów, a $b_2^s = b_2^s(x^1, \ldots$ $\ldots, x^n)$ nie zależy od u. Gdy $b_1^s \neq 0$ mamy do czynienia z przypadkiem masywnym, gdy $b_1^s \equiv 0$, to jest to przypadek bezmasowy. Gdy $b_2^s \equiv 0$, to jest to przypadek jednorodny (masywny lub bezmasowy), w przeciwnym przypadku mamy do czynienia z równaniem niejednorodnym. Postać funkcji

$$b_1^s = b_1^s(u^1, \ldots, u^l) = L(u^1, u^2, \ldots, u^l) \tag{A.30}$$

zależy od konkretnego równania relatywistycznej mechaniki kwantowej. Zawiera ono jednak tylko jedną stałą dowolną $\kappa > 0$ mającą interpretację masy cząstki swobodnej opisywanej przez równanie.

Definicja A.15. *System* (A.21) *dla* $a_j^{s\nu} = \mathrm{const}$ *nazywamy hiperbolicznym gdy dla każdej macierzy* L_ν^j $j = 1, 2, \ldots, l$, $\nu = 1, 2, \ldots, n$ *takiej, że*

$$a_j^{s\nu} L_\nu^j = 0 \tag{A.31}$$

mamy

$$L_\nu^j = \sum_{s=1}^{N} \xi^s \gamma_s^j \lambda_\nu^s \tag{A.32}$$

gdzie γ_s^j *są rozwiązaniemi układu równań* (A.22a), *a* λ^s *spełniają warunek* (A.22b), *w taki sposób, że* γ_s^j *odpowiada* λ_ν^s *dla ustalonych* s. *Rozwiązania* λ^s *są liczone wraz z krotnością, to samo dotyczy* γ_s.

Rozpatrywane przez nas układy równań różniczkowych cząstkowych liniowych są hiperboliczne w tym sensie również.

W przypadku wszystkich rozpatrywanych w naszej pracy równań możemy wprowadzić elementarne rozwiązanie Hadamarda odpowiadające dystrybucji E

dla równania Kleina-Gordona. Rozpatrzymy następujące równanie uogólniające wszystkie nasze jednorodne równania z pracy. Mianowicie

$$a_j^{s\nu}\frac{\partial u^j}{\partial x^\nu} + L^s(u) = 0 \tag{A.33}$$

$\nu = 1,2,3,4$, $j = 1,2,\ldots,l$, $s = 1,2,\ldots,m$, $m \geq l$, gdzie L^s jest funkcją liniową.

DEFINICJA A.16. *Elementarnym rozwiązaniem Hadamarda* ($E^j_{s_0}$) *powyższego równania nazywamy dystrybucję* $E^j_{s_0}$ *o wartościach w R lub* $\mathbb{C}$ *taką, że*

$$a_j^{s\nu}\frac{\partial E^j_{s_0}}{\partial x^\nu} + L^s(E_{s_0}) = \delta_4\delta^s_{s_0}, \qquad E = (E^j_{s_0})_{j=1,2,\ldots,l} \tag{A.34}$$

$$E^j_{s_0|||t=0} = 0 \tag{A.35}$$

$$\left(\frac{\partial E^j_{s_0}}{\partial t}\right)_{|||t=0} = 0 \tag{A.36}$$

gdzie $j = 1,2,\ldots,l$, $s_0 = 1,2,\ldots,m$, $\nu = 1,2,3,4$.

Można by było przedstawić teorię równania liniowego niejednorodnego, korzystając z własności $E^j_{s_0}$ w ten sposób, że ogólne rozwiązanie równania powyższego miało by postać

$$u^j = \widehat{u}^j + E^j_{s_0} * b_2^{s_0} \tag{A.37}$$

gdzie $\widehat{u}^j$ jest rozwiązaniem równania jednorodnego ($b_2^s = 0$), a w drugiej części wzoru stosujemy Einsteinowską notację sumacyjną. W przypadku równań o wyższych spinach mamy następującą postać elementarnego rozwiązania Hadamarda ([42–44]).

$$E^{(J)}_{AB} = -\frac{1}{(i\kappa)^{2J}} t^{\nu_1\ldots\nu_{2J}}_{A\dot{B}}\,\partial_{\nu_1}\ldots\partial_{\nu_{2J}} E \tag{A.38}$$

gdzie $t^{\nu_1\ldots\nu_{2J}}_{A\dot{B}}$ są elementami macierzowymi uogólnionych macierzy Pauliego ([42–44]), a E jest dane wzorem (2.72).

Dodatek B

W tym dodatku podamy podstawowe definicje i własności funkcji Bessela ([58–65]).

Definicja B.1. *Funkcją Bessela nazywamy rozwiązanie równania Bessela*

$$\frac{d^2\mathcal{J}_p}{dz^2} + \frac{1}{z}\frac{d\mathcal{J}_p}{dz} + \left(1 - \frac{p^2}{z^2}\right)J_p = 0 \tag{B.1}$$

gdzie p jest liczbą całkowitą, $z \in \mathbb{C}$.

Jedno ze szczególnych rozwiązań tego równania ma następującą postać

$$\mathcal{J}_p(z) = \sum_{k=0}^{\infty} \frac{(-1)^k}{k!\Gamma(k+p+1)}\left(\frac{z}{2}\right)^{p+2k} \tag{B.2}$$

Nazywane jest ono funkcją Bessela pierwszego rodzaju i rzędu p. Jeśli p nie jest liczbą całkowitą, rozwiązania $\mathcal{J}_p(z)$ i $\mathcal{J}_{-p}(z)$ są liniowo niezależne. W tym przypadku ogólne rozwiązanie (B.1) ma postać

$$A\mathcal{J}_p(z) + B\mathcal{J}_{-p}(z), \qquad A, B \in \mathbb{C} \tag{B.3}$$

Jeśli p jest całkowite to łatwo otrzymamy z (B.2)

$$\mathcal{J}_p(z) = (-1)^p\mathcal{J}_{-p}(z) \tag{B.4}$$

Dla dużych wartości $|z|$ funkcja Bessela pierwszego rodzaju wyraża się wzorem

$$\mathcal{J}_p(z) = \sqrt{\frac{2}{\pi z}}\left[\cos\left(z - \frac{\pi p}{2} - \frac{\pi}{4}\right) + O(z^{-1})\right] \tag{B.5}$$

w przypadku gdy p nie jest liczbą całkowitą wprowadza się jako jedno z rozwiązań (B.1) funkcje Neumanna rzędu p (albo funkcje Bessela drugiego rodzaju rzędu p).

$$N_p(z) = \frac{\mathcal{J}_p(z)\cos p\pi - \mathcal{J}_p(z)}{\sin p\pi} \tag{B.6}$$

Funkcje Neumanna $N_p(z)$ i funkcje Bessela $\mathcal{J}_p(z)$ dają nam dwa liniowo niezalęzne rozwiązania równania (B.1).

Funkcję Bessela można wyrazić poprzez tzw. konfluentną funkcję hipergeometryczną

$$\mathcal{J}_p(z) = \frac{1}{\Gamma(p+1)}\left(\frac{z}{2}\right)^p e^{-iz}F\left(\frac{1}{2} + p, 1 + 2p; 2iz\right) \qquad z \in \mathbb{C} \tag{B.7}$$

Funkcja $F(a, b, z)$ zadana jest następującym szeregiem.

$$F(a, b; z) = 1 + \frac{a}{b}\frac{z}{1!} + \frac{a(a+1)}{b(b+1)}\frac{z^2}{2!} + \dots \tag{B.8}$$

zwanym szeregiem hipergeometrycznym Gaussa.

DEFINICJA B.2. *Funkcja F jest jedynym ze szczególnych rozwiązań równania hipergeometrycznego*

$$z\frac{d^2F}{dz^2} + (b-z)\frac{dF}{dz} - aF = 0 \tag{B.9}$$

Jeśli b nie jest liczbą całkowitą, to drugie liniowo niezależne rozwiązanie ma postać:

$$z^{1-b}F(a-b+1, 2-b; z). \tag{B.10}$$

Rozpatrywane przez nas funkcja $F(a,b;z)$ jest szczególnym przypadkiem ogólniejszej funkcji tzw. uogólnionej funkcji hipergeometrycznej

$$\begin{aligned} {}_pF_q(a_p, b_q; z) = {}_pF_q\left(\begin{matrix} a_p \\ b_q \end{matrix}\middle| z\right) = {}_pF_q\left(\begin{matrix} a_1 \ldots a_p \\ b_1 \ldots b_q \end{matrix}\middle| z\right) = \\ = \sum_{n=0}^{\infty} \frac{(a_1)_n \ldots (a_p)_n}{(b_1)_n \ldots (b_q)_n} \frac{z^n}{(1)_n} \end{aligned} \tag{B.11}$$

gdzie

$$(a)_n = \frac{\Gamma(a+n)}{\Gamma(a)} \tag{B.12}$$

Powyższy szereg jest nazywany uogólnionym szeregiem hipergeometrycznym Gaussa i jest zbieżny dla $z \in \mathbb{C}$. Funkcja ${}_pF_q(a_p, b_q; z)$ jest funkcją analityczną w płaszczyźnie zespolonej z dla $p \leq q$.

Łatwo zauważyć, że

$$F(a,b;z) = {}_1F_1(a_1, b_1; z) \tag{B.13}$$

gdzie $a_1 = a$, $b_1 = b$.

Równanie (B.1) może być rozwiązane również przy pomocy innych liniowo niezależnych rozwiązań zwanych funkcjami Hankela (albo funkcjami Bessela 3-go rodzaju)

$$H_p^{(1)}(z) = i\frac{\mathcal{J}_p(z)e^{-ipz} - \mathcal{J}_{-p}(z)}{\sin pz} \tag{B.14}$$

$$H_p^{(2)}(z) = i\frac{\mathcal{J}_p(z)e^{-ipz} - \mathcal{J}_{-p}(z)}{\sin pz} \tag{B.15}$$

Dla dużych wartości $|z|$ mamy

$$H_p^{(1)}(z) = \sqrt{\frac{2}{\pi z}}e^{i(z-\frac{pz}{2}-\frac{\pi}{4})}\left[1 + O\left(\frac{1}{z}\right)\right] \tag{B.16}$$

$$H_p^{(2)}(z) = \sqrt{\frac{2}{\pi z}}e^{i(z-\frac{pz}{2}-\frac{\pi}{4})}\left[1 + O\left(\frac{1}{z}\right)\right] \tag{B.17}$$

$$z \in \mathbb{C}$$

Funkcje Bessela, których indeks $p = l + \frac{1}{2}$, l — liczba całkowita, wyrażają się poprzez funkcje elementarne

$$\mathcal{J}_{l+\frac{1}{2}}(z) = (-1)^l \sqrt{\frac{2z}{\pi}} z^l \left(\frac{1}{z}\frac{d}{dz}\right)^l \left(\frac{\sin z}{z}\right) \tag{B.18}$$

$$\mathcal{J}_{-l+\frac{1}{2}}(z) = \sqrt{\frac{2z}{\pi}} z^l \left(\frac{1}{z}\frac{d}{dz}\right)^l \left(\frac{\cos z}{z}\right) \tag{B.19}$$

$$z \in \mathbb{C}$$

Wprowadzane są również tzw. sferyczne funkcje Bessela

$$\mathrm{j}_l(z) = \sqrt{\frac{\pi}{2z}} \mathcal{J}_{l+\frac{1}{2}}(z) = (-1)^l z^l \left(\frac{1}{z}\frac{d}{dz}\right)^l \left(\frac{\sin z}{z}\right) \tag{B.20}$$

$$\eta_l(z) = (-1)^{l+1} \sqrt{\frac{\pi}{2z}} \mathcal{J}_{-l-\frac{1}{2}}(z) = (-1)^{l+1} z^l \left(\frac{1}{z}\frac{d}{dz}\right)^l \left(\frac{\cos z}{z}\right) \tag{B.21}$$

Dla dużych wartości $|z|$ mamy

$$\mathrm{j}_l(z) = \begin{cases} \dfrac{z^l}{(2l+1)!!}, & |z| \ll l \\ \dfrac{1}{z}\cos\left(z - \dfrac{\pi}{2}(l+1)\right), & |z| \gg l \end{cases} \tag{B.22}$$

$$\eta_l(z) = \begin{cases} -\dfrac{(2l+1)!!}{z^{l+1}}, & |z| \ll l \\ \dfrac{1}{z}\sin\left(z - \dfrac{\pi}{2}(l+1)\right), & |z| \gg l \end{cases} \tag{B.23}$$

Jeżeli $\mathcal{J}_p(z)$ spełnia równanie (B.1) to $\mathcal{J}_p(iz) = I_p(z)$, $z \in R$ spełnia następujące równanie

$$\frac{d^2 I_p}{dz^2} + \frac{1}{z}\frac{dI_p}{dz} - \left(1 + \frac{p^2}{z^2}\right) I_p = 0 \tag{B.24}$$

Ogólne rozwiązanie równania (B.21) wyraża się następująco

$$I_p(z) = J_p(iz) e^{-i/2p\pi} = \sum_{k=0}^{\infty} \frac{\left(\frac{z}{2}\right)^{p+2k}}{k!\,\Gamma(p+k+1)} \tag{B.25}$$

$I_p(z)$ nazywane jest zdegenerowaną funkcją Bessela pierwszego rodzaju. Jeśli p nie jest liczbą całkowitą, to $I_p(z)$ i $I_{-p}(z)$ są dwoma liniowo niezależnymi rozwiązaniami równania (B.21). Jeśli p jest liczbą całkowitą, to

$$I_p(z) = I_{-p}(z) \tag{B.26}$$

Zdegenerowana funkcja Bessela pierwszego rodzaju jest związana z funkcją F następującym wzorem

$$I_p(z) = \frac{e^{-z}}{\Gamma(p+1)} \left(\frac{z}{2}\right)^p F\left(\frac{1}{2} + p, 1 + 2p; 2z\right) \tag{B.27}$$

Wprowadzamy również zdegenerowaną funkcję Bessela drugiego rodzaju (p niecałkowite)

$$K_p(z) = \frac{\pi}{2}\frac{I_{-p}(z) - I_p(z)}{\sin p} \tag{B.28}$$

zwaną również funkcją Basseta. W przypadku p nie będącego liczbą całkowitą $I_p(z)$ i $K_p(z)$ są dwoma liniowo niezależnymi rozwiązaniami równania (B.21). Dla dużych wartości z mamy

$$K_p(z) = \sqrt{\frac{\pi}{2z}}e^{-z}\left(1 + O\left(\frac{1}{z}\right)\right), \qquad z > 0 \tag{B.29}$$

Dla całkowitego p funkcję $K_p(z)$, oraz podobnie $N_p(z)$ określamy jako granicę przy $p \to n$, $n \in Z$ we wzorach (B.26) i (B.6).

Funkcje Bessela mają również reprezentacje całkowe. Mamy

$$\mathcal{J}_n(z) = \frac{1}{\pi}\int_0^\pi \cos(z\sin\varphi - n\varphi)\,d\varphi \tag{B.30}$$

$$\mathcal{J}_n(z) = \frac{1}{i^n\pi}\int_0^\pi e^{iz\cos\varphi}\cos(n\varphi)\,d\varphi \tag{B.31}$$

gdzie $z \in \mathbb{C}$, $n = 0, 1, 2, \ldots$

$$\mathcal{J}_\nu(x) = \frac{2}{\sqrt{\pi}\Gamma(1/2 - v)}\left(\frac{x}{2}\right)^{-\nu}\int_1^\infty (t^2 - 1)^{-\nu - 1/2}\sin(x - t)\,dt, \tag{B.32}$$

$$x > 0,\ \mathrm{Re}\,\nu \in (-1/2, 1/2)$$

$$\mathcal{J}_\nu(x) = \frac{2}{\pi}\int_0^\infty \sin(x\cosh t - 1/2v\pi)\cosh(\nu t)\,dt, \tag{B.33}$$

$$x > 0,\ \mathrm{Re}\,\nu \in (-1, 1)$$

Mamy również

$$\int z^{\nu+1}I_\nu(z)\,dz = z^{\nu+1}I_{\nu+1}(z) \tag{B.34}$$

$$\int z^{-\nu+1}I_\nu(z)\,dz = z^{-\nu+1}I_{\nu-1}(z) \tag{B.35}$$

$$\int z^{\nu+1}K_\nu(z)\,dz = -z^{\nu+1}K_{\nu+1}(z) \tag{B.36}$$

$$\int z^{-\nu+1}K_\nu(z)\,dz = -z^{-\nu+1}K_{\nu-1}(z) \tag{B.37}$$

W przypadku $\mathcal{J}_1$, N_1, K_1 i I_1 mamy

$$\frac{d}{dz}W_0(z) = -W_1(z) \tag{B.38}$$

gdzie $W_0 = \mathcal{J}_0, N_0, K_0, I_0$ i $W_1 = \mathcal{J}_1, N_1, K_1, I_1$.

Funkcje Bessela o p będącym liczbą całkowitą spełniają również następujące relacje

$$\left(\frac{1}{z}\frac{d}{dz}\right)^k (z^p W_p(z)) = z^{p-k} W_{n-k}(z) \tag{B.39}$$

$$\left(\frac{1}{z}\frac{d}{dz}\right)^k (z^{-p} W_p(z)) = (-1)^k \frac{1}{z^{p-k}} W_{n+k}(z) \tag{B.40}$$

gdzie $k = 0, 1, \ldots,$ $W_p = \mathcal{J}_p, N_p, \overset{(1)}{H}_p, \overset{(2)}{H}_p$.

Oszacujemy całkę:

$$\int\limits_{E^4} f(\xi,t)\sigma(\xi,t)\,d\xi\,dt, \qquad \xi \in E^3,\ t \in E^1,\ \sigma \in S(E^4) \tag{B.41}$$

gdzie

$$f(\xi,t) = \frac{\mathrm{sgn}(t)}{4\pi}\frac{\mathcal{J}_1(\kappa\sqrt{t^2-x^2})}{\sqrt{t^2-x^2}}\Bigg|_{|x|<|t|} \tag{B.42}$$

Przejdźmy do współrzędnych sferycznych

$$\left|\int\limits_{E^4} f(\xi,t)\sigma(\xi,t)\,d\xi\,dt\right| =$$

$$= \left|\int\limits_{-\infty}^{+\infty} dt \int\limits_0^{\infty} dr \int\limits_0^{2\pi} d\varphi \int\limits_{-\frac{\pi}{2}}^{\frac{\pi}{2}} d\theta r^2 \sin\theta f(r,\theta,\varphi,t)\sigma(r,\theta,\varphi,t)\right| =$$

$$= \left|\int\limits_0^{\infty} dt \int\limits_0^{t} dr \frac{\mathcal{J}_1(\kappa\sqrt{t^2-r^2})r^2}{4\pi\sqrt{t^2-r^2}} \int\limits_0^{2\pi} d\varphi \int\limits_{-\frac{\pi}{2}}^{\frac{\pi}{2}} d\theta \sin\theta[\sigma(r,\theta,\varphi,t) - \sigma(r,\theta,\varphi,-t)]\right| \leq$$

$$\leq \int\limits_0^{T} dt \int\limits_0^{t} dr \frac{\mathcal{J}_1(\kappa\sqrt{t^2-r^2})r^2}{\sqrt{t^2-r^2}} \pi\cdot m +$$

$$+ \int\limits_T^{\infty} \frac{dt}{t^k} \int\limits_{\varepsilon}^{t} dr \frac{\mathcal{J}_1(\kappa\sqrt{t^2-r^2})}{\sqrt{t^2-r^2}} \cdot \frac{\pi\cdot M_k}{r^{2k-2}} +$$

$$+ \int\limits_T^{\infty} dt \int\limits_0^{\varepsilon} dr \frac{\mathcal{J}_1(\kappa\sqrt{t^2-r^2})r^2}{\sqrt{t^2-r^2}} \cdot \frac{\pi\cdot m_k}{t^k} = C_1 + C_2 + C_3 \tag{B.43}$$

gdzie $\varepsilon > 0$, $T > 0$, $k \in N_1$

$$m = \sup_{x\in E^4} |\sigma(x)| < \infty \tag{B.44}$$

$$m_k = \sup_{E^4} |t^k \sigma(r,\theta,\varphi,t)| < \infty \tag{B.45}$$

$$M_k = \sup_{E^4} |r^{2k} t^k \sigma(r, \theta, \varphi, t)| < \infty \tag{B.46}$$

(z uwagi na to, że $\sigma \in S(E^4)$).

Zauważmy, że

$$C_1 \leq \pi \cdot T^2 \sup_{x \in E^4} |\sigma(x)| \cdot \sup_{\substack{T > r > 0 \\ T > t > 0}} \left| \frac{\mathcal{J}_1(\kappa\sqrt{t^2 - r^2}) r^2}{\sqrt{t^2 - r^2}} \right| \tag{B.47}$$

oraz

$$\sup_{\substack{T > r > 0 \\ T > t > 0}} \left| \frac{\mathcal{J}_1(\kappa\sqrt{t^2 - r^2}) r^2}{\sqrt{t^2 - r^2}} \right| < \infty \tag{B.48}$$

ponieważ funkcja $\frac{\mathcal{J}_1(\kappa\sqrt{t^2 - r^2}) r^2}{\sqrt{t^2 - r^2}}$ jest określona wszędzie w kwadracie $\langle 0, T \rangle \times \langle 0, T \rangle$ i jest tam ciągła. W punktach $t = r$ przyjmujemy jej wartość jako granicę

$$\lim_{r \to t} \frac{\mathcal{J}_1(\kappa\sqrt{t^2 - r^2}) r^2}{\sqrt{t^2 - r^2}} = \frac{\kappa}{2} t^2 , \tag{B.49}$$

która istnieje i jest ograniczona dla $0 \leq t \leq T$. Całki C_2 i C_3 istnieją również (z uwagi na własności funkcji $\mathcal{J}_1$) dla dostatecznie dużego naturalnego k, np. dla $k > 3$.

Zatem rozważana całka istnieje dla każdego $\sigma \in S(E^4)$. Jest więc ona liniowym i ciągłym funkcjonałem na $S(E^4)$. Zatem $f(\cdot, \cdot)$ generuje dystrybucję temperowaną.

Dodatek C

W Dodatku udowodnimy następujące twierdzenie.

TWIERDZENIE C.1. *Jedynym rozwiązaniem problemu*

$$\begin{aligned} (\Box_3 + \kappa^2)u = 0, &\quad u \in S'(E^4), \\ u_{|||t=0} = 0, &\quad D_t u_{|||t=0} = 0 \end{aligned} \tag{C.1}$$

jest $u = 0$.

Wobec Twierdzenia 2.1 wystarczy wykazać, że jedynym rozwiązaniem otrzymanego z powyższego poprzez częściową transformację Fouriera

$v = F_x u$ jest $v_{|||t=0} = 0$, a więc jedyną dystrybucją $v \in S'(E^4)$ spełniającą równanie

$$D_t^2 v + (x^2 + \kappa^2) = 0 \tag{C.2}$$

i warunki $v_{|||t=0} = 0$, $D_t v_{|||t=0} = 0$ jest $v = 0$.

Własność ta wynika natychmiast z następującego twierdzenia.

TWIERDZENIE C.2. *Jedyną dystrybucją* $v \in \mathcal{D}'(E^4)$ *spełniającą równanie*

$$D_t^2 v + (x^2 + \kappa^2) = 0 \tag{C.3}$$

i warunki

$$v_{|||t=0} = 0 \qquad D_t v_{|||t=0} = 0 \tag{C.4}$$

jest $v = 0$.

Udowodnimy najpierw lemat. Adaptujemy tu metodę z monografii [6], gdzie jest ona stosowana do przypadku $\kappa = 0$ (tj. równania falowego).

LEMAT. *Załóżmy, że funkcja* $a(t, x) \in C_0^\infty(E^4)$ *spełnia warunki*

$$\int_{-\infty}^{+\infty} a(\tau, x) \cos[(\sqrt{x^2 + \kappa^2})\tau]\, d\tau = 0 = \int_{-\infty}^{+\infty} a(\tau, x) \sin[(\sqrt{x^2 + \kappa^2})\tau]\, d\tau \tag{C.5}$$

oraz

$$\int_{-\infty}^{+\infty} \tau a(\tau, x) = 0\,. \tag{C.6}$$

Wtedy mamy, że równanie

$$\frac{\partial^2}{\partial t^2}\lambda(t, x) + (x^2 + \kappa^2)\lambda(t, x) = a(t, x) \tag{C.7}$$

ma rozwiązanie $\lambda \in C_0^\infty(E^4)$ *i jest nim funkcja* $\lambda(t,k) = \int_{-\infty}^t a(\tau,x) f(x,t,\tau)\, d\tau$, *gdzie*

$$f(x,t,\tau) = \frac{\sin((\sqrt{x^2+\kappa^2})(t-\tau))}{\sqrt{x^2+\kappa^2}}\,. \tag{C.8}$$

Funkcja $f(x,t,\tau)$ jest klasy C^∞ skoro $a \in C_0^\infty(E^4)$ to istnieje stała M taka, że $\operatorname{supp} a \subset \{(t,x), \kappa^2+t^2+x^2 \le M^2\}$. Zatem $\lambda(t,x) = 0$ dla $\kappa^2+x^2 > M^2$ oraz $\lambda(t,x)=0$ dla $t < -M$.

Dla $t > M$ i $x = 0$ otrzymujemy:

$$\lambda(t,0) = \int_{-\infty}^{+\infty} a(\tau,0)(t-\tau)\, d\tau = 0\,, \tag{C.9}$$

a dla $t > M$ i $x \neq 0$ mamy

$$\lambda(t,x) = \frac{\sin(\sqrt{x^2+\kappa^2})t}{\sqrt{x^2+\kappa^2}} \int_{-\infty}^{+\infty} a(\tau,x)\cos[(\sqrt{x^2+\kappa^2})\tau]\, d\tau +$$

$$- \frac{\cos((\sqrt{x^2+\kappa^2})t)}{\sqrt{x^2+\kappa^2}} \int_{-\infty}^{+\infty} a(\tau,x)\sin[(\sqrt{x^2+\kappa^2})\tau]\, d\tau = 0\,. \tag{C.10}$$

Zatem $\lambda \in C_0^\infty(E^4)$. Łatwo również sprawdzić, że λ spełnia wypisane powyżej równanie.

D o w ó d   T w i e r d z e n i a D.2. Załóżmy, że $v \in \mathcal{D}'(E^4)$ jest rozwiąznie problemu, a więc zachodzą związki:

$$v\left[\frac{\partial^2 \lambda(t,x)}{\partial t^2} + (x^2+\kappa^2)\lambda(t,x)\right] = 0 \qquad \text{dla } \lambda \in \mathcal{D}(E^4) \tag{C.11}$$

oraz

$$\lim_{\varepsilon=0+} v\left[\frac{1}{\varepsilon}\sigma\left(\frac{1}{\varepsilon}\right)\psi(x)\right] = 0 \qquad \text{dla } \sigma \in \mathcal{D}(E^1),\ \psi \in \mathcal{D}(E^3)\,, \tag{C.12}$$

$$\lim_{\varepsilon=0+} v\left[\frac{1}{\varepsilon^2}\sigma'\left(\frac{1}{\varepsilon}\right)\psi(x)\right] = 0 \qquad \text{dla } \sigma \in \mathcal{D}(E^1),\ \psi \in \mathcal{D}(E^3)\,. \tag{C.13}$$

Dla dowodu twierdzenia wystarczy wykazać, że $v[\beta(t,0)] = 0$ dla każdej funkcji $\beta \in C_0^\infty(E^4)$. Niech $\beta \in C_0^\infty(E^4)$ będzie dowolną funkcją. Zatem mamy, że istnieje M takie, że:

$$\operatorname{supp} \beta(t,x) \subset \{(t,x) t^2 + x^2 + \kappa^2 < M^2\}\,. \tag{C.14}$$

Niech $M > 1$. Zdefiniujemy dwie funkcje.

$$f(x) = \int_{-\infty}^{+\infty} \beta(t,x)\cos[(\sqrt{x^2+\kappa^2})t]\, dt \quad \text{i} \tag{C.15}$$

$$g(x) = \int_{-\infty}^{+\infty} \beta(t,x) \sin[(\sqrt{x^2+\kappa^2})t]\, dt \tag{C.16}$$

oraz

$$N = \int_{-\infty}^{+\infty} t\beta(t,x)\, dt\,. \tag{C.17}$$

Niech

$$h(x) = \frac{g(x)}{\sqrt{x^2+\kappa^2}}\,. \tag{C.18}$$

Łatwo zauważyć, że $f, g \in C_0^\infty(E^3)$, oraz że $f = h = 0$ dla $x^2 + \kappa^2 \geq M^2$.
Niech $\varphi \in C_0^\infty(E^1)$ będzie dowolną funkcją

$$\int_{-\infty}^{+\infty} \varphi(t)\, dt = 1, \qquad \operatorname{supp} \varphi = \{t, |t| \leq 1\} \tag{C.19}$$

$$\varphi(t) = \varphi(-t), \qquad \varphi'(t) \leq 0,\ t \geq 0\,. \tag{C.20}$$

Funkcja taka istnieje.
Niech

$$\eta_\varepsilon(x) = \int_{-\infty}^{+\infty} \frac{1}{\varepsilon}\varphi\left(\frac{t}{\varepsilon}\right)\left(1 - \cos((\sqrt{x^2+\kappa^2})t)\right) dt\,, \tag{C.21}$$

dla $x^2 + \kappa^2 \geq M^2$, $\varepsilon > 0$.
Dla każdego $\varepsilon > 0$ mamy związki

$$\int_{-\infty}^{+\infty} \frac{1}{\varepsilon}\varphi\left(\frac{t}{\varepsilon}\right) dt = \int_{-\varepsilon}^{+\varepsilon} \frac{1}{\varepsilon}\varphi\left(\frac{t}{\varepsilon}\right) dt = 1 \tag{C.22}$$

oraz

$$\int_{-\infty}^{+\infty} t\varphi\left(\frac{t}{\varepsilon}\right) dt = \int_{-\infty}^{+\infty} \varphi\left(\frac{t}{\varepsilon}\right) \sin((\sqrt{x^2+\kappa^2})t)\, dt =$$

$$= \int_{-\infty}^{+\infty} \varphi'\left(\frac{t}{\varepsilon}\right) \cos((\sqrt{x^2+\kappa^2})t)\, dt = 0 \tag{C.23}$$

oraz

$$\int_{-\infty}^{+\infty} \frac{1}{\varepsilon^2} t\varphi'\left(\frac{t}{\varepsilon}\right) dt = -1\,, \tag{C.24}$$

$$\int_{-\infty}^{+\infty} \varphi'\left(\frac{t}{\varepsilon}\right) \frac{1}{\varepsilon^2} \sin((\sqrt{x^2+\kappa^2})t)\, dt = \sqrt{x^2+\kappa^2}(\eta_\varepsilon(x) - 1)\,. \tag{C.25}$$

Mamy również:

$$|\eta_\varepsilon(x)| \leq \frac{1}{2} M^2 \varepsilon^2 \quad \text{dla } x^2 + \kappa^2 \leq M^2\,. \tag{C.26}$$

Z powyższych zależności otrzymujemy:

$$\frac{1}{2} \leq 1 - \eta_\varepsilon(x) \leq 1\,, \tag{C.27}$$

dla $x^2 + \kappa^2 \leq M^2$ (i dostatecznie małych $\varepsilon > 0$).

Niech

$$a_\varepsilon(x) = \frac{f(x)}{1 - \eta_\varepsilon(x)}, \qquad b_\varepsilon(x) = \frac{h(x)}{1 - \eta_\varepsilon(x)}\,. \tag{C.28}$$

Łatwo wykazać, że $a_\varepsilon, b_\varepsilon \in C_0^{\infty}(E^3)$ oraz

$$a_\varepsilon(x) = b_\varepsilon(x) = 0 \quad \text{dla } x^2 + \kappa^2 \geq M^2\,. \tag{C.29}$$

Zdefiniujmy następującą funkcję:

$$\alpha_\varepsilon(t,x) = \beta(t,x) - \left\{\frac{1}{\varepsilon} a_\varepsilon(x)\varphi\left(\frac{t}{\varepsilon}\right) - \frac{1}{\varepsilon^2} b_\varepsilon(x)\varphi'\left(\frac{t}{\varepsilon}\right)\right\}. \tag{C.30}$$

Łatwo wykazać, że:

$$\int\limits_{-\infty}^{+\infty} t\alpha_\varepsilon(t,0)\,dt = N - b_\varepsilon(0) = N - h(0) = 0\,. \tag{C.31}$$

Zatem mamy

$$\int\limits_{-\infty}^{+\infty} t\alpha_\varepsilon(t,0)\,dt = 0\,. \tag{C.32}$$

Podobnie mamy

$$\int\limits_{-\infty}^{+\infty} \alpha_\varepsilon(t,x)\cos((\sqrt{x^2+\kappa^2})t)\,dt =$$

$$= \int\limits_{-\infty}^{+\infty} \alpha_\varepsilon(t,x)\sin((\sqrt{x^2+\kappa^2})t)\,dt = 0\,. \tag{C.33}$$

Oczywiście dla dostatecznie małych $\varepsilon > 0$.

Zatem korzystając z lematu mamy, że: $v[\alpha_\varepsilon(t,x)] = 0$ dla dostatecznie małych $\varepsilon > 0$. Mamy więc

$$v[\beta(t,x)] = v\left[\frac{1}{\varepsilon} a_\varepsilon(x)\varphi\left(\frac{t}{\varepsilon}\right)\right] - v\left[\frac{1}{\varepsilon^2} b_\varepsilon(x)\varphi'\left(\frac{t}{\varepsilon}\right)\right] \tag{C.34}$$

dla dostatecznie małych $\varepsilon > 0$.

Ponieważ lewa strona ostatniej nierówności nie zależy od $\varepsilon > 0$ dla dowodu tezy wystarczy wykazać, że:

$$\lim_{\varepsilon\to 0} v\left[\frac{1}{\varepsilon} a_\varepsilon(x)\varphi\left(\frac{t}{\varepsilon}\right)\right] = \lim_{\varepsilon\to 0} v\left[\frac{1}{\varepsilon^2} b_\varepsilon(x)\varphi'\left(\frac{t}{\varepsilon}\right)\right] = 0\,. \tag{C.35}$$

Niech $\gamma_\varepsilon(x) = a_\varepsilon(x) - f(x)$ oraz $\chi_\varepsilon(x) = b_\varepsilon(x) - h(x)$. Dla dostatecznie małego $\varepsilon > 0$ mamy:

$$\gamma_\varepsilon, \chi_\varepsilon \in C_0^\infty(E^3), \quad \gamma_\varepsilon(x) = \chi_\varepsilon(x) = 0 \quad \text{dla } x^2 + \kappa^2 \geq M^2 . \tag{C.36}$$

Z liniowości funkcjonalu v otrzymujemy

$$v\left[a_\varepsilon(x)\frac{1}{\varepsilon}\varphi\left(\frac{t}{\varepsilon}\right)\right] = v\left[\gamma_\varepsilon(x)\frac{1}{\varepsilon}\varphi\left(\frac{1}{\varepsilon}\right)\right] + v\left[f(x)\frac{1}{\varepsilon}\varphi\left(\frac{t}{\varepsilon}\right)\right] . \tag{C.37}$$

Czyli, jeśli $f \in C_0^\infty(E^3)$ mamy

$$\lim_{\varepsilon\to 0} v\left[f(x)\frac{1}{\varepsilon}\varphi\frac{t}{\varepsilon})\right] = 0 . \tag{C.38}$$

Ponieważ $v \in \mathcal{D}'(E^4)$ spełnia równanie Kleina–Gordona, zatem mamy funkcję dystrybucyjną:

$$E' \ni t \to v^{\{t\}} \in \mathcal{D}'(E^3) \tag{C.39}$$

klasy C_0^∞ i taką że:

$$v[\chi] = \int_{-\infty}^{+\infty} v^{\{t\}}[\chi(t,\circ)]\,dt \quad \text{dla } \chi \in \mathcal{D}(E^4) . \tag{C.40}$$

Mamy również, że $\frac{1}{\varepsilon}\gamma_\varepsilon(x)\varphi(\frac{t}{\varepsilon}) \in \mathcal{D}'(E^4)$ dla dostatecznie małych $\varepsilon > 0$. Mamy więc

$$v\left[\frac{1}{\varepsilon}\gamma_\varepsilon(x)\varphi\left(\frac{t}{\varepsilon}\right)\right] = \int_{-\infty}^{+\infty} \frac{1}{\varepsilon}\varphi\left(\frac{t}{\varepsilon}\right)v^{\{t\}}\left[\gamma_\varepsilon(x)\right] dt =$$

$$= \int_{-\varepsilon}^{+\varepsilon} \frac{1}{\varepsilon}\varphi\left(\frac{t}{\varepsilon}\right)v^{\{t\}}\left[\gamma_\varepsilon(x)\right] dt . \tag{C.41}$$

Zatem mamy, że istnieje $C > 0$ i $k \in N_1^\infty$ taka, że:

$$|v^{\{t\}}[\gamma_\varepsilon(x)]| \leq C|||\gamma_\varepsilon|||_k \tag{C.42}$$

dla $|t| \leq 1$ i dostatecznie małego $\varepsilon > 0$.

Stąd mamy:

$$\left|v\left[\frac{1}{\varepsilon}\gamma_\varepsilon(x)\varphi\left(\frac{t}{\varepsilon}\right)\right]\right| \leq C|||\gamma_\varepsilon|||_k \tag{C.43}$$

dla dostatecznie małego $\varepsilon > 0$.

Podobnie otrzymujemy:

$$v\left[b_\varepsilon(x)\frac{1}{\varepsilon^2}\varphi'\left(\frac{t}{\varepsilon}\right)\right] = v\left[\chi_\varepsilon(x)\frac{1}{\varepsilon^2}\varphi'\left(\frac{t}{\varepsilon}\right)\right] + v\left[h_\varepsilon(x)\frac{1}{\varepsilon^2}\varphi'\left(\frac{t}{\varepsilon}\right)\right] . \tag{C.44}$$

Mamy również:

$$\lim_{\varepsilon\to 0} v\left[h_\varepsilon(x)\frac{1}{\varepsilon^2}\varphi'\left(\frac{t}{\varepsilon}\right)\right] = 0 \tag{C.45}$$

czyli

$$\left|v\left[\chi_\varepsilon(x)\frac{1}{\varepsilon^2}\varphi'\left(\frac{t}{\varepsilon}\right)\right]\right| \le 2C|||\chi_\varepsilon|||_k \circ \int_0^\varepsilon \frac{1}{\varepsilon^2}\varphi'\left(-\frac{t}{\varepsilon}\right)dt =$$

$$= \frac{2C}{\varepsilon}\varphi(0)|||\chi_\varepsilon|||_k \tag{C.46}$$

Zatem musimy wykazać, że:

$$\lim_{\varepsilon\to 0}|||\chi_\varepsilon|||_k = \lim_{\varepsilon\to 0}\frac{1}{\varepsilon}|||\chi_\varepsilon|||_k = 0\,. \tag{C.47}$$

W celu wykazania ostatniej równości korzystamy z definicji normy $|||\cdot|||_k$. Norma $|||\varphi|||_k$ jest zdefiniowana następująco:

$$|||\varphi|||_k = \sum_{|\alpha|\le k}\sup_{x\in E^3}|D^\alpha\varphi(x)|\,, \tag{C.48}$$

$k = 1,2,\ldots$ $\alpha = (\alpha_1,\alpha_2,\alpha_3)$, $\varphi \in C_0^\infty(E^3)$ (patrz [6]).

Wystarczy wykazać, że dla każdego wielowskaźnika $\beta = (\beta_1,\beta_2,\beta_3)$, $|\beta| \le k$ istnieje stała $C(\beta)$ taka, że: $|D^\beta\gamma_\varepsilon(x)| \le C(\beta)\varepsilon^2$ oraz $|D^\beta\chi_\varepsilon(x)| \le C(\beta)\varepsilon^2$ dla $x \in E^3$ i dostatecznie małego $\varepsilon > 0$.

Zauważmy, że:

$$\gamma_\varepsilon(x) = \frac{\eta_\varepsilon(x)}{1-\eta_\varepsilon(x)}f(x)\,, \qquad \chi_\varepsilon(x) = \frac{\eta_\varepsilon(x)}{1-\eta_\varepsilon(x)}h(x)\,. \tag{C.49}$$

Wiemy, że $\gamma_\varepsilon(x) = \chi_\varepsilon(x)$ dla $x^2+\chi^2 \ge M^2$. Zatem możemy założyć, że $x^2+\chi^2 \le M^2$ i weźmiemy małe $\varepsilon > 0$. Mamy:

$$D_s\eta_\varepsilon(x) = \frac{\partial}{\partial x_s}\eta_\varepsilon(x) = x_s\int_{-\varepsilon}^{\varepsilon} t\frac{\sin\left(\left(\sqrt{x^2+\kappa^2}\right)t\right)}{\sqrt{x^2+\kappa^2}} \circ \frac{1}{\varepsilon}\varphi\left(\frac{t}{\varepsilon}\right)dt \tag{C.50}$$

$s = 1,2,3$.

Wobec tego mamy:

$$|D_s\eta_\varepsilon(x)| \le M\varepsilon^2 \quad \text{dla } x^2+\chi^2 \le M^2 \tag{C.51}$$

Stąd otrzymujemy potrzebne oszacowania.

Zatem otrzymujemy tezę tj. $v = 0$. Co kończy dowód Twierdzenia C.2, a więc i Twierdzenia C.1.

cbdo.

Dodatek D

W tym Dadatku przedstawimy prezentowane w pracy podejście do uogólnionego zagadnienia Cauchy'ego na tle innych badań uogólnionych rozwiązań równań różniczkowych cząstkowych. Przedstawimy tu również pewien program alternatywny badania uogólnionego warunku Cauchy'ego dla równań różniczkowych cząstkowych.

Zauważmy, że prezentowany tu wynik (dla równania Kleina–Gordona) jest dużo ogólniejszy niż prezentowane wyniki w pracy [66]. Rozpatrywana jest tam klasa równań różniczkowych, cząstkowych liniowych. Autor wymienionej pracy dowodzi istnienia i jednoznaczności rozwiązań szerokiej klasy równań cząstkowych zarówno hiperbolicznych, jak i eliptycznych. Rozpatruje on uogólnione rozważania jako różniczkowalne funkcje parametru t (w przypadku równań hiperbolicznych) o wartościach w przestrzeni funkcji uogólnionych. W jego ujęciu rozwiązanie to krzywa klasy C^1 lub C^2 w przestrzeni Sobolewa. Używa on w tym przypadku słabych pochodnych. W ten sposób jego podejście jest bliskie teorii równań różniczkowych zwyczajnych w przestrzeni analizy funkcjonalnej (np. Banacha lub Hilberta). Wiemy z literatury, że np. w przestrzeni l^p istnieją takie warunki początkowe Cauchy'ego dla pewnych równań, które nie mają rozwiązań. Dlatego też wyniki autora pracy [66] są niewątpliwie nowe. Jednakże otrzymane przez niego wyniki są dużo mniej ogólne niż w tej pracy. Łatwo zauważyć, że w jego podejściu warunek początkowy Cauchy'ego dla równania Kleina–Gordona ma postać

$$\frac{d^2\varphi}{dt^2} = (K - \kappa^2)\varphi, \tag{D.1}$$

$$\varphi_{|t=t_0} = u_1, \qquad \frac{d\varphi}{dt}_{|t=t_0} = u_2, \tag{D.2}$$

gdzie u_1, u_2 są funkcjami uogólnionymi, a $\varphi(t)$ jest funkcją klasy C^2 dla parametru t o wartościach w przestrzeni funkcji uogólnionych, K jest rozszerzeniem Δ_3 dla przestrzeni funkcji uogólnionych. Widać wyraźnie, że postawione tu zagadnienie jest mniej ogólne niż w naszej pracy, bowiem my szukamy funkcji uogólnionej, która nie musi być różniczkowalna (nawet w sensie słabym) ze względu na zmienną t, a poza tym warunek początkowy Cauchy'ego postawiony jest w sensie ustalenia zmiennych w dystrybucji, co jest dużo ogólniejsze niż warunek z pracy [66].

Zagadnienie to może być także ogólniej postawione tj. przy użyciu słabej pochodnej

$$\frac{d^2}{dt^2}\sigma[\varphi] = \sigma[(K - \kappa^2)\varphi], \tag{D.3}$$

$$\varphi|_{t=t_0} = u_1\,, \qquad \frac{d}{dt}\sigma[\varphi]|_{t=t_0} = u_2\,, \tag{D.4}$$

dla każdego σ należącego do przestrzeni sprzężonej do przestrzeni funkcji uogólnionych.

Poszukiwanie uogólnionych rozwiązań równań różniczkowych cząstkowych wraz z odpowiednio stawianymi zagadnieniami początkowymi lub brzegowymi może przebiegać w kilku kierunkach:

1) Traktujemy równania wraz z warunkiem początkowym (lub brzegowym) jako problem punktu stałego pewnego operatora w jakiejś przestrzeni analizy funkcjonalnej. W tym miejscu rozszerzamy ten operator aby był określony na zbiorze liniowo-gęstym w tej przestrzeni.
2) Traktujemy równanie cząstkowe jako równanie różniczkowe zwyczajne w przestrzeni analizy funkcjonalnej i generalizujemy warunek początkowy.
3) Traktujemy równania różniczkowe jako równanie cząstkowe w przestrzeni dystrybucji wraz z użyciem pojęcia ustalenia zmiennych w dytrybucji.

Wszystkie te podejścia są różne. W pewnych wypadkach można sprowadzić podejście 2) do 1) poprzez sprowadzenie równania różniczkowego zwyczajnego w przestrzeni (np. Banacha, Hilberta) analizy funkcjonalnej do równania całkowego, a dalej rozpatrywać rozwiązania w przestrzeni funkcyjnej (tj. funkcji jednego parametru o wartościach w poprzedniej przestrzeni). Dla przykładu może to być przestrzeń Banacha $B = (B, \|\cdot\|)$ gdzie $\|\varphi\| = \sup_{t\in R} |\varphi(t)|$.

Podejściom powyższego typu są poświęcone prace [66–70]. Podejście 3) wydaje się być najlepiej dostosowane do równania różniczkowego cząstkowego dzięki temu, że rozpatrujemy równanie wprowadzając zarówno uogólnione różniczkowania jak i ustalenie zmiennych dla funkcji uogólnionych (tj. w tym przypadku dystrybucji). Reasumując w naszym podejściu otrzymaliśmy istnienie i jednoznaczność w sensie Hadamarda w dużo szerszej klasie niż w pracy [66].

Uogólnione rozwiązania równań liniowych różniczkowych cząstkowych hiperbolicznych rozważa się często w następujący sposób. Sprowadzamy równanie to do równania ewolucji (lub układu równań) o wartościach w odpowiedniej przestrzeni topologicznej liniowej. W ten sposób otrzymujemy równanie różniczkowe zwyczajne w przestrzeni topologicznej liniowej ([71–76]). Są to w zastosowaniach przestrzenie Banacha, w szczególności Hilberta, np. $L^p(\Omega)$, l^p, $L^2(\Omega)$, l^2, oraz przestrzenie Sobolewa $W^p_m(\Omega)$.

Podamy teraz pewien program badań.

Rozpatrujemy równanie:

$$D_t^m u = \sum_{k<m} \sum_{\beta} a_{k\beta} D_t^k D_x^\beta u \qquad u(t,x) \in \mathbb{C}^p \text{ lub } R^q,\ |\beta| < m \tag{D.5}$$

gdzie $x \in R^n$, $t \in R$, $\beta \in N_0^n$, $k = 0, 1, 2, n-1$, $a_{k\beta} = \text{const}$. Dla takiego równania rozpatrujemy warunek początkowy

$$D_t^k u_{|t=\tau} = u_k \in C^m, \; k = 0, 1, 2, \ldots, m-1 \tag{D.6}$$

O powyższym równaniu zakladamy, że jest hiperboliczne zgodnie z Definicjami A.14 i A.15.

Uogólnione równanie otrzymujemy w następujący sposób. Definiujemy operatory

$$\sum a_{k\beta} D_x^\beta u = A_k u, \qquad k < m \tag{D.7}$$

czyli

$$D_t^m u = \sum_{k<m} D_t^k A_k u \tag{D.8}$$

A_k są operatorami różniczkowymi liniowymi [75]. Rozszerzamy je do pewnego liniowo-gęstego podzbioru wybranej przestrzeni topologicznej liniowej ([72]). W ten sposób mamy

$$\frac{d^m \varphi}{dt^m} = \sum_{k<m} \frac{d^k}{dt^k} A_k \varphi \tag{D.9}$$

gdzie

$$\varphi(t) = u(t, \cdot) \in T_L \tag{D.10}$$

$$\frac{d^k \varphi}{dt^k}_{|t=\tau} = u_k \in T_L \tag{D.11}$$

T_L jest odpowienią przestrzenią topologiczną liniową. Pochodna $\frac{d}{dt}$ może być rozumiana zarówno w sensie mocnym jak i słabym.

$$\mathcal{D}A_k \subset T_L \tag{D.12}$$

i $\mathcal{D}A_k$ liniowo gęsty w T_L.

Wprowadzamy teraz następujące oznaczenia

$$\varphi_i = \frac{d^i}{dt^i}\varphi, \qquad i = 0, 1, \ldots, m \tag{D.13}$$

$$\widetilde{\varphi} = \begin{pmatrix} \varphi_0 \\ \varphi_1 \\ \vdots \\ \varphi_{m-1} \end{pmatrix} \tag{D.14}$$

W ten sposób mamy

$$\frac{d\widetilde{\varphi}}{dt} = A\widetilde{\varphi} \tag{D.15}$$

gdzie

$$\widehat{\varphi}_{|t=\tau} = \widetilde{u} \tag{D.16}$$

$$\widetilde{u} = \begin{pmatrix} u_0 \\ \vdots \\ u_{m-1} \end{pmatrix} \tag{D.17}$$

$$\widetilde{\varphi}(t) \in T_L^m, \quad \widetilde{u} \in T_L^m, T_L^m = \underbrace{T_L \times T_L \times \ldots T_L}_{m \text{ razy}} \tag{D.18}$$

A jest zaś operatorem liniowym działającym w T_L^m w następujący sposób

$$A \begin{pmatrix} \varphi_0 \\ \varphi_1 \\ \vdots \\ \varphi_{m-1} \end{pmatrix} = \begin{pmatrix} J\psi \\ \\ \sum_{k<m} A_k \varphi_k \end{pmatrix} \tag{D.19}$$

$$\psi = \begin{pmatrix} \varphi_0 \\ \vdots \\ \varphi_{m-2} \end{pmatrix}, \quad J = \underbrace{\begin{pmatrix} 1 & & & & \\ & 1 & & 0 & \\ & & \ddots & & \\ & 0 & & 1 & \\ & & & & 1 \end{pmatrix}}_{m-1} \Bigg\} m-1 = \operatorname{diag}(\underbrace{1, \ldots, 1}_{m-1}) \tag{D.20}$$

Otrzymujemy w ten sposób równanie różniczkowe zwyczajne liniowe w przestrzeni topologicznej liniowej z warunkiem początkowym Cauchy'ego.

Do tego równania stosujemy teorię z pracy [68] lub [69]. W przypadku gdy T_L^m jest przestrzenią Banacha $(B, \|\cdot\|)$ mamy

$$\frac{d\widetilde{\varphi}}{dt} = A\widetilde{\varphi}, \quad \varphi(t) \in B, \ t \in \langle \tau, T \rangle \tag{D.21}$$

$$\widetilde{\varphi}_{|t=\tau} = \widetilde{u} \in B \tag{D.22}$$

Problem może być zapisany równoważnie

$$\widetilde{\varphi}(t) = \widetilde{u} + \int_\tau^t A\widetilde{\varphi}(s)\, ds, \quad \tau \le t \le T. \tag{D.23}$$

Jest to więc problem punktu stałego transformacji

$$Kv = v \tag{D.24}$$

gdzie $K = \widetilde{u} + L$. Całki są tu rozumiane w sensie Bochnera.

$$Lv = \int_\tau^T A\widetilde{\varphi}(s)\, ds, \ v = \widetilde{\varphi}(\cdot) \tag{D.25}$$

Wprowadzając nową przestrzeń Banacha $(\widetilde{B}, |||\cdot|||)$, $|||v||| = \sup_{s \in \langle \tau, T \rangle} \|\widetilde{\varphi}(s)\|$, możemy rozpatrzyć problem punktu stałego w B stosując twierdzenie Banacha, Schaudera lub inne twierdzenia o punkcie stałym z pracy [70]. W ten sposób możemy rozpatrywać przestrzenie $W_p^m(\Omega)$, $L^p(\Omega)$ itp. Metody te mogą być również stosowane do innych zagadnień początkowych niż zagadnienie Cauchy'ego np. zagadnienia Darboux i Goursata ([77–81]) dla równania typu

$$\frac{\partial^2 u}{\partial x \partial y} = f(u_x, u_y, u, x, y) \tag{D.26}$$

przy użyciu twierdzenia Schaudera w przestrzeni $W_1^1(\Omega)$, $\Omega \subset R^2$. W tym wypadku nie sprawadzamy równania cząstkowego do równania zwyczajnego w przestrzeni topologicznej liniowej i stosujemy twierdzenie o punkcie stałym bezpośrednio sprowadzając problem do problemu o punkcie stałym.

W naszym przypadku mamy oczywiście $m = 1, 2$ i zerowanie się wielu współczynników $a_{k\beta}$, $k \leq 2$, $|\beta| \leq 2$.Jednak w tej pracy rozpatrujemy zagadnienie w $S'(R^n)$ lub $\mathcal{D}'(R^n)$ przy użyciu pojęcia przecięcia dystrybucji przez hiperpłaszczyznę.

Bardzo ważnym przypadkiem rozpatrywanych przez nas równań jest przypadek prowadzący do następującego równania zwyczajnego, u — zespolone

$$\frac{du}{dt} = iL(u), \qquad u \in \mathcal{L}^2(\Omega),\ \Omega \subset R^3, \qquad \Omega \text{ ograniczony} \tag{D.27}$$

$$u_{|t=\tau} = u_0 \in \mathcal{L}^2(\Omega),\ DL \subset \mathcal{L}^2(\Omega) \text{ liniowo gęsty} \tag{D.28}$$

operator L jest liniowy, nieograniczony i samosprzężony. Jest np. operatorem eliptycznym. Wtedy zgodnie z teorią Friedrichsa istnieje operator odwrotny do L i jest pełnociągły. W ten sposób operator L ma widmo czysto punktowe i jego funkcje własne tworzą system zupełny w $\mathcal{L}^2(\Omega)$, tj. $Lx_k = \lambda_k x_k$, $x_k \in \mathcal{L}^2(\Omega)$ $k = 1, 2, \ldots$ i dla każdego $x \in \mathcal{L}^2(\Omega)$ mamy:

$$x = \sum_{k=1}^{\infty} a_k x_k, \qquad \text{gdzie } \sum_{k=1}^{\infty} |a_k|^2 < \infty \tag{D.29}$$

Zastosujemy to do powyższego równania. Mamy:

$$u(t) = \sum_{k=1}^{\infty} a_k(t) x_k, \quad \sum_{k=1}^{\infty} |a_k(t)|^2 < \infty \tag{D.30}$$

oraz z równania

$$\begin{cases} \dfrac{da_k(t)}{dt} = i\lambda_k a_k(t), & \lambda_k \in R \\ & k = 1, 2, \ldots \\ a_k(t) = \overset{(0)}{a}_k \end{cases} \tag{D.31}$$

gdzie $u_0 = \sum_{k=1}^{\infty} \overset{(0)}{a}_k x_k$, $\sum_{k=1}^{\infty} |\overset{(0)}{a}_k|^2 < \infty$.

Łatwo otrzymamy

$$a_k(t) = \overset{(0)}{a}_k e^{i\lambda_k(t-\tau)} \tag{D.32}$$

$$\text{i} \sum_{k=1}^{\infty} |a_k(t)|^2 < \infty \tag{D.33}$$

W ten sposób równanie różniczkowe cząstkowe zostało sprawdzone do równania różniczkowego zwyczajnego w l^2 i tam rozwiązane.

W przypadku gdy operacja L jest nieliniowa, a poza tym jest dla niej rozwiązany problem własny

$$Lx_k = \lambda x_k, \qquad k = 1, 2, \ldots \tag{D.34}$$

tak, że x_k tworzą układ zupełny w $\mathcal{L}^2(\Omega)$ dochodzimy do następującego równania różniczkowego zwyczajnego w l^2

$$\begin{cases} \dfrac{da}{dt} = if(a), & a(t) \in l^2 \\ a(t) = \overset{(0)}{a} \in l^2 \end{cases} \tag{D.35}$$

tak, że

$$f_i(a) = \Big(L\Big(\sum_{k=1}^{\infty} a_k x_k\Big), x_i\Big), \tag{D.36}$$

gdzie $(\cdot,\cdot)$ jest iloczynem skalarnym w $\mathcal{L}^2(\Omega)$ i

$$f(a) = (f_1(a), f_2(a), \ldots) \in l^2 \tag{D.37}$$

Przedstawimy teraz pewne szczegóły teorii równań różniczkowych zwyczajnych w przestrzeni Banacha tj. równań typu

$$\dot{x} = f(t, x), \qquad x \in B,\ t \in \langle 0, T\rangle, \tag{D.38}$$

gdzie B jest przestrzenią Banacha, f jest funkcją ciągłą:

$$f : \langle 0, T\rangle \times B \to B \tag{D.39}$$

Jak już było powiedziane wyżej problem początkowy dla takiego równania tj.

$$\begin{cases} \dot{x} = f(t, x) \\ x(\tau) = x_0 \end{cases} \tag{D.40}$$

nie zawsze ma rozwiązanie, w przeciwieństwie do przypadku skończenie wymiarowego, gdzie jest spełnione twierdzenie Peano, tj. nie zawsze istnieje funkcja

$$x : \langle 0, T\rangle \to B \tag{D.41}$$

spełniająca powyższe warunki. Znane są kontrprzykłady znalezione przez Dieudonné [82] w c_0, Celline [83] w przypadku dowolnej nierefleksywnej przestrzeni Banacha, Yorke [84] w l^2 (o czym była już mowa wyżej), oraz wynik Godunowa [85], który udowodnił, że w dowolnej przestrzeni Banacha istnieje równanie powyższej postaci, które nie ma rozwiązań w pewnym punkcie. Godunow udowodnił jeszcze następujący fakt. W przestrzeni Hilberta istnieje równanie różniczkowe zwyczajne, takie, że nie posiada ono rozwiązania zagadnienia Cauchy'ego dla żadnego punktu w tej przestrzeni. Jest to fakt bardzo istotny, bowiem poprzednie kontrprzykłady były zadawane w punktach w otoczeniu, których istniały rozwiązania zagadnienia Cauchy'ego (nawet bardzo „blisko" danego punktu).

Jednakże są pozytywne rezultaty. Można powiedzieć, że każde warunki, które dają istnienie i jednoznaczność w przypadku skończenie wymiarowym po pewnych modyfikacjach prowadzą do takich samych rezultatów w dowolnej przestrzeni Banacha ([86–90]).

Jak wspomnieliśmy wyżej równanie sprowadzane jest do problemu równania całkowego

$$x(t) = x_0 + \int_T^t f(s, x(s))\, ds \tag{D.42}$$

A zatem do problemu punktu stałego transformacji

$$Fx = x, \ [Fx](t) = x_0 + \int_T^t f(s, x(s))\, ds \tag{D.43}$$

dla $x \in C(\langle 0, T\rangle, B)$, gdzie $C(\langle 0, T\rangle, B)$ jest przestrzenią Banacha funkcji ciągłych na $\langle 0, T\rangle \subset R$ o wartościach w B z normą $|||x||| = \sup_{t \in \langle 0, T\rangle} \|x(t)\|$. Do transformacji F możemy stosować twierdzenie Banacha lub Schaudera [91], a także metodę Darbo [92], użytą po raz pierwszy przez Ambrosetti [93] do rozpatrywanego tu problemu. Darbo uogólnił rezultaty Banacha i Schaudera stosując miarę niezwartości zbioru w przestrzeni metrycznej. Rozważał on w dowolnie ustalonej przestrzeni metrycznej (X, ρ) transformację F mającą własność taką, że dla dowolnego ograniczonego podzbioru tej przestrzeni $A \subset X$

$$\alpha(F(A)) \leq k\alpha(a) \tag{D.44}$$

gdzie $0 < k < 1$, nie zależy od A. Funkcja $\alpha(x)$ została wprowadzona przez Kuratowskiego [94]. Jest to funkcja określona na rodzinie podzbiorów ograniczonych przestrzeni metrycznej jako kres dolny takich liczb rzeczywistych, że dany zbiór można rozłożyć na skończoną liczbę podzbiorów o nie przekraczających ją średnicach.

Wynikiem pracy G. Darbo jest twierdzenie, że dowolna transformacja F podzbioru ograniczonego, domkniętego i wypukłego w przestrzeni Banacha spełniająca powyższy warunek ma punkt stały. Twierdzenie G. Darbo jest trudno stosowalne z uwagi na trudności w obliczeniu funkcji $\alpha(A)$. Kłopoty związane z obliczeniem funkcji $\alpha(A)$ ominął K. Goebel zamieniając $\alpha(A)$ na $\mu(A)$ zwaną grubością zbioru ([95]). Funkcję tę definiujemy następująco

> Grubością zbioru A nazywamy kres dolny takich liczb $r > 0$, że zbiór $A \subset X$ może być pokryty skończoną ilością kul o promieniu r. Oznaczamy ją przez $\mu(A)$. Funkcja ta ma podobne własności jak $\alpha(x)$ i jest miarą niezwartości zbioru. Otrzymujemy $\mu(A) = \alpha(A) = 0$, gdy A jest zwarty ([96]).

K. Goeblowi udało się zastąpić $\alpha(A)$ przez $\mu(A)$ i otrzymać wynik o punkcie stałym dla transformacji F ([95]).

Ambrosetti w swojej pracy zakładał, że

$$\bigwedge_{t\in\langle 0,T\rangle} \alpha(f(t,A)) \leq k\alpha(A), \quad 0 < k < 1 \tag{D.45}$$

i jednostajną ciągłość f.

Opuszczenie jednostajnej ciągłości f zostało dokonane przez Celline ([77]). Celline musiał jednak założyć, że

$$\alpha(f(\langle 0,T\rangle \times A) \leq \alpha(A)L(\alpha(A)) \tag{D.46}$$

tak, że

$$\int_0^\infty \frac{dy}{yL(y)} = +\infty \tag{D.47}$$

Podobnie Szufla opuścił założenie o jednostajnej ciągłości zakładając, że $L =$ const ([98]). Zakładając, że $\|f(t,x)\| < A$, $A > 0$ możemy problem istnienia rozwiązania problemu początkowego sprowadzić do udowodnienia założeń twierdzenia Schaudera o punkcie stałym. Założenia te możemy osłabić zakładając tylko

$$\|f(t,x)\| < A, \quad t \in \langle 0,T\rangle,\ \|X\| < r \tag{D.48}$$

gdzie $AT < r$ i opuszczając założenie o jednostajnej ciągłości f, co zostało zrobione przez Rzymowskiego ([99]).

Zauważmy, że stosowanie metody Darbo lub jej modyfikacji przez Goebla jest uogólnieniem zarówno metody Banacha o punkcie stałym jak i metody Schaudera, bowiem zarówno kontrakcje (metoda Banacha) jak i przekształcenia pełnociągłe (metoda Schaudera) prowadzą do warunku

$$\mu(F(A)) \leq k\mu(F(A)), \quad 0 < k < 1 \tag{D.49}$$

Miary α i μ są nazywane miarami niezwartości, bowiem określają nam „odległość" od zbiorów zwartych danego zbioru A. (Oczywiście w danym przypadku zbiór punktów stałych tworzy zbiór zwarty).

Zastosowanie tych metod do szukania uogólnionych rozwiązań równań różniczkowych cząstkowych jest następujące. Ujmiemy je w punktach

1) przekształcić równanie różniczkowe cząstkowe (hiperboliczne) do równania różniczkowego zwyczajnego rzędu pierwszego w przestrzeni Banacha lub przestrzeni metryzowalnej liniowej tj, do postaci

$$\begin{cases} \dot{x} = f(t,x) \\ x(\tau) = x_0 \end{cases} \quad t \in \langle \tau, T\rangle \tag{D.50}$$

2) Rozszerzyć funkcję f tak aby była określona na podzbiorze liniowo-gęstym w B (lub w przestrzeni metryzowalnej, liniowej np. z przeliczalną ilością pólnorm).

3) Wprowadzić transformację F

$$(Fx)(t) = x_0 + \int_\tau^t f(s, x(s))\,ds$$

dla nowej przestrzeni Banacha B' np. $C(\langle\tau, T\rangle, B)$ (lub przestrzeni metryzowalnej, liniowej z przeliczalną ilością półnorm typu $C_i(\langle\tau,T\rangle, B_i)$, tak, że

$$|||x|||_i = \sup_{t\in\langle\tau,T\rangle} \|x(t)\|_i, \quad i = 1, 2, \ldots \tag{D.51}$$

4) Poprzez dobór warunków nałożonych na F, a pośrednio na f, a więc na współczynniki równania udowodnić założenia twierdzenia o punkcie stałym dla F np. Schaudera, Banacha, Darbo, itp.
5) Skorzystać z tego twierdzenia i udowodnić istnienie uogólnionego rozwiązania (lub rozwiązań tworzących zbiór zwarty w odpowiedniej przestrzeni analizy funkcjonalnej) równania różniczkowego cząstkowego.

Zastosowanie twierdzenia Banacha o punkcie stałym do równania

$$\dot{x} = f(t, x) \tag{D.52}$$

z warunkiem początkowym

$$x(\tau) = x\,. \tag{D.53}$$

może być dokonane poprzez zmianę normy ze zwykłej $\sup_{t\in\langle\tau,T\rangle} \|x(t)\| = |||x|||$ do innej normy tak, aby dla niej było możliwe udowodnienie założeń twierdzenia Banacha. Zostało to zrobione przez A. Bieleckiego ([100]), wraz z zastosowaniem do równania różniczkowego cząstkowego ([101])

$$\frac{\partial^2 u}{\partial x \partial y} = f(x, y, u, u_x, u_y) \tag{D.54}$$

z warunkami początkowymi

$$u(0,0) = \xi \tag{D.55}$$

$$u_x(x, 0) = \sigma(x), \qquad u_y(0, y) = \tau(y) \tag{D.56}$$

wraz z założeniami Lipszyca dotyczącymi prawej strony

$$|f(x, y, \overline{z}, \overline{p}, \overline{q}) - f(x, y, \overline{\overline{z}}, \overline{\overline{p}}, \overline{\overline{q}},)| \leq L(x, y)\{|\overline{z} - \overline{\overline{z}}| + |\overline{p} - \overline{\overline{p}}| + |\overline{q} - \overline{\overline{q}}|\}$$

$$|f(x, y, 0, 0, 0)| \leq L(x, y)$$

gdzie $-\infty < z, p, q < +\infty$, $0 \leq x < \alpha \leq +\infty$, $0 \leq y < \beta < +\infty$ tak, że $L(x, y)$ i $L_x(x, y)$, $L_y(x, y)$ są ciągłe inieujemne w zbiorze

$$\{(x, y),\ 0 \leq x < \alpha,\ 0 \leq y < \beta\} \tag{D.57}$$

Problem Goursata, Cauchy'ego–Darboux dla powyższego równania był badany przez Z. Szmydt ([77–81]) (o czym była mowa wyżej) metodą punktu stałego Schaudera. Wyniku jej zostały zaostrzone przez Kisyńskiego [102–105].

Przypomnijmy, że Z. Schmydt rozpatrywała następujący problem

$$\frac{\partial u}{\partial x \partial y}(x,y) = F(x,y,u,u_x,u_y), \tag{D.58}$$

gdzie $u(x,y) \in R^n$, $u \in C^1$, tak, że

$$u(x_0,y_0) = \widehat{u}, \qquad -\alpha \le x_0 \le \alpha,\ -\beta \le y \le \beta \tag{D.59}$$

$$u_x(x,y) = G(x,u(x,y),u_y(x,y)) \quad \text{dla } y = \gamma(x),\ -\alpha \le x \le \alpha \tag{D.60}$$

$$u_y(x,y) = H(y,u(x,y),u_x(x,y)) \quad \text{dla } x = \lambda(y),\ -\beta \le y \le \beta \tag{D.61}$$

$$0 < \alpha < \infty,\ 0 < \beta < \infty .$$

Funkcje $\gamma(x)$ i $\lambda(y)$ są ciągłe tak samo jak funkcje G i H. Powyższy problem istnienia i jednoznaczności został sprowadzony do problemu istnienia i jednoznaczności punktu stałego następującego przekształcenia

$$\begin{aligned} L(u) = \widehat{u} &+ \int_{x_0}^{x} G(s,u(s,\gamma(s)),u_y(s,\gamma(s))\,ds + \\ &+ \int_{y_0}^{y} H(t,u(\lambda(t),t),u_x(\lambda(t),t))\,dt + \\ &+ \int_{x_0}^{x} \left\{ \int_{\gamma(s)}^{y_0} F(s,t,u(s,t),u_x(s,t),u_y(s,t))\,dt \right\} ds + \\ &+ \int_{x_0}^{x} \left\{ \int_{\lambda(t)}^{x} F(s,t,u(s,t),u_x(s,t),u_y(s,t))\,ds \right\} dt + \end{aligned} \tag{D.62}$$

tj. do

$$L(u) = u \tag{D.63}$$

o funkcji F założono, że

$$|F(x,y,u,p,q) - F(x,y,u,\widetilde{p},\widetilde{q}| \le \omega_1(y,|p-\widetilde{p}|,x) + \omega_2(x,|q-\widetilde{q}|,y) \tag{D.64}$$

gdzie funkcje $\omega_1(y,v,x)$ i $\omega_2(x,v,y)$ są ciągłe dla $-\alpha \le x \le \alpha$, $-\beta \le y \le \beta$, $v \ge 0$ i spełniają szeregi dodatkowych warunków. Założono także dodatkowe warunki dla F oraz dla u i jej pochodnych u_x, u_y w dziedzinie określoności tak, aby można było zastosować twierdzenie Schaudera o punkcie stałym. Postawiony problem jest uogólnieniem problemu Darboux, Picarda, Cauchy'ego i Goursata.

Z. Szmydt zakładała również, że dla każdego ustalonego $x \in \langle -\alpha,\alpha\rangle$ i dla każdego $\widetilde{y} \in \langle -\beta,\beta\rangle$

$$v(y) \equiv 0, \qquad -\beta \le y \le \beta \tag{D.65}$$

jest jedyną całką przechodzącą przez punkt $(\bar{y}, 0)$, będącą rozwiązaniem jednego z równań:

$$\frac{dv}{dy} = \omega_1(y, v, x) \tag{D.66}$$

$$\frac{dv}{dy} = -\omega_1(y, v, x) \tag{D.67}$$

oraz, że dla każdego ustalonego y, $y \in \langle -\beta, \beta \rangle$ i dla każdego $\bar{x} \in \langle -\alpha, \alpha \rangle$, $u(x) \equiv 0$, $-\alpha \leq x \leq \alpha$ jest jedyną całką przechodzącą przez punkt $(\bar{x}, 0)$ będącą rozwiązaniem jednego z równań:

$$\frac{du}{dx} = \omega_2(x, v, y) \tag{D.68}$$

$$\frac{du}{dx} = -\omega_2(x, v, y) \tag{D.69}$$

J. Kisyński osłabił założenia Z. Szmydt (stosując zresztą metodę Schaudera) wprowadzając ogólniejszy warunek pochodzący od A. Plisia. W dowodach twierdzeń stosuje on metodę, pozwalającą wyznaczyć rozwiązanie problemu w całym prostokącie $\langle -\alpha, \alpha \rangle \times \langle -\beta, \beta \rangle$ przez sklejanie rozwiązań w mniejszych prostokątach. Warunek A. Plisia jest osłabieniem warunku Z. Szmydt tyczącym funkcji $v(y)$ i $u(x)$ w następujący sposób. Dla każdego $x \in \langle -\alpha, \alpha \rangle$ funkja $v(y) \equiv 0$ jest jedyną funkcją klasy C^1 w przedziale $\langle -\beta, \sigma(x) \rangle$ taką, że $v(\sigma(x)) \equiv 0$ i $v'(y) = -\omega_1(x, y, v(y))$ dla $y \in \langle -\alpha, \alpha \rangle$ lub funkcja $v(y) \equiv 0$ jest jedyną funkcją klasy C^1 w przedziale $\langle \sigma(x), \beta \rangle$ taką, że $v(\sigma(x)) \equiv 0$ i $v'(y) = \omega_1(x, y, \sigma(y))$ dla $y \in \langle \sigma(x), \beta \rangle$. Równocześnie zakładamy, że dla każdego $y \in \langle -\beta, \beta \rangle$ funkcja $u(x) \equiv 0$ jest jedyną funkcją klasy C^1 w przedziale $\langle \tau(y), \alpha \rangle$ taką, że $u(\tau(y)) = 0$ i $u'(x) = \omega_2(x, y, u(x))$ dla $x \in \langle \tau(y), \alpha \rangle$ lub funkcja $u(x) \equiv 0$ jest jedyną funkcją klasy C^1 w przedziale $\langle -\alpha, \tau(y) \rangle$ taką, że $u(\tau(y)) = 0$ i $u'(x) = -\omega_2(x, y, u(x))$, $x \in \langle -\alpha, \tau(y) \rangle$.

Wydaje się, że stsosowane tu metody prowadzą tylko do znalezienia klasycznego rozwiązania zadania początkowego dla powyższego równania. Bazują one bowiem na zastosowaniu twierdzenia Banacha lub Schaudera bezpośrednio do równania różniczkowego cząstkowego, bez etapu pośredniego rozszerzenia równania na funkcje uogólnione. Wydaje się, że etap pośredni poprzez równanie różniczkowe zwyczajne w przestrzeni analizy funkcjonalnej wraz z zastosowaniem metody przenormowania (zarówno w przestrzeni Banacha lub każdej z przeliczlnej liczby półnorm w przestrzeni z przeliczalną liczbą norm), jak i ogólnej metody Darbo proponowanej przez K. Goebla może poprzez zastosowanie twierdzenia o punkcie stałym prowadzić do twierdzenia o istnieniu i jednoznaczności zagadnienia początkowego dla równania cząstkowego powyższego typu. Na zakończenie zauważmy, że jedną z ważniejszych prac na temat równania

$$\frac{\partial^2 z}{\partial x \partial y} = f\left(x, y, z, \frac{\partial z}{\partial x}, \frac{\partial z}{\partial y}\right) \tag{D.70}$$

opublikowali Aleksiewicz i Orlicz [(106)]. Co do pracy źródłowej o zasadzie Banacha to odsyłam do oryginalnej pracy Banacha ([107]).

Na temat miary niezwartości w teorii punktów stałych proponujemy pracę ([108]), co do ogólnych zagadnień analizy funkcjonalnej to odsyłamy do [109–110]. Elementy geometrii przestrzeni Hilberta rozpatrzono wyczerpująco w pracach [111, 112]. Problemy liniowych i nieliniowych równań różniczkowych w nieskończenie wymiarowych przestrzeniach analizy funkcjonalnej rozpatrzono w pracach [113, 114]. Wymienione wyżej prace były poświęcone istnieniu lokalnego rozwiązania dla równania falowego. W pracach [115] i [116] rozpatrywany jest problem istnienia rozwiązania globalnego. W pracy [117] rozpatrzono problem istnienia rozwiązania równania $u_t - \Delta\varphi(u) = 0$, gdzie $\varphi : R \to R$ jest niemalejąca i $\varphi(0) = 0$ i $u \in L^\infty(Q)$, $Q = R^N \times (0, T)$. Podano przykład istnienia i niejednoznaczności rozwiązania problemu Cauchy'ego dla tego równania w przypadku $N \geq 3$.

Podziękowania

Chciałbym serdecznie podziękować prof. dr h. A. Bieleckiemu, prof. dr h. J. Muszyńskiemu, prof. dr h. J. Ławrynowiczowi i prof. dr h. A. Odziejewiczowi za możliwość wygłoszenia powyższych wyników na prowadzonych przez nich seminariach oraz za dyskusję i uwagi krytyczne. Dziękuje również recenzentom za uwagi krytyczne.

Literatura

[1] S. Łojasiewicz, *Sur la fixation des variables dans une distribution*, Studia Math. **17** (1958), p. 1–64.

[2] S. Łojasiewicz, *Sur la valeur d'une distribution dans un point*, Bull. Ac. Polon. Sci. Cl.III **4** (1956), p. 239–242.

[3] S. Łojasiewicz, *Sur la valeur et la limite d'une distribution dans un point*, St. Math. **16** (1957), p. 1–36.

[4] Z. Zieleźny, *Sur la définition Łojasiewicz de la valeur d'une distribution dans un point*, Bull. Ac. Polon. Sci. Cl.III. **3** (1955), p. 519–520.

[5] Z. Szmydt, *Régularité des solutions tempérées d'une certaine classe d'equations différentialles linéaire*, Bull. Acad. Sci. Ser. Math. XVIII. **1** (1970), p. 21–25.

[6] Z. Szmydt, *Fourier transformation and linear differential equations*, Warszawa 1977, PWN. Polskie wydanie Z. Szmydt *Transformata Fouriera i równania różniczkowe lioniowe*, Warszawa 1972, PWN.

[7] L. Schwartz, *Théorie des distributions*, Paris 1966, Hermann.

[8] L. Schwartz, *Applications of Distributions to the study of elementary particles in relativistic quantum mechanics*, Dept. of Mathematics Univ. of California, March1961 (Lecture motes).

[9] J. Białynicki-Birula i Z. Bialynicka-Birula, *Quantum Electrodynamics*, Pergamon Press, PWN, Oxford, Warsaw, 1975.

[10] A. S. Davydow, *Quantum Mechanics*, PWN, Warsaw 1969 (in polish).

[11] J. D. Jackson, *Classical Elektrodynamics*, John Wiley and Sons, New York 1975.

[12] P. van Nieuwenhuizen, *Supergravity*, Physics Reports **68**, 4 (1981), p. 189.

[13] A. Papepetrou, *Lectures on General Relativity*, D. Reidel, Dordrecht 1974.

[14] R. Penrose, W. Rindler, *Spinors and Space-time*, Vol. 1–2, Canbidge University Press, Cambridge 1986.

[15] W. B. Bierestecki, E. M. Lifszyc, L. P. Pitajewski, *Relatywistyczna Teoria Kwantów*, cz. 1–2, PWN, Warszawa 1972.

[16] A. Aurilla, Y. Takahashi, *Generalized Maxwell Equations and the Gauge Mixing Mechanism of Mass Generation*, Progress in Theor. Phys. **60** (1981), p. 693.

[17] J. W. Moffat, *Generalized theory of gravitation and its physical consequences*, in: Proceeding of the VII international School of Gravitation and Cosmology, Erice Sicilly (ed.), by V. de Sabatta, World Scientific Publishing Company, Singapore 1982, p. 127.

[18] M. W. Kalinowski, *Nonsymmetric fields theory and its applications*, World Scientific Co. Ltd Singapore, London 1990.

[19] R. J. Duffin, *On the Charcteristic Matrices of the Covariant Systems*, Phys. Rev. **54** p. 1114 (1938).

[20] N. Kemmer, *The particle aspect of meson theory*, Proc. Ray. Soc. **173A** p. 91 (1938).

[21] J. Białynicki-Birula, *Wstęp do teorii pól kwantowych*, PWN, Warszawa 1971. P. Ramond *Quantum Field Theory, A modern Primer*, Prestice Hall New York 1984.

[22] Н. Н. Боголюбов, Д. В. Ширков, *Введение б теорию квантованных полей*, Москва, Наука, 1987.

[23] S. Schweber, *An Introduction to relativistic quantum field theory*, New York 1956.

[24] E. Kähler, *Der innere Differentialkalkül*, Rendiconti di Matematica **21** p. 425 (1962).
[25] D. Iwanenko and L. Landau, *Zur Theorie des Magnetischens Elektrons I*, Z. Phys. **48** S. 341 (1928).
[26] W. Królikowski, *A sequence of Clifford Algebras and three replicas of Dirac particles*, Acta Phys. Polon. **B21** p. 871 (1990).
[27] W. Królikowski, *An algebraic model for quark mass metrices with heavy top*, Acta Phys. Polon. **B22** p. 303 (1991).
[28] W. Królikowski, *Model of leptons and quarks composed of algebraic partons*, Phys. Rev. **D9** p. 3222 (1992).
[29] W. Królikowski, *Algebraically composite Higgs bosons*, Phys. Rev. **D46** p. 5188 (1992).
[30] T. Banks, Y. Dothan and D. Horn, *Geometric Fermions*, Phys. Lett. **117B** p. 413 (1982).
[31] W. Królikowski, *Clifford Algebras and Algebraic structure of Fundamental Fermions*, in: Spinors, Twistors, Cliford Algebras and Quantum Deformations ed. Z. Oziewicz et al., Kluwer Academic Publishers, Dordrecht 1993.
[32] P. A. M. Dirac, *Electrons and Protons*, Proc. Rey. Soc.London **A129** (1930), p. 360.
[33] P. A. M. Dirac, *The quantum theory of the electron*, Proc. Ray. Soc. London **A117** (1936), p. 351.
[34] P. A. M. Dirac, *The quantum theory of the electron II*, Proc. Ray. Soc. London **A118** (1946), p. 351.
[35] A. Proca, *Sur la Théorie Ondulatoire des Electrons Possitifs et Négatifs*, J. Phys. Rodium **7**, (1936), p. 347.
[36] W. Rarita, J. Schwinger, *On the theory of particles with half-integral spin*, Phys. Rev. **60**, (1941), p. 61.
[37] P. A. M. Dirac *Relativistiv wave equations*, Proc. Ray. Soc. London **A155**, p. 477 (1936).
[38] M. Fierz, *Über der Drehimpuls von Teichler mit Ruhemansse null und beliebinger spin*, Helv. Phys. Acta **13**, p. 45 (1940).
[39] M. Fierz, W. Pauli, *On relativistic wave equations for particles of arbitrary spin in an electromagnetic field*, Proc. Ray. Soc. London **A173**, p. 211 (1939).
[40] S. Fronsdal, *Massless Fields with Integer spin*, Phys. Rev. **D18**, p. 2322 (1978).
[41] S. Fronsdal, J. Fary, *Massless Fields with half-integer spin*, Phys. Rev. **D18** p. 3630 (1978).
[42] S. Weinberg, *Feynman Rules for Any Spin*, Phys. Rev. **133** p. B1318 (1964).
[43] S. Weinberg, *Feynman Rules for Any Spin II, Massless Particles*, Phys. Rev. **134** p. B882 (1964).
[44] J. Lukierski, *Lagrangian Formalism for $(2J+1)$-Component Higer Spin Theory*, Bull. Acad. Polon. Sér. Sci. Math. Actr. Phys. **14** p. 697 (1966).
[45] O. Klein, *Quantentheorie und fürfdimensionale Relativitätstheorie*, Z. Phys. **37** p. 895 (1926).
[46] W. Fock, *Zur Schrödingerschen Wellenmechanik*, Z. Phys. **38** p. 242 (1926).
[47] W. Fok, *Über die invariante Form der Wellen-und der Bewegunsgleichungen für einen gebungen Marsenpunkt*, Z. Phys **39** p. 226 (1926).
[48] W. Gordon, *Der Comptoneffekt nach der Schrödingschen Theorie*, Z. Phys. **40** p. 117 (1926).
[49] E. Schröndinger, *Quantisierug als Eingenwertproblem*, Ann. d. Phys. **79** s. 361 (I Mitteilung) und **79** s. 489 (II Mitteilung) und **79** s. 734 (III Mitteilung).
[50] J. D. Björken and S. D. Drell, *Relatywistyczna teoria kwantów*, PWN, Warszawa 1985.
[51] C. Cohen-Tannoudji, B. Diu and F. Laloe, *Quantum Mechanics*, Vol. I and II John Wiley and sons New York 1977.
[52] P. A. M. Dirac, *The Principles of Quantum Mechanics*, Oxford, Oxford Univ. Press 1958.
[53] L. Landau and F. Lifszyc, *Mechanika kwantowa*, PWN, Warszawa 1981.
[54] M. Suffczyński, *Elektrodynamika*, PWN, Warszawa 1982.

[55] R. S. Ingarden and A. Jamiołkowski, *Classical Electrodynamics*, PWN, Warszawa 1985.
[56] M. W. Kalinowski, *Riemann Waves and their Applications*, Pitman Research Notes in Mathematics Series No.276, Longman Scientific and Technical, Harlow 1992, p. 4–6.
[57] M. Krzyżański, *Równania różniczkowe cząstkowe rzędu drugiego*, część I, Warszawa 1957, część II, Warszawa 1962, PWN.
[58] Y. L. Luke, *The Special Functions and their Approximations*, vol. I and II Academic Press New York 1966.
[59] E. T. Whittaker, G. N. Watson, *A cours of Modern Analysis*, Cambridge Universsity Press, Cambridge 1946.
[60] J. Slater, *Generalized Hypergeometric Functions*, Cambridge University Press, Cambridge 1966.
[61] C. Truesdell, *An essay Towards a Unified Theory of Special Functions*, Academic Press, New York 1968.
[62] A. Erdelgi (ed.), *Higer Transcendental Functions*, vol. I–III, Mc Graw — Hill Corp. New York 1953.
[63] A. Wawrzyńczak, *Współczesna teoria funkcji specjalnych*, PWN, Warszawa 1978.
[64] A. M. Mathai, R. K. Saxena, *Generalized Hypergeometrical Functions with applications in statistics and physical science*, Springer Verlag, Berlin 1973.
[65] A. Gray, G. B. Mathews, T. M. MacRobert, *A treatise on the theory of Bessel functions*, 2nd ed.,Mocmillan and Co. Ltd., London, England 1931.
[66] N. E. Tovmasyan, *Well-posedness of boundary value problems for partial differential equations in the semispace in the class of generalized functions*, Sib. Math. J. 28 (1987), p. 317–330.
[67] V. S. Vladimirow, *Generalized Functions in Mathematical Physics*, Nauka, Moscov 1979.
[68] V. Lakshikantham, *Differential Equations in abstract spaces*, Acad. Press, New York, 1972.
[69] K. Deimling, *Ordinary differential Equations in Banach Spaces*, Springer Verlag, Berlin 1977.
[70] K. Goebel i W. A. Kirk, *Topics in metric fixed point theory*, Cambridge Univ. Press, Cambridge 1990.
[71] H. Marcinkowska, *Dystrybucje, przestrzenie Sobolewa, równaina różniczkowe*, PWN, Warszawa 1993.
[72] F. Treves, *Topological vector spaces, Distributions and Kernels*, New York 1967.
[73] J. Musielak, *Wstęp do analizy funkcjonalnej*, Warszawa PWN 1976.
[74] И. М. Гельфанд, Г. Е. Шилов, *Обобщённые функции и действия над ними*, Москва, Мир 1959.
[75] L. Hörmander, *The analysis of linear partial differential operators*, vol. 1–4, Springer Verlag, Berlin 1983–1985.
[76] A. Adams, *Sobolev Spaces*, New York 1975.
[77] Z. Szmydt, *Sur un nouveau type de problèmes pour un système d'équations différentielles hyperbolique du second ordre à deux variables indepéndants*, Bull. Acad. Polon. Sci. Cl. III 4, 2 (1956), p. 56.
[78] Z. Szmydt, *Sur une généralisation des problèmes classiques concernat un système d'équations différentielles hyperboliques du second ordre à deux variables indépendantes*, Bull. Acad. Polon. Sci. Cl III 4, 9 (1956), p. 579.
[79] Z. Szmydt, *Sur le problème de Goursat concernant un système d'équations différentielles hyperboliques d'ordre arbitraire à deux variables indépendantes*, Bull. Acad. Polon. Sci. Cl. III 5, 6 (1957) p. 577.
[80] Z. Szmydt, *Sur l'existence de solutions des certains nouveaux problèmes pour un système d'équations différentielles hyperboliques du second ordre à deux variables indépendantes*, Annales Polonici Mathematici 4 (1957) p. 40.

[81] Z. Szmydt, *L'existence de solutions de certains problème aux limits relatifs à un système d'équations différentielles hyperboliques*, Bull. Acad. Polon. Sci. Serie des Sci. Math. Astr. et Phys. **6**, 1(1958), p. 31.

[82] J. Dieudonné, *Deux exemples singuliers d'équations différentielles*, Acta Sci. Math. Szeged **12** (1950), Leopoldo Fejér et Frederico Riesz, LXX annas notis dedicates parls B p. 38.

[83] A. Celline, *On the nonexistence of solutions of nonreflexive spaces*, BAMS **78**, 6 p. 1069.

[84] J. Yorke, *A continuous differential equation in Hilbert spaces without existence*, Funkc. Ekval. **13** (1970) p. 19.

[85] A. N. Godunov, *On the Peano theorem in Banach spaces*, Funkc. Andiz. Prilož **9** (1975) p. 56.

[86] J. Kisyński, *Sur les équations différentielles dans les espaces de banach*, Bull. Polon. Sci. Sér. Math. Astr. Phys. **7** (1959), p. 381.

[87] R. H. Martin, Jr., *Diifferential equations on closed subsets in Banach spaces*, Trans. Amer. Math. Soc. **179** (1973) p. 399.

[88] R. Martin, Jr., *Nonlinear operator and differential equations in Banach spaces*, John Weley and Sons, 1976.

[89] C. Olech, *On the solutions of an ordinary differential equations in the case of Banach spaces*, Bull. Acad. Polon. Sci. Sér. Math. Astr. Phys. **8** (1960), p. 667.

[90] T. Ważewski, *Sur l'existence et l'unicité des intégrales des équations différentielles ordinaires au cas de l'espaces de Banach*, Bull. Acad. Polon. Sci. Sér. Math. Astr. Phys. **8** (1960), p. 301.

[91] J. Schauder, *Der Fix puntsatz in Funktionalraumen*, Studia Math. **2** (1930), s. 171.

[92] G. Darbo, *Punti uniti in transformazioni a codominio non compalto*, Rend. Sem. Math. Univ. Padova **24** (1955), p. 84.

[93] A. Ambrosetti, *Un theorema di existenza per equazioni differenziali negli spazi di Banach*, Rend. Sem. Math. Univ. Padova **39** (1967), p. 349.

[94] K. Kuratowski, *Topologie*, t. I, II, Warszawa, 1950, 1958.

[95] K. Goebel, *Grubość zbiorów w przestrzeniach metrycznych i jej zastosowania w teorii punktów stałych*, Rozprawa habilitacyjna, Lublin 1970, Wydawnictwa Uniwersytetu Marii Curie-Skłodowskiej.

[96] F. Hausdorff, *Mengenlehre*, New York, 1944.

[97] A. Celline, *On the existence of solutions of ordinary differential equations in Banach spaces*, Funkcial. Ekvac. **14** (1972), p. 129.

[98] S. Szufla, *Some remarks on ordinary differential equations in Banach spaces*, Bull. Acad. Polon. Sci. Sér. Math. Astr. Phys. **16** (1968), p. 795.

[99] W. Rzymowski, *On the existence of solution of the equation $x' = f(t,x)$ in a Banach spaces*, Bull. Acad. Polon. Sci. Sér. Math. Astr. Phys. **19** (1971), p. 295.

[100] A. Bielecki, *Une remarque sur la méthode de Banach–Cacciopoli–Tikhonov dans la théorie des équations différentielles ordinaires*, Bull. Acad. Polon. Sci. Cl III **4** (1956), p. 261.

[101] A. Bielecki, *Une remarque sur l'application de la méthode de Banach–Cacciopoli–Tikhonov dans la théorie de l'équation $s = f(x,y,z,p,q)$*, Bull. Acad. Polon. Sci. Cl III **4** (1956), p. 265.

[102] J. Kisyński, *Sur l'existence et l'unicité des solutions des probl'emes classique relatif à l'équation $s = F(x,y,z,p,q)$*, Annales Univ. Mariae Curie-Sklodowska XI (1967), p. 73.

[103] J. Kisyński, *Sur l'existence des solutions d'un problème de Mlle Z. Szmydt relatif à l'équation $\frac{\partial^2 z}{\partial x \partial y} = f(x,y,\frac{\partial z}{\partial x},\frac{\partial z}{\partial y})$*. Annales Univ. Mariae Curie-Sklodowska XII (1958), p. 65.

[104] J. Kisyński, *Sur l'unicité des solutions de certains problèmes pour l'équation* $\frac{\partial^2 z}{\partial x \partial y} = f(x,y,z,\frac{\partial z}{\partial x},\frac{\partial z}{\partial y})$, Annales Univ. Mariae Curie-Sklodowska XII (1958), p. 111.

[105] J. Kisyński, *Sur l'existence des solutions l'équation* $\frac{\partial^2 z}{\partial x \partial y} = f(x, y, \frac{\partial z}{\partial x}, \frac{\partial z}{\partial y})$, Annales Univ. Mariae Curie-Skłodowska XV (1961), p. 83.

[106] A. Aleksiewicz, W. Orlicz, *Some remarks on existence and uniqueness of solutions of the hyperbolic equation* $\frac{\partial^2 z}{\partial x \partial y} = f(x, y, \frac{\partial z}{\partial x}, \frac{\partial z}{\partial y})$, Studia Math. **15** (1956), p. 201.

[107] S. Banach, *Sur les operations dans les ansemblies abstraits et leur application aux équations integrales*, Fund. Math. **3** (1922), p. 133.

[108] J. Banaś, K. Goebel, *Measures of noncompactnesss in Banach spaces*, Institute of Mathematics, Polish Academy of Sciences, Preprint N º 7 seria B, June 1979.

[109] A. Aleksiewicz, *Analiza Funkcjonalna*, PWN, Warszawa 1969.

[110] K. Yoshida, *Functional Analysis*, Berlin, Springer Verlag 1966.

[111] Mlak, *Wstęp do teorii przestrzeni Hilberta*, Warszawa, PWN 1970.

[112] K. Maurin, *Methods of Hilbert space*, Warszawa, PWN, 1971.

[113] С. Г. Крейн, *Линейные дифферениильные уравнения в банаховом прастрахстве*, Москва 1967.

[114] Ю. Д. Далецкий и С. В. Фомин, *Меры и уравнения в бецконечно размерных пространствах*, Наука, Москва 1983.

[115] F. John, *Formation of singularities in one-dimensional nonlinear wave propagation*, Comm. Pure and Appl. Math. **17** (1974), p. 377.

[116] S. Klainerman, *Global existence for Nonlinear Wave Equations*, Comm. Pure and Appl. Math. **33** (1980), p. 43.

[117] J. E. Bouillet, *Nonuniqueness in* L^∞*: An Example*, in: „Differential Equations in Banach Spaces" eds. G. Dore, A. Favini, E. Obrecht, A. Venni, Dekker Inc. New York 1993, Lectures in pure and applied mathematics № 148, p. 35.

FSC
www.fsc.org
MIX
Papier | Fördert
gute Waldnutzung
FSC® C083411

Kolibri 360 GmbH
Ferdinand-Jühlke-Straße 7
99095 Erfurt, Deutschland
produktsicherheit@kolibri360.de

Druck:
CPI Druckdienstleistungen GmbH
im Auftrag der
Kolibri 360 GmbH
Ferdinand-Jühlke-Str. 7
99095 Erfurt